"十三五"国家重点出版物出版规划项目
材料科学研究与工程技术系列

材料科学基础教程习题及解答

Material Science Basic Course Exercises and Answers

● 赵 品 宋润滨 崔占全 主编

哈爾濱工業大學出版社

图书在版编目(CIP)数据

材料科学基础教程习题及解答/赵品,宋润滨,崔占全主编.
—3 版.—哈尔滨:哈尔滨工业大学出版社,2018.8(2024.8 重印)
ISBN 978-7-5603-7492-5

Ⅰ.①材… Ⅱ.①赵… ②宋… ③崔… Ⅲ.①材料科学-高等学校-教学参考资料 Ⅳ.①TB3

中国版本图书馆 CIP 数据核字(2018)第 151762 号

材料科学与工程
图书工作室

责任编辑 张秀华 杨 桦
封面设计 卞秉利
出版发行 哈尔滨工业大学出版社
社 址 哈尔滨市南岗区复华四道街 10 号 邮编 150006
传 真 0451-86414749
网 址 http://hitpress.hit.edu.cn
印 刷 哈尔滨市工大节能印刷厂
开 本 787mm×1092mm 1/16 印张 11.5 字数 266 千字
版 次 2005 年 9 月第 2 版 2018 年 8 月第 3 版
2024 年 8 月第 4 次印刷
书 号 ISBN 978-7-5603-7492-5
定 价 30.00 元

修订版前言

本书是赵品等主编的《材料科学基础教程》的配套习题课教材。内容包括书中各章习题及补充习题的详细解答，共计378道大题。习题及补充习题的解答均采用多种形式，突出重点，有助于对《材料科学基础教程》一书中基本理论及重点、难点的掌握。

为保证知识体系的完整性及学生考研的具体需求，本书在初版的基础上精选和补充了大量课外习题和两套硕士研究生入学考试模拟试题及2005年燕山大学硕士研究生入学考试真题，并给出详细解答。凡超出本书范围的习题均加“※”标注，以便于教学。

本书既可作为“材料科学基础教程”课程的配套习题课教材，又可作为材料科学与工程各专业学生考研必备用书。

全书共分14章，其中第1,2,6,7章、附录、模拟试题Ⅰ和硕士研究生入学考试试题由燕山大学赵品编写；第3,4,5,8章和模拟试题Ⅱ由哈尔滨理工大学宋润滨编写；第9~14章由燕山大学崔占全编写。全书由哈尔滨工程大学谢辅洲主审。在本书的编写中参考了兄弟院校考研试卷及习题并得到了材料科学与工程系列教材编审委员会的大力支持，一些同仁对本书的编写提出了许多宝贵意见，谨此一并致谢。

虽然编者从事了多年材料科学基础课程的教学工作，但由于时间仓促及水平有限，书中疏漏之处在所难免，敬请读者批评指正。

编　者

2018年3月

修订版前言

[illegible]

目　录

习　题

解　答

附　录

习 题

第1章 材料的结构

1.1 解释下列基本概念及术语

空间点阵,晶体结构,晶胞,配位数,致密度,金属键,缺位固溶体,电子化合物,间隙相,间隙化合物,超结构,拓扑密堆相,固溶体,间隙固溶体,置换固溶体。

1.2 氯化钠和金刚石各属于哪种空间点阵?试计算其配位数与致密度。

1.3 试说明一个面心正方结构等于一个体心正方结构。

1.4 画出面心立方与体心立方的初级晶胞,求出基矢及基矢之间的夹角。

1.5 纯铁点阵常数0.286 nm,体心立方结构,求1 cm^3 中有多少铁原子。

1.6 在912 ℃时,bcc铁的单位晶胞的体积为0.024 64 nm^3。在相同温度时,fcc铁的单位晶胞的体积是0.048 6 nm^3。当铁由bcc转变为fcc,其密度改变的百分比是多少?已知Fe相对原子质量为55.85。

1.7 γ-Fe在略高于910 ℃时,点阵常数a=0.363 3 nm,α-Fe在略低于910 ℃时,a=0.289 2 nm,求:

(1) 上述温度时γ-Fe和α-Fe的原子半径;

(2) γ-Fe→α-Fe转变时的体积变化率;

(3) 如果γ-Fe→α-Fe转变时,原子半径不发生变化,求此转变的体积变化,与(2)的结果比较并且加以说明。

1.8 在立方系中绘出{110},{111}晶面族所包括的晶面及(112),$(1\bar{2}0)$晶面。

1.9 求金刚石结构中通过(0,0,0)和$(\frac{3}{4},\frac{3}{4},\frac{1}{4})$两点决定的晶向,并求与该晶向垂直的晶面。

1.10 做图表示出$\langle 2\bar{1}\bar{1}0\rangle$晶向族所包括的晶向,并确定$(11\bar{2}1)$,(0001)晶面。

1.11 求(121)与(100)晶面所决定的晶带轴和(001)与(111)晶面所决定的晶带轴共同构成的晶面的晶面指数。

1.12 在立方系中,请写出以[011]为晶带轴的所有晶面。

1.13 在(001)标准极图上指出所有以[001]为晶带轴的晶面。

1.14 利用解析几何方法确定立方晶体中,(1)两晶向夹角;(2)两晶面夹角;(3)两晶面所决定的晶带;(4)两晶向所决定的晶面。

1.15 计算面心立方结构(111),(110),(100)晶面的晶面间距和原子密度(原子个数/单位面积)。

1.16 证明等径刚球最紧密堆积的时候,所形成的密排六方结构的 $c/a \approx 1.633$。

1.17 铜晶体的晶格常数 $a = 0.362$ nm,密度 $\rho = 8.98$ g/cm^3,相对原子质量为 63.55,试求铜的晶体结构。

1.18 金刚石的晶格常数 $a = 0.356\ 8$ nm,碳的相对原子质量为12,试求金刚石的密度 ρ 与碳原子半径 r_C。

1.19 In 具有四方结构,相对原子质量 $A_r = 114.82$,晶格常数 $a = 0.325\ 2$ nm,$c = 0.494\ 6$ nm,原子半径 $r = 0.162\ 5$ nm,密度 $\rho = 7.286$ g/cm^3,试求 In 单位晶胞拥有的原子数与致密度。

1.20 CaF_2 的密度 $\rho = 3.18$ g/cm^3,Ca 的相对原子质量 $A_r = 40.08$,F 相对原子质量 $A_r = 19.00$,求晶格常数 a。

1.21 试证明配位数为 8 的离子晶体中,最小的正负离子半径比为 0.732。

1.22 Cs^+ 与 Cl^- 的相对原子质量分别为 132.9 和 35.45,离子半径分别为 0.170 nm 和 0.181 nm,试述 CsCl 晶体结构特点,属于何种空间点阵? 并求离子配位数、致密度 K 和密度 ρ。

1.23 纯 ZrO_2 在 1 000 ℃ 左右会产生同素异构转变,由正方晶系变为单斜晶系,在转变温度附近进行循环加热冷却,由于体积的突变,可使 ZrO_2 陶瓷变为粉末。当加入足够量的 CaO,可与 ZrO_2 完全互溶,并使 ZrO_2 形成稳定的立方结构,从室温到熔化前都不发生晶型的改变。生产中加入质量分数为10% 的 CaO(20 mol%),这种稳定的 ZrO_2 是一种实用的耐热材料,若阳离子形成 fcc 结构,阴离子位于四面体间隙位置,计算 100 个阳离子需要多少阴离子存在? 四面体间隙位置被占百分数为多少?

1.24 有一种玻璃,SiO_2 的质量分数为80%,而 Na_2O 的质量分数为20%。问形成非搭桥氧离子分数为多少?

1.25 晶态聚乙烯属于体心正交结构,晶格常数 $a = 0.740$ nm,$b = 0.493$ nm,$c = 0.253$ nm,两条分子链贯穿一个晶胞。试计算完全结晶态聚乙烯的密度 ρ_c,若非晶态聚乙烯的密度 $\rho_a = 0.854$ g/cm^3,通常商用低密度聚乙烯的密度 $\rho = 0.920$ g/cm^3,试计算其结晶区体积分数 φ_c 和结晶区的质量分数 w_c。

1.26 计算面心立方结构的八面体间隙和四面体间隙的间隙半径,并用间隙半径和原子半径之比 r_B/r_A 表示间隙的大小。

1.27 计算立方系[321] 和[120] 的夹角以及(111) 和$(1\bar{1}1)$ 的夹角。

1.28* 试证明在立方系中,晶向$[h\ k\ l]$ 垂直于晶面$(h\ k\ l)$。

1.29 已知锡具有体心正方点阵,其点阵常数$a = b = 0.58$ nm,$c = 0.32$ nm。试证明:

(1) (201) 晶面不垂直于[201] 晶向;

(2) 求出与(201) 晶面垂直的晶向。

1.30 FeAl 是电子化合物,具有体心立方点阵,试画出其晶胞,计算电子浓度,画出(112) 面原子排列图。

1.31 合金相 VC,Fe_3C,CuZn,$ZrFe_2$ 属于何种类型,并指出其结构特点。

1.32 立方系晶体(001)标准投影图如图1.1,试在(001)标准投影图上确定极点:(111),($\bar{1}11$),($1\bar{1}1$),($\bar{1}\bar{1}1$),($\bar{1}12$),($\bar{1}\bar{1}0$)的位置。

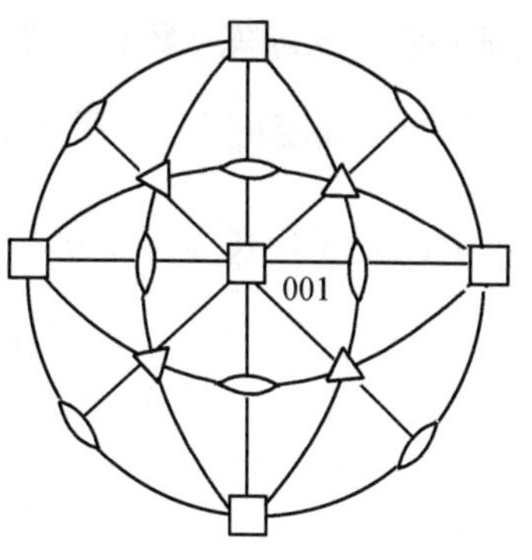

图1.1

1.33 采用Cu的K_α($\lambda = 0.154\ 056$ nm)测得固溶渗氮后,预冷至1 050 ℃水淬的0Cr18Ni9Ti奥氏体不锈钢试样的X射线衍射图,其中奥氏体的衍射峰所对应的2θ依次为43.28°,50.48°,74.10°,89.90°,95.12°,若$a = 0.361\ 65$ nm,试求对应这些衍射峰的干涉指数。

1.34 采用Cu的K_α($\lambda = 0.154\ 056$ nm)测得2Cr13马氏体不锈钢淬火试样的X射线衍射图,测得四个衍射峰所对应的2θ依次为44.479°,64.740°,82.000°,98.519°,试求其晶格常数a。

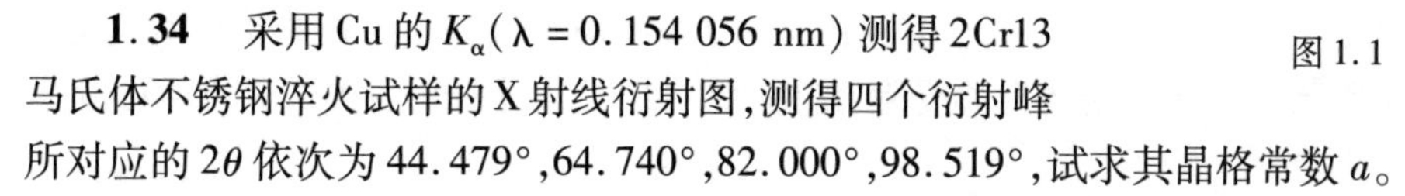

第2章　晶体缺陷

2.1 解释下列基本概念及术语

肖特基空位,弗仑克尔空位,刃型位错,螺型位错,混合位错,柏氏矢量,位错密度,位错的滑移,位错的攀移,F-R位错源,派-纳力,单位位错,不全位错,堆垛层错,汤普森四面体,位错反应,扩展位错,表面能,界面能,对称倾侧晶界,重合位置点阵,共格界面,失配度,非共格界面,内吸附。

2.2 铜的空位形成能1.7×10^{-19} J,试计算1 000 ℃的时候,1 cm^3铜中所包含的空位数,铜的密度为8.9 g/cm^3,相对原子质量为63.5,玻尔兹曼常数$K = 1.38 \times 10^{-23}$ J/K。

2.3 已知Cu由300 ℃上升至1 000 ℃时,晶体中空位平衡浓度升高到了300 ℃时候的1.36×10^5倍,试计算Cu晶体中的空位形成能E_V。

2.4 已知Cr为体心立方结构,晶格常数$a = 0.288\ 5$ nm,密度$\rho = 7.10$ g/cm^3,相对原子质量$A_r = 51.996$,试求Cr的10^6个阵点中所含的空位数目。

2.5 CaF_2密度$\rho = 3.18$ g/cm^3,晶格常数$a = 0.546\ 3$ nm,已知Ca和F的相对原子量分别为40.08和19.00,试求CaF_2单位晶胞内所含肖特基空位数目。

2.6 若在MgF_2中溶入LiF,则必须向MgF_2中引入何种形式的空位(阴离子或阳离子)?相反若要在LiF中溶入MgF_2,则要向LiF中引入何种形式的空位?

2.7 将质量分数为10%的CaO加入到ZrO_2中,可形成CaF_2型结构,已知阳离子Zr^{4+}半径为0.079 nm,阴离子O^{2-}半径为0.140 nm,求在1 m^3该物质中有多少阴离子空位?

2.8 证明,用长度-点阵参数法测定某一温度下的空位浓度公式为:$C_v = \dfrac{\Delta N}{N} = 3\left[\dfrac{\Delta L}{L} - \dfrac{\Delta a}{a}\right]$,式中$a$和$L$分别是某低温下的点阵参数和试样的宏观长度,$\Delta a$与$\Delta L$为升温

到某一温度下点阵参数和试样的宏观长度的增量。

2.9 温度由 T_1 升到 T_2，用 X 射线衍射方法测得点阵参数相对变化$\dfrac{\Delta a}{a}=(4\times 10^{-4})\%$，对于边长为 L 的立方体测得$\dfrac{\Delta L}{L}=0.004\%$，求 T_2 温度下的空位浓度。

2.10 试证明一个位错环只能有一个柏氏矢量。

2.11 同一滑移面上的两根正刃型位错，其柏氏矢量为 $\boldsymbol{b}$，相距 L，当 L 远大于柏氏矢量模 b 时，其总能量为多少？若它们无限靠近时，总能量又为多少？如果是异号位错结果又如何？

2.12 在相距 h 的两个滑移面上，有柏氏矢量为 $\boldsymbol{b}$ 的两个位错线平行的正刃型位错 A 和 B，如图 2.1 所示。若 A 位错的滑移受阻，忽略派 - 纳力，B 位错需多大切应力才可滑移到 A 位错的正上方？

2.13 有一位错塞积群如图 2.2 所示，A，B，C 三根刃位错的柏氏矢量均为 $\boldsymbol{b}$，外加切应力为 τ，试计算三根刃位错的间距和障碍物所受到的力 f。

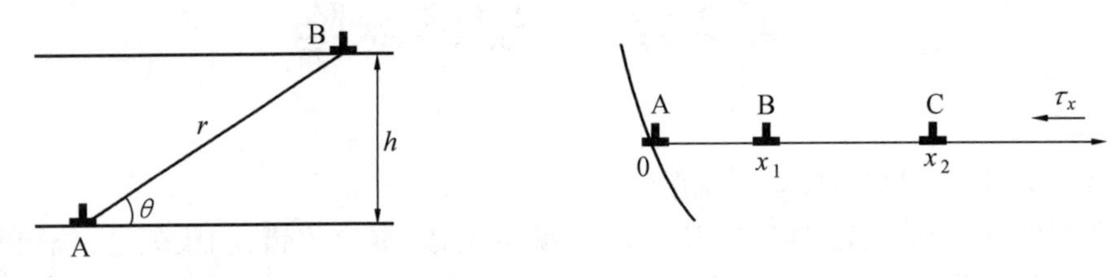

图 2.1　　　　图 2.2

2.14 两位错线互相平行，柏氏矢量互相垂直的单位位错如图 2.3 所示，试计算使位错 2 由 $y=a$ 滑移至$y=\infty$，外力所作的功。

2.15 如图 2.4 所示的位错环，说明各段位错的性质，并且说明刃位错的半原子面的位置。

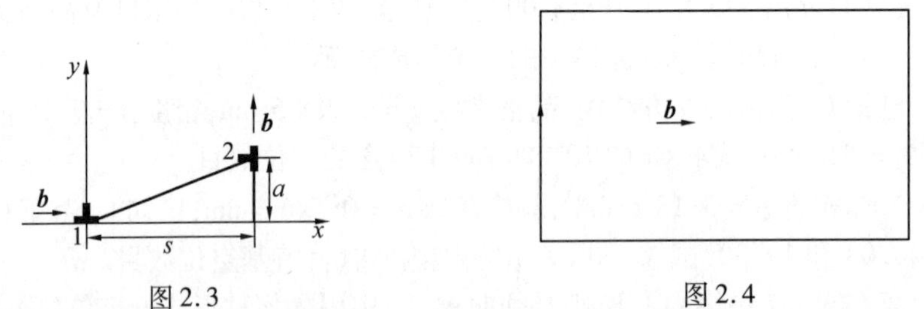

图 2.3　　　　图 2.4

2.16* 在晶体中平行某原子面插入一方形原子层，会形成一个间隙位错环；同样在某原子面抽出一个方形原子层，亦可形成一个空位位错环。假定这两个位错的位错线方向 $\boldsymbol{t}$ 为顺时针方向，定出柏氏矢量 $\boldsymbol{b}$ 的方向，如何利用 $\boldsymbol{t}$ 和 $\boldsymbol{b}$ 的关系来说明一个位错环是间隙的还是空位的。

2.17 证明位错密度 ρ 和弯曲晶体曲率半径 R 的关系为 $\rho=\dfrac{1}{Rb}$，其中 R 为曲率半径，b 为柏氏矢量模。

2.18 估算 1 cm 长的刃位错的应变能（$r_0=1$ nm，$R=1$ cm，$\mu=5\times 10^{10}$ Pa，$b=$

0.25 nm,ν = 1/3),并且指出占一半能量的区域半径。

2.19 如图2.5,某晶体的滑移面上有一个柏氏矢量为 $\boldsymbol{b}$ 的位错环,并受到一个均匀的切应力 $\boldsymbol{\tau}$。试分析:

(1) 该位错环各段位错的结构类型;

(2) 求各段位错线所受力的大小及方向;

(3) 在 $\boldsymbol{\tau}$ 的作用下,该位错环将要如何运动;

(4) 在 $\boldsymbol{\tau}$ 的作用下,若该位错环在晶体中稳定不动,其最小半径应该是多大?

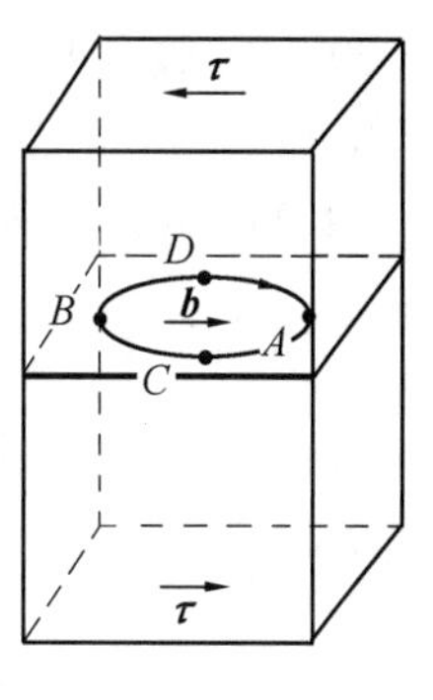

图2.5

2.20 面心立方晶体中,在(111)面上的单位位错 $\boldsymbol{b} = \frac{a}{2}[\bar{1}10]$,在(111)面上分解为两个肖克莱不全位错,请写出该位错反应,并证明所形成的扩展位错的宽度由下式给出

$$d \approx \frac{Gb^2}{24\pi\gamma}$$

2.21 已知单位位错 $\frac{a}{2}[\bar{1}01]$ 能与肖克莱不全位错 $\frac{a}{6}[12\bar{1}]$ 相结合,形成弗兰克不全位错,试说明:

(1) 新生成的弗兰克不全位错的柏氏矢量;

(2) 判定此位错反应能否进行;

(3) 这个位错为什么是固定位错。

2.22 判定下列位错反应能否进行,若能够进行,试在晶胞图上做出矢量图。

(1) $\frac{a}{2}[\bar{1}\bar{1}1] + \frac{a}{2}[111] \rightarrow a[001]$

(2) $\frac{a}{2}[110] \rightarrow \frac{a}{6}[12\bar{1}] + \frac{a}{6}[211]$

(3) $\frac{a}{3}[112] + \frac{a}{6}[11\bar{1}] \rightarrow \frac{a}{2}[111]$

2.23 试分析面心立方晶体中,在(111)面上运动的柏氏矢量为 $\boldsymbol{b} = \frac{a}{2}[\bar{1}10]$ 的螺位错受阻时,能否通过交滑移转移到(111)、(11$\bar{1}$)、($\bar{1}$11)面中的某个面上继续运动?为什么?

2.24 直接观察铝试样,在晶粒内部位错密度为 $\rho = 5 \times 10^{13}/\text{m}^2$,如果亚晶间的角度为5°,试估算界面上的位错间距和亚晶粒的平均尺寸(铝的晶格常数 $a = 2.8 \times 10^{-10}$ m)。

2.25 不对称倾侧晶界可以看成由两组柏氏矢量互相垂直的刃型位错 $\boldsymbol{b}_{\perp}$ 与 $\boldsymbol{b}_{\vdash}$ 交替排列而成的,试证明两组刃型位错的间距分别为 $D_{\perp} = \frac{b_{\perp}}{\theta \sin\phi}$,$D_{\vdash} = \frac{b_{\vdash}}{\theta \cos\phi}$。

2.26 α − Fe的晶格常数 a = 0.286 64 nm,两相邻晶粒为倾角1°的对称倾侧晶界时,求刃型位错的间距 D。

2.27 求错配度 δ = 0.25 的半共格界面的界面位错间距 D。

2.28 面心立方结构金属 Cu 的对称倾侧晶界中，两正刃型位错的间距 $D = 1\ 000$ nm，假定刃型位错的多余半原子面为(110)面，$d_{110} = 0.127\ 8$ nm，求该倾侧晶界的倾角 θ。

2.29 α，β 两相合金中，当数量较少的 β 相存在于基体 α 相的晶界上时，呈双球冠形，如图 2.6，若 $\gamma_{\alpha\beta} = \frac{2}{3}\gamma_{\alpha\alpha}$，求 β 相所张的二面角 δ。

2.30 已知某面心立方晶体的堆垛层错能 $\gamma = 0.01\ \mathrm{J/m^2}$，切变模量 $G = 7 \times 10^{10}$ Pa，点阵常数 $a = 0.3$ nm。试确定 $\frac{a}{6}[11\bar{2}]$ 与 $\frac{a}{6}[2\bar{1}\bar{1}]$ 两个不全位错之间的平衡距离。

2.31 求两个柏氏模量互相垂直，位错线相互平行的刃位错间的作用力。

2.32* 求两个垂直螺位错之间的作用力。

2.33* 求相互垂直的螺位错与刃位错之间的作用力，并且讨论两个位错相互作用后，会发生什么样的形状变化。

2.34* 在同一滑移面上有两根相互平行的位错线，其柏氏矢量模相等，且相交成 ϕ 角，假定两个柏氏矢量相对位错线呈对称配置，如图 2.7 所示，试从能量角度考虑 ϕ 在什么值的时候这两个位错线相互吸引或者相互排斥。

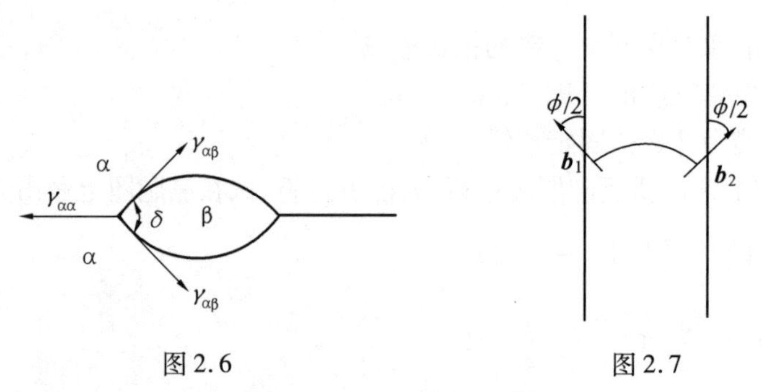

图 2.6　　　　图 2.7

2.35 假设 *fcc* 金属中的可动滑移系为$(11\bar{1})[1\bar{1}0]$，

(1) 给出能够造成滑移的柏氏矢量；

(2) 如果滑移是通过单位纯刃位错发生的，给出位错线方向；

(3) 如果滑移是通过单位纯螺位错发生的，给出位错线方向；

(4) 假设作用在$(11\bar{1})$的$[1\bar{1}0]$方向的切应力为700 kPa，如果这个力作用在：(a) 单位刃位错上；(b) 单位螺位错上。求单位位错线上所受的力的大小和方向。

2.36 图 2.8 表示两个被钉扎的刃位错 A－B、C－D，它们的长度均为 x，且具有相同的方向和相同的柏氏矢量，每个位错都可作为弗兰克－瑞德源。

(1) 假定这两个位错正在扩大，试问位错环在交互作用的时候，是将位错运动钉扎住还是形成一个大的位错源？

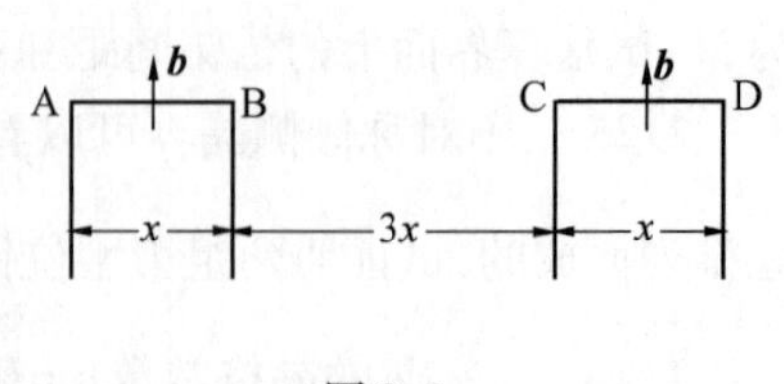

图 2.8

(2) 如果能够形成一个大的位错源，试问使该位错源开动所需的临界切应力有多大？

2.37 试分析在相交的{111}晶面上各种不全位错之间可能发生哪些位错反应？上述反应中，哪些反应可以自发进行？

第3章 纯金属的凝固

3.1 解释下列基本概念及术语

结晶与凝固，非晶态金属；

近程有序，远程有序，结构起伏，能量起伏；

过冷现象，过冷度，理论结晶温度，实际结晶温度；

均匀形核，非均匀形核；

晶胚，晶核，临界晶核，临界晶核形核功；

形核率，生长速率；

光滑界面，粗糙界面；

温度梯度，正温度梯度，负温度梯度；

平面状长大，树枝状长大；

活性质点，变质处理，晶粒度；

细晶区，柱状晶区，(粗) 等轴晶区。

3.2 什么叫临界晶核？它的物理意义及与过冷度的定量关系如何？

3.3 说明过冷度，临界过冷度，动态过冷度等概念的区别。

3.4 试述结晶相变的热力学条件，动力学条件，能量及结构条件。

3.5 若在液体中形成一个半径为 r 的球形晶核时，证明临界形核功 ΔG_c 与临界晶核体积 V_c 之间的关系为 $\Delta G_c = -\frac{1}{2}V_c\Delta G_V$。

3.6 铜在 20 ℃ 和熔点之间的热容可用 $C_p = 22.6 + 6.27 \times 10^{-3} T$ J/(mol·K) 表示，铜的熔化热为 13 290 J/mol，平衡凝固温度为 1 356 K，试求在绝热条件下要有多大过冷度，1 mol 铜才能完全凝固而温度不回升到熔点。解释在实际条件下能否达到这样大的过冷度。

3.7 已知：铝的熔点 $T_m = 993$ K，单位体积熔化热 $L_m = 1.836 \times 10^9$ J/m^3，固液界面比表面能 $\sigma = 93$ mJ/m^2，原子体积 $V_0 = 1.66 \times 10^{-29}$ m^3。考虑在1个大气压下液态铝的凝固，当 $\Delta T = 1$℃ 时，试计算：

(1) 临界晶核尺寸；

(2) 半径为 r^* 的晶核中原子的个数；

(3) 从液态转变到固态时，单位体积的自由能变化 ΔG_V；

(4) 从液态转变到固态时，临界晶核尺寸 r^* 处自由能的变化 ΔG_{r^*}(形核功)。

3.8 液态金属凝固时，若过冷液体中形成的晶胚是任意形状的，则体系的自由能变化可以表示为

$$\Delta G = n\Delta G_n + \xi n^{2/3}\sigma$$

式中　n—— 晶胚的原子个数；

　　ΔG_n—— 液、固相间每个原子的自由能差；

　　ξ—— 形状因子（即 $\xi n^{2/3}$ 为晶胚的表面积）；

　　σ—— 界面能。

试证明

$$\Delta G_c = \frac{4}{27}\frac{\xi^3\sigma^3}{(\Delta G_n)^2}$$

3.9　(1) 已知液态纯镍在 1.013×10^5 Pa（1 个大气压）过冷度为 319 ℃ 时，发生均匀形核。设临界晶核半径为 1 nm，纯镍的熔点为 1 726 K，熔化热 ΔL_m = 18 075 J/mol，摩尔体积 $V_s = 6.6\ \text{cm}^3/\text{mol}$，计算纯镍的液 - 固界面能和临界形核功。

(2) 若要在 2 045 K 发生均匀形核，需将大气压增加到多少？已知凝固时体积变化 $\Delta V = -0.26\ \text{cm}^3/\text{mol}$（$1\ \text{J} = 9.8\times10^5\ \text{cm}^3\cdot\text{Pa}$）。

3.10　试证明：在同样过冷度下均匀形核时，球形晶核较立方晶核更易形成。

3.11　分析纯金属生长形态与温度梯度的关系？

3.12　在同样的负温度梯度下，为什么 Pb 结晶出树枝状晶，而 Si 的结晶界面却是平整的？

3.13　决定晶粒大小（晶粒度）号码的方法已（由 ASTM）标准化，$N = 2^{n-1}$。式中，N 为在面积 $0.064\ 5\ \text{mm}^2$（在 ×100 时）内所观察到的晶粒数目；n 值即为晶粒大小号码（晶粒度级别）。试决定图 3.1 中，钼的晶粒大小（ASTM G. S. #）。

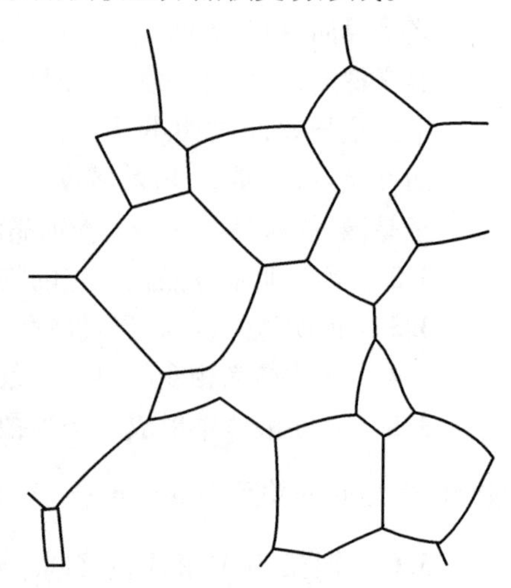

图 3.1　钼的晶粒 ×250

3.14　液态金属凝固时都需要过冷，那么固态金属熔化是否会出现过热？为什么？

3.15　简述晶体长大的机制。

3.16　试分析单晶体形成的基本条件。

3.17　铸锭组织有何特点？

3.18　根据凝固理论，试述细化晶粒的基本途径。

3.19　欲获得金属玻璃，为什么一般是选用液相线很陡，从而有较低共晶温度的二元系？

3.20　指出下列概念的错误之处，并更正。

(1) 所谓过冷度是指结晶时，在冷却曲线上出现平台的温度与熔点之差；而动态过冷度是指结晶过程中，实际液相的温度与熔点之差。

(2) 金属结晶时，原子从液相无序排列到固相有序排列，使体系熵值减小，因此是一个自发过程。

(3) 在任何温度下，液态金属中出现的最大结构起伏都是晶胚。

(4) 在任何温度下，液相中出现的最大结构起伏都是晶核。

（5）所谓临界晶核，就是体系自由能的减少完全补偿表面自由能的增加时的晶胚大小。

（6）在液态金属中，凡是涌现出小于临界晶核半径的晶胚都不能成核，但是只要有足够的能量起伏提供形核功，还是可以成核的。

（7）测定某纯金属铸件结晶时的最大过冷度，其实测值与用公式$\Delta T = 0.2T_m$计算值，基本一致。

（8）某些铸件结晶时，由于冷速较快，均匀形核率N_1提高，非均匀形核率N_2也提高，故总的形核率为$N = N_1 + N_2$。

（9）若在过冷液体中，外加10 000颗形核剂，则结晶后就可以形成10 000颗晶粒。

（10）从非均匀形核功的计算公式$\Delta G_{c非} = \Delta G_{c均}\left(\frac{2 - 3\cos\theta + \cos^3\theta}{4}\right)$中可以看出，当润湿角$\theta = 0°$时，非均匀形核的形核功最大。

（11）为了生产一批厚薄悬殊的砂型铸件，且要求均匀的晶粒度，则只要在工艺上采用加形核剂的办法就可以满足。

（12）非均匀形核总是比均匀形核容易，因为前者是以外加质点为结晶核心，不像后者那样形成界面，而引起自由能的增加。

（13）在研究某金属细化晶粒工艺时，主要寻找那些熔点低、且与该金属晶格常数相近的形核剂，其形核的催化效能最高。

（14）纯金属生长时，无论液/固界面呈粗糙型或光滑型，其液相原子都是一个一个地沿着固相面的垂直方向连接上去。

（15）无论温度分布如何，常用纯金属生长都是呈树枝状界面。

（16）氯化铵饱和水溶液与纯金属结晶终了时的组织形态一样，前者呈树枝晶，后者也呈树枝晶。

（17）人们无法观察到极纯金属的树枝状生长过程，所以关于树枝状的生长形态仅仅是一种推理。

（18）液态纯金属中加入形核剂，其生长形态总是呈树枝状。

（19）纯金属结晶时，若呈垂直方式生长，其界面时而光滑，时而粗糙，交替生长。

（20）从宏观上观察，若液/固界面是平直的，称为光滑界面结构；若是呈金属锯齿形的，称为粗糙界面结构。

（21）纯金属结晶以树枝状形态生长，或以平面状形态生长，与该金属的熔化熵无关。

（22）实际金属结晶时，形核率随着过冷度的增加而增加，超过某一极大值后，出现相反的变化。

（23）金属结晶时，晶体长大所需要的动态过冷度有时还比形核所需要的临界过冷度大。

第4章　二元相图

4.1　解释下列基本概念及术语

匀晶转变，共晶转变，包晶转变，共析转变，包析转变，有序－无序转变，熔晶转变，偏晶转变，合晶转变；

平衡凝固，不平衡凝固，正常凝固；

平衡分配系数，有效分配系数；

枝晶偏析，比重偏析，晶界偏析，胞状偏析；

共晶体，稳定化合物，不稳定化合物；

共晶合金，亚共晶合金，过共晶合金，伪共晶，不平衡共晶，离异共晶；

铁素体，奥氏体，莱氏体，珠光体，渗碳体。

4.2　图4.1为一匀晶相图，试根据相图确定：

（1）$w_B = 40\%$ 的合金开始凝固出来的固相成分为多少？

（2）若开始凝固出来的固体成分为 $w_B = 60\%$，合金的成分为多少？

（3）成分为 $w_B = 70\%$ 的合金最后凝固时的液体成分为多少？

（4）若合金成分为 $w_B = 50\%$，凝固到某温度时液相成分 $w_B = 40\%$，固相成分为 $w_B = 80\%$，此时液相和固相的相对量各为多少？

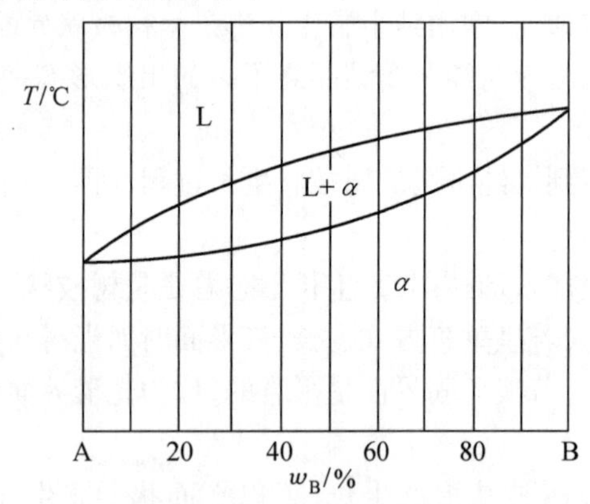

图4.1　二元匀晶相图

4.3　Mg－Ni系的一个共晶反应为

$$L_{0.235} \xrightleftharpoons{570℃} \alpha_{纯Mg} + Mg_2Ni_{0.546}$$

设对应 w_{Ni}^1 为亚共晶合金 c_1，w_{Ni}^2 为过共晶合金 c_2，这两种合金中的先共晶相 α 的质量分数相等，但 c_1 合金中的 α 总量为 c_2 合金中 α 总量的2.5倍，试计算 c_1 和 c_2 的成分。

4.4　组元A和B在液态完全互溶，但在固态互不溶解，且形成一个与A，B不同晶体结构的中间化合物，由热分析测得下列数据。

B 的质量分数[w_B/%]	液相线温度/℃	固相线温度/℃
0	—	1 000
20	900	750
40	765	750
43	—	750
50	930	750
63	—	1 040
80	850	640
90	—	640
100	—	800

(1) 画出平衡相图,并注明各个区域的相、各点的成分及温度,并写出中间化合物的分子式(原子量 A = 28,B = 24)。

(2)100 kg 的 $w_B = 20\%$ 的合金在 800 ℃ 平衡冷却到室温,最多能分离出多少纯 A。

4.5 已知 A(熔点 600 ℃)与 B(熔点 500 ℃)在液态无限互溶,固态时 A 在 B 中的最大固溶度(质量分数)为 $w_A = 30\%$,室温时 $w_A = 10\%$;但 B 在固态和室温时均不溶于 A。在 300 ℃ 时,含 $w_B = 40\%$ 的液态合金发生共晶反应。试绘出 A – B 合金相图;试计算 $w_A = 20\%$,$w_A = 45\%$;$w_A = 80\%$ 的合金在室温下组织组成物和相组成物的相对量。

4.6 参考图 4.2 试求:

(1) 2 000 ℃ 时 Al_2O_3 在液体中的质量分数及固体 β 中的固溶度为多少? 20% Al_2O_3 – 80% ZrO_2 陶瓷在 1 800 ℃ 时所含相的化学成分为何?

(2) 具有何种成分的 Al_2O_3 – ZrO_2 陶瓷,在 1 800 ℃ 时含有 $\frac{3}{4}\alpha$ 及 $\frac{1}{4}\beta$。

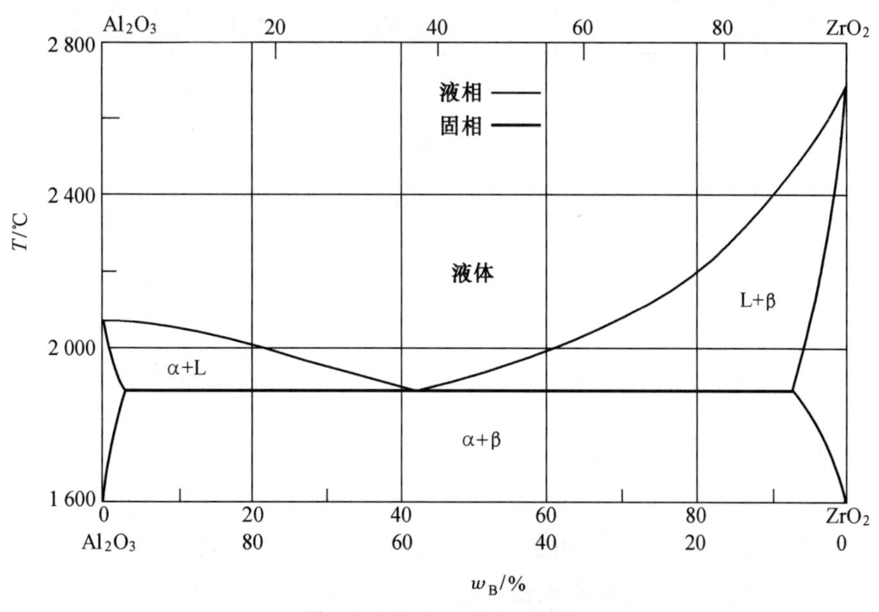

图 4.2 Al_2O_3 – ZrO_2 相图

4.7 图4.3为Al－Si共晶相图,图4.4为3个Al－Si合金显微组织示意图。试分析图4.4中的组织系什么合金(亚共晶、过共晶、共晶)？指出细化此合金铸态组织的可能途径。

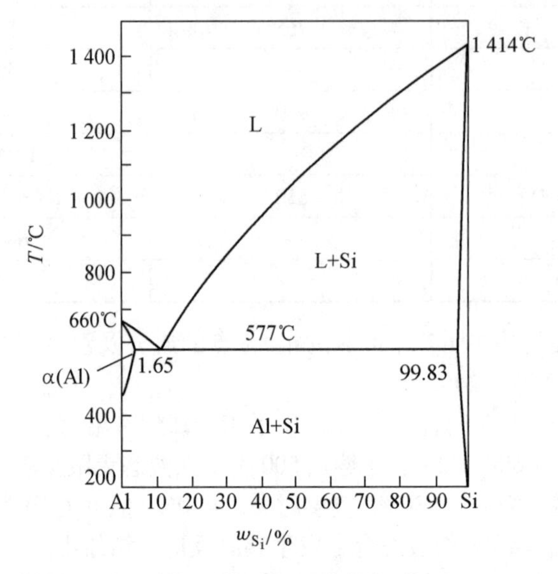

图4.3 Al－Si共晶相图

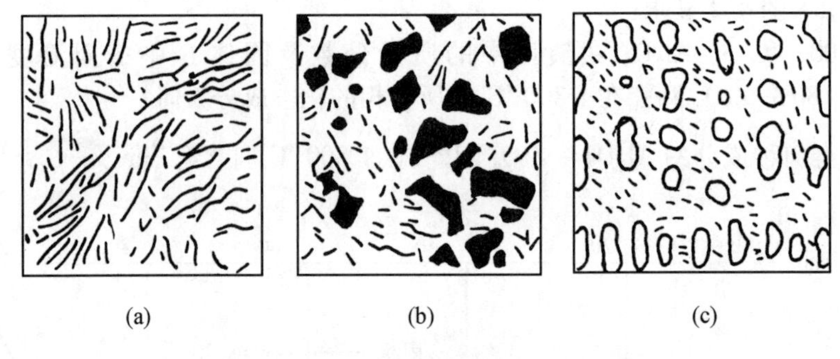

图4.4 Al－Si合金显微组织示意图

4.8 青铜(Cu－Sn)和黄铜(Cu－Zn)相图如图4.5所示：

(1)叙述Cu－10%(Sn)合金的不平衡冷却过程,并指出室温时的金相组织。

(2)比较Cu－10%(Sn)合金铸件和Cu－30%(Zn)合金铸件的铸造性能及铸造组织,说明Cu－10%(Sn)合金铸件中有许多散砂眼的原因。

(3)w_{Sn}分别为2%,11%和15%的青铜合金,哪一种可进行压力加工？哪种可利用铸造法来制造机件?

4.9 根据图4.6所示的Pb－Sn相图：

(1)画出成分为$w_{Sn}=50\%$合金的冷却曲线及其相应的平衡凝固组织。

(2)计算该合金共晶反应后组织组成体的相对量和组成相的相对量。

(3)计算共晶组织中两相体积相对量,由此判断两相组织为棒状还是为层片状形态。

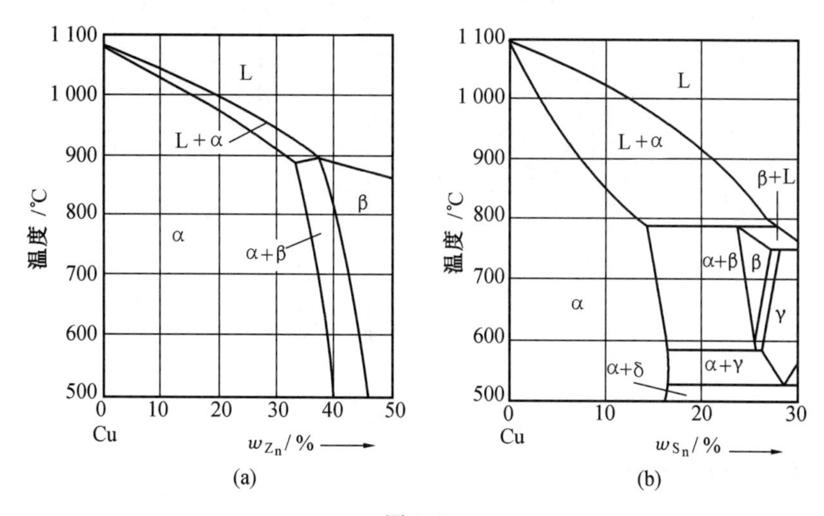

图 4.5

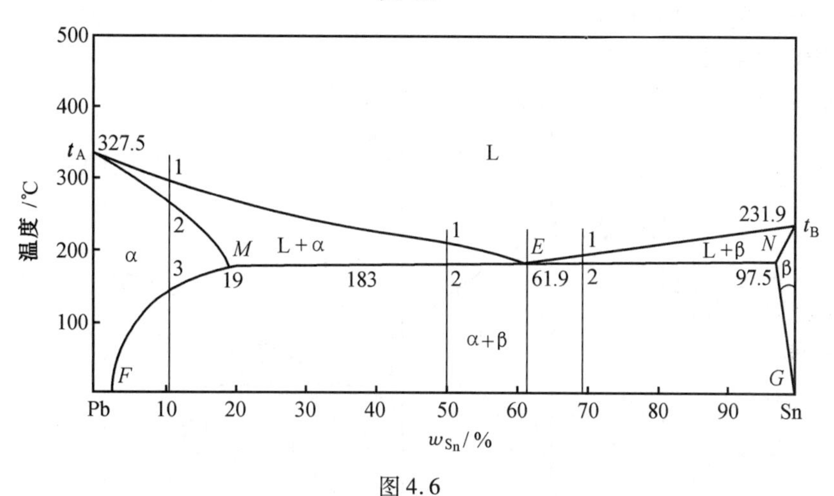

图 4.6

在计算中忽略 Sn 在 α 相和 Pb 在 β 相中的溶解度效应,假定 α 相的点阵常数为 Pb 的点阵常数;a_{Pb} = 0.390 nm,晶体结构为面心立方,每个晶胞 4 个原子;β 相的点阵常数为 β - Sn 的点阵常数:a_{Sn} = 0.583 nm,c_{Sn} = 0.318 nm,晶体点阵为体心正方,每个晶胞 4 个原子。Pb 的原子量为 207,Sn 的原子量为 119。

4.10 根据下列条件画出一个二元系相图,A 和 B 的熔点分别是 1 000 ℃ 和 700 ℃,含 w_B = 25% 的合金正好在 500 ℃ 完全凝固,它的平衡组织由 73.3% 的先共晶 α 和 26.7% 的 $(\alpha+\beta)_{共晶}$ 组成。而 w_B = 50% 的合金在 500 ℃ 时的组织由 40% 的先共晶 α 和 60% $(\alpha+\beta)_{共晶}$ 组成,并且此合金的 α 总量为 50%。

4.11 根据图 4.7 所示二元共晶相图,

(1) 分析合金 Ⅰ,Ⅱ 的结晶过程,并画出冷却曲线。

(2) 说明室温下合金 Ⅰ,Ⅱ 的相和组织是什么? 并计算出相和组织组成物的相对量。

(3) 如果希望得到共晶组织加上 5% 的 $\beta_{初}$ 的合金,求该合金的成分。

(4) 合金 Ⅰ,Ⅱ 在快冷不平衡状态下结晶,组织有何不同?

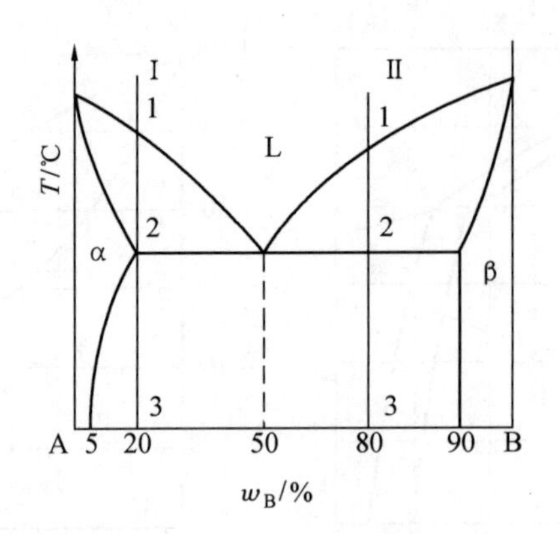

图 4.7　二元共晶相图

4.12　在图 4.8 所示相图中，请指出：

(1) 水平线上反应的性质；

(2) 各区域的组织组成物；

(3) 分析合金 Ⅰ，Ⅱ 的冷却过程；

(4) 合金 Ⅰ，Ⅱ 室温时组织组成物的相对重量表达式。

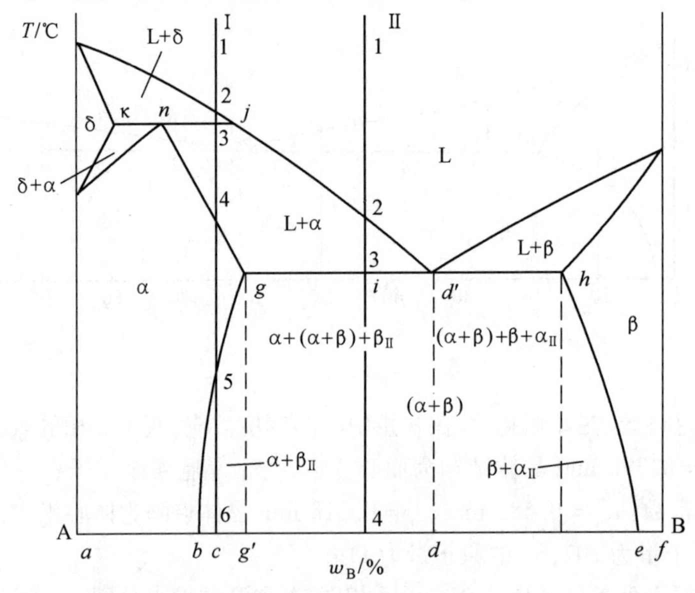

图 4.8　A－B 二元相图

4.13　图 4.9 为 Pb－Sb 相图。若用铅锑合金制成的轴瓦，要求其组织为在共晶体基体上分布有相对量为5% 的β(Sb) 作为硬质点，试求该合金的成分及硬度(已知α(Pb) 的硬度为 3 HB，β(Sb) 的硬度为 30 HB)。

4.14*　(1) 参见图 4.10 所示的 Cu－Sn 合金相图，叙述 Cu－0.10Sn 合金的不平衡冷却过程并指出室温时的金相组织；

(2) 将该成分的合金液体置于内腔为长棒形的模子内，采用顺序结晶方式，并假设液相内完全混合，固／液界面为平直状，且固相中无扩散，液相线与固相线为直线。试分析计算从液相中直接结晶的 α 相与 γ 相的区域占试棒全长的百分数。

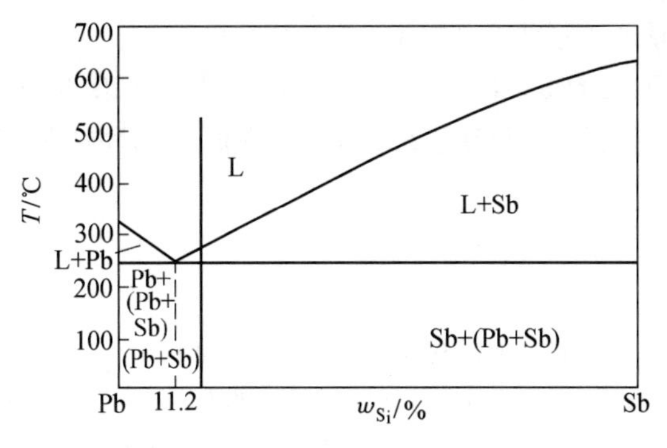

图 4.9　Pb - Sb 相图

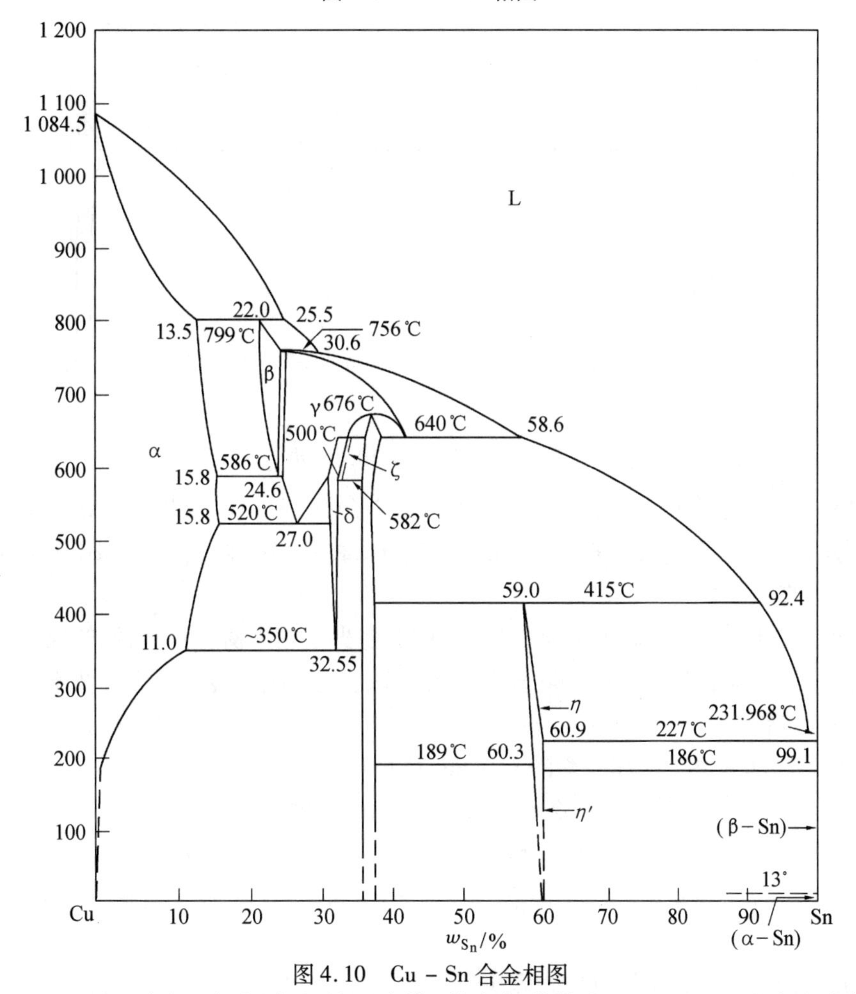

图 4.10　Cu - Sn 合金相图

4.15　550 ℃ 时有一铝铜合金的固溶体,其摩尔分数为 $x_{Cu}=2\%$ 。此合金先被淬火,然后重新加热到 100 ℃ 以便析出 θ。此 θ($CuAl_2$) 相发展成许多很小的颗粒弥散分布于合金中,致使平均颗粒间距仅为 5.0 nm。

(1) 请问 1 m^3 合金内大约形成多少个颗粒?

(2) 如果我们假设 100 ℃ 时 α 中的含 Cu 量可认为是零,试推算每个 θ 颗粒内有多少个铜原子(已知 Al 的原子半径为 0.143 nm)?

4.16 假定有 100 g 的 96%(Al)-4%(Cu) 合金在 620 ℃ 中达到平衡而形成 α 相和液相 L。然后,该合金又急速冷却至 550 ℃,以致原来的固体没有机会参与反应,并且液相依然存在。请问:

(1) 该液体的成分为多少?

(2) 此时液体的质量为多少?

4.17 由 Al-Cu 合金相图(参见图 4.11),试分析:

(1) 什么成分的合金适于压力加工,什么成分的合金适于铸造?

(2) 用什么方法可提高 $w_{Cu} < 5.6\%$ 的铝合金的强度?

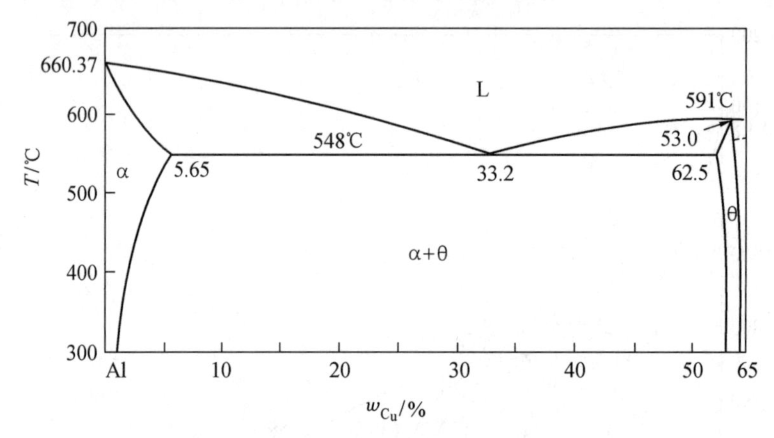

图 4.11 Al-Cu 相图一角

4.18 如果有某 Cu-Ag 合金 1 000 g(其中含有 75 g Cu 及 925 g Ag),请提出一种方案,可从该合金内提炼出 100 g 的 Ag,且其中 Cu 的质量分数 $w_{Cu} < 2\%$(假设液相线和固相线均为直线)。

4.19 图 4.12 所示为 Cu-Zn 相图,图中有多少三相平衡,写出它们的反应式。分析 Zn 质量分数 $w_{Zn} = 40\%$ 的 Cu-Zn 合金平衡结晶过程中主要转变反应式及室温下相组成物与组织组成物。

4.20 已知和渗碳体相平衡的 α-Fe,其固溶度方程为

$$w_{C}^{\alpha} = 2.55\ \exp(-11.3 \times 10^{3}/RT)$$

假设碳在奥氏体中的固溶度方程也类似于此方程,试根据 Fe-Fe_3C 相图写出该方程。

4.21 一碳钢在平衡冷却条件下,所得显微组织中,含有 50% 的珠光体和 50% 的铁素体,问:

(1) 此合金中碳的质量分数为多少?

(2) 若该合金加热到 730 ℃ 时,在平衡条件下将获得什么组织?

(3) 若加热到 850 ℃,又将得到什么组织?

4.22 同样形状和大小的两块铁碳合金,其中一块是低碳钢,一块是白口铸铁。试问用什么简便方法可迅速将它们区分开来?

4.23 试比较 45,T8,T12 钢的硬度、强度和塑性有何不同?

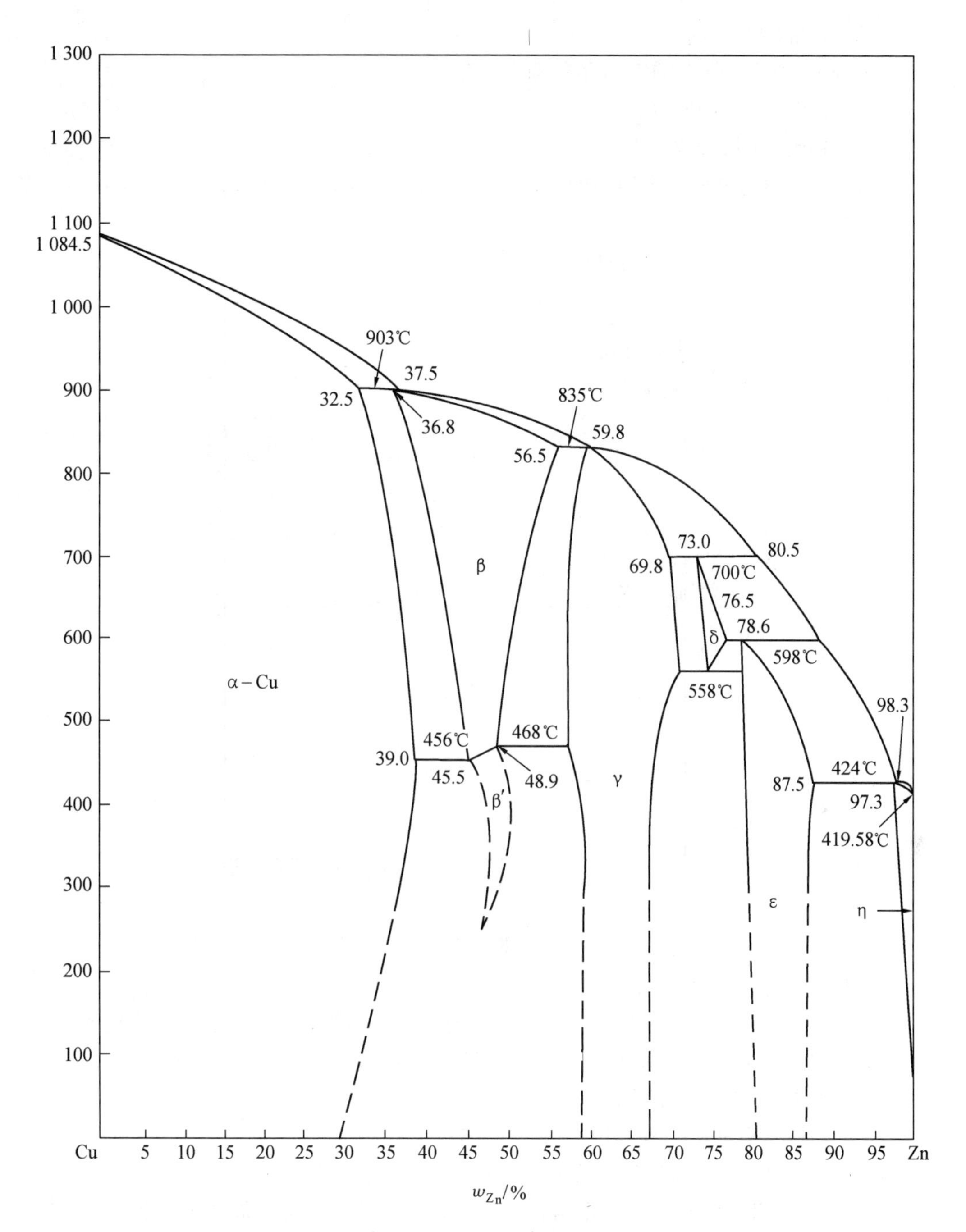

图 4.12　Cu - Zn 合金相图

4.24　计算 $w_C = 4\%$ 的铁碳合金按亚稳态冷却到室温后，组织中的珠光体、二次渗碳体和莱氏体的相对质量分数；并计算组织组成物珠光体中渗碳体和铁素体的相对质量分数。

4.25　根据显微组织分析，一灰口铁内石墨的体积占 12%，铁素体的体积占 88%，试求 w_C 为多少（已知石墨的密度 $\rho_G = 2.2\ g/cm^3$，铁素体的密度 $\rho_\alpha = 7.8\ g/cm^3$）？

4.26　汽车挡泥板应选用高碳钢还是低碳钢来制造？

4.27 在800 ℃时,

(1) Fe - 0.2%(C)的钢内存在哪些相?

(2) 写出这些相的成分?

(3) 各相的质量分数是多少?

4.28 (1) 根据图4.13所示的Fe - Fe_3C相图,分别求w_C = 2.11%,w_C = 4.30%的二次渗碳体的析出量。

(2) 画出w_C = 4.3%的铸铁的冷却曲线。

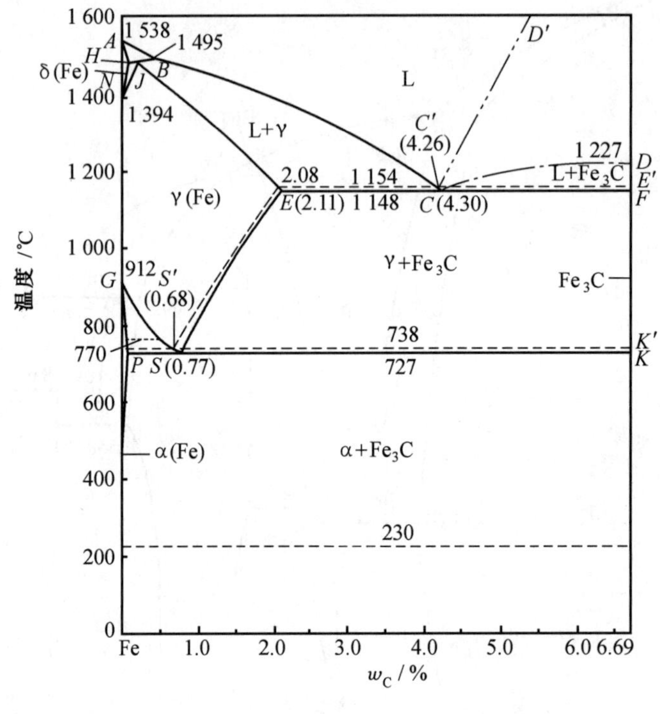

图4.13

4.29 根据Fe - Fe_3C相图,

(1) 比较w_C = 0.4%的合金在铸态和平衡状态下结晶过程和室温组织有何不同?

(2) 比较w_C = 1.9%的合金在慢冷和铸态下结晶过程和室温组织的不同?

(3) 说明不同成分区域铁碳合金的工艺性?

4.30 利用相律判断图4.14所示相图中错误之处。

4.31 指出下列概念中错误之处,并更正。

(1) 固溶体晶粒内存在枝晶偏析,主轴与枝间成分不同,所以整个晶粒不是一个相。

(2) 尽管固溶体合金的结晶速度很快,但是在凝固的某一个瞬间,A,B组元在液相与固相内的化学位都是相等的。

(3) 固溶体合金无论在平衡或非平衡结晶过程中,液/固界面上液相成分沿着液相平均成分线变化;固相成分沿着固相平均成分线变化。

(4) 在共晶线上利用杠杆定律可以计算出共晶体的相对量,而共晶线属于三相区,所以杠杆定律不仅适用于两相区,也适用于三相区。

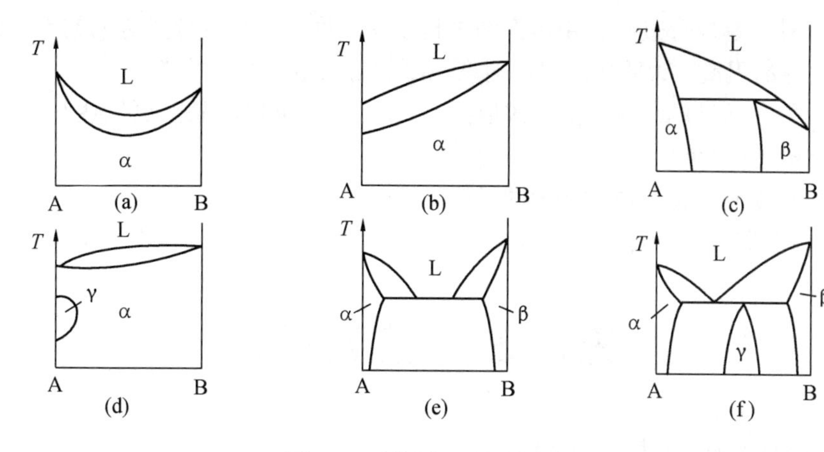

图 4.14　错误二元相图举例

(5) 固溶体合金棒顺序结晶过程中,液/固界面推进速度越快,则棒中宏观偏析越严重。

(6) 将固溶体合金棒反复多次"熔化 - 凝固",并采用定向快速凝固的方法,可以有效地提纯金属。

(7) 从产生成分过冷的条件$\frac{G}{R} < \frac{mc_0}{D}(\frac{1-K_0}{K_0})$可知,合金中溶质浓度越高,成分过冷区域小,越易形成胞状组织。

(8) 厚薄不均匀的 Ni - Cu 合金铸件,结晶后薄处易形成树枝状组织,而厚处易形成胞状组织。

(9) 不平衡结晶条件下,靠近共晶线端点内侧的合金比外侧的合金易于形成离异共晶组织。

(10) 具有包晶转变的合金,室温时的相组成物为 α + β,其中 β 相均是包晶转变产物。

(11) 用循环水冷却金属模,有利于获得柱状晶区,以提高铸件的致密性。

(12) 铁素体与奥氏体的根本区别在于固溶度不同,前者小而后者大。

(13) 727 ℃ 是铁素体与奥氏体的同素异构转变温度。

(14) 在 $Fe - Fe_3C$ 系合金中,只有过共析钢的平衡结晶组织中才有二次渗碳体存在。

(15) 凡是碳钢的平衡结晶过程都具有共析转变,而没有共晶转变;相反,对于铸铁则只有共晶转变而没有共析转变。

(16) 无论何种成分的碳钢,随着碳质量分数的增加,组织中铁素体相对量减少,而珠光体相对量增加。

(17) $w_C = 4.3\%$ 的共晶白口铁的显微组织中,白色基体为 Fe_3C,其中包括 $Fe_3C_{Ⅰ}$,$Fe_3C_{Ⅱ}$,$Fe_3C_{Ⅲ}$,$Fe_3C_{共析}$,$Fe_3C_{共晶}$ 等。

(18) 观察共析钢的显微组织,发现图中显示渗碳体片层密集程度不同。凡是片层密集处则碳质量分数偏多,而疏稀处则碳质量分数偏少。

(19) 厚薄不均匀的铸件,往往厚处易白口化。因此,对于这种铸件必须多加碳,少加硅。

(20) 用 Ni - Cu 合金焊条焊接某合金板料时,发现焊条慢速移动时,焊缝易出现胞状组织,而快速移动时,则易于出现树枝状组织。

4.32 什么是成分过冷？用示意图进行说明。推导发生成分过冷的临界条件，指出影响成分过冷的因素。说明成分过冷对金属凝固时的生长形态的影响。

4.33 简述铸锭的三晶区的形成原因，用什么方法可使柱晶区更发达？用什么方法可使中心等轴区扩大？

4.34 说明碳质量分数对碳钢的组织和性能的影响。

4.35 何谓钢的热脆性？何谓钢的冷脆性？是怎样产生的？如何防止？

第5章　三元相图

5.1 解释下列基本概念及术语

浓度三角形，相区相邻规则，直线法则，重心法则，共轭线，共轭曲面，共轭三角形，蝴蝶形变化规律，单变量线，液相面，固相面，溶解度曲面，四相平衡转变温度，投影图，垂直截面图和等温截面图。

5.2 读出图5.1所示浓度三角形中，C，D，E，F，G，H各合金点的成分。它们在浓度三角形的位置上有什么样特点？

5.3 在图5.2所示浓度三角形中：

(1) 写出点P，R，S的成分；

(2) 设有2 kg P，4 kg R，2 kg S，求它们混熔后的液体成分点X；

(3) 定出 $w_C = 80\%$ 时，A、B组元浓度之比与S相同的合金成分点Y；

(4) 若有2 kgP，问需要多少何种成分的合金，Z才可混熔成6 kg成分为R的合金。

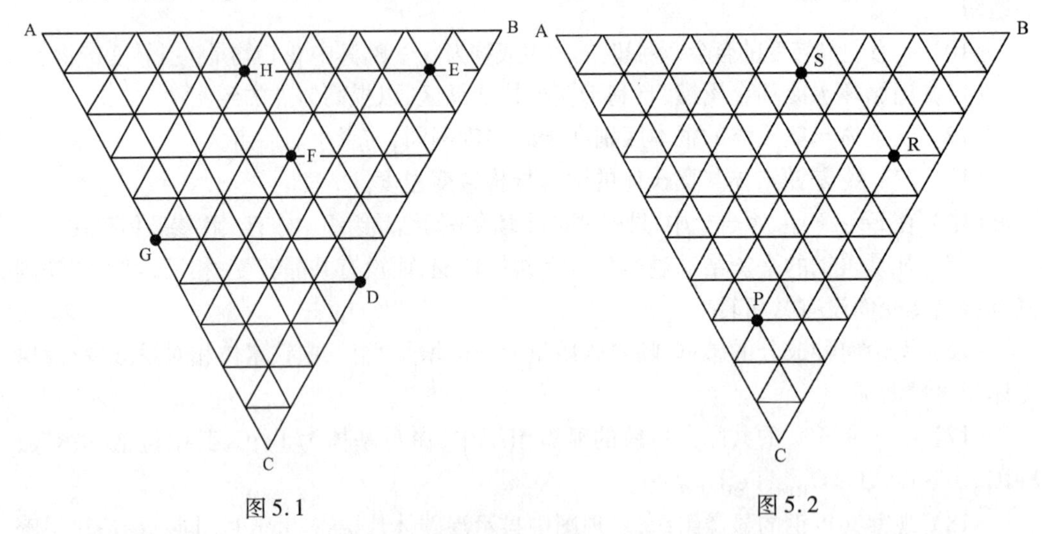

图5.1　　图5.2

5.4 图5.3是Pb－Sb－Zn液相面投影图。

(1) 在图上标出合金X：w_{Pb}^{X} 为75%，w_{Sn}^{X} 为15%，w_{Zn}^{X} 为10%；Y：w_{Pb}^{Y} 为50%，w_{Sn}^{Y} 为30%，w_{Zn}^{Y} 为20%；Z：w_{Pb}^{Z} 为10%，w_{Sn}^{Z} 为10%，w_{Zn}^{Z} 为80%的成分点；

(2) 合金Q由2 kg X，4 kg Y，6 kg Z混溶制成，指出Q的成分点；

（3）若有 3 kg X,需要多少何种成分的合金 R 才可混溶成 6 kg Y？

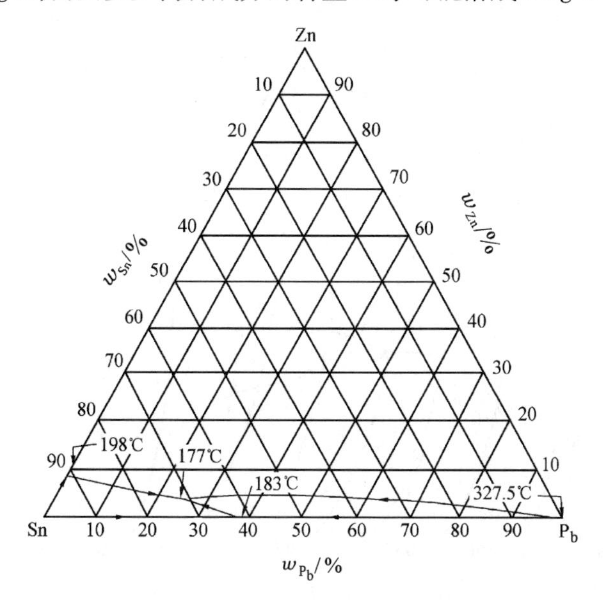

图 5.3　Pb－Sn－Zn 液相面投影图

5.5　杠杆定律与重心法则有什么关系？在三元相图的分析中怎样用杠杆定律和重心法则。

5.6　三元合金的匀晶转变和共晶转变与二元合金的匀晶转变和共晶转变有何区别？

5.7　三元相图的垂直截面与二元相图有何不同？为什么二元相图中可应用杠杆定律而三元相图的垂直截面中却不能？

5.8　分析图 5.4 中Ⅰ,Ⅱ,Ⅲ,Ⅳ,Ⅴ,Ⅵ区合金的结晶过程及室温下的组织组成物。

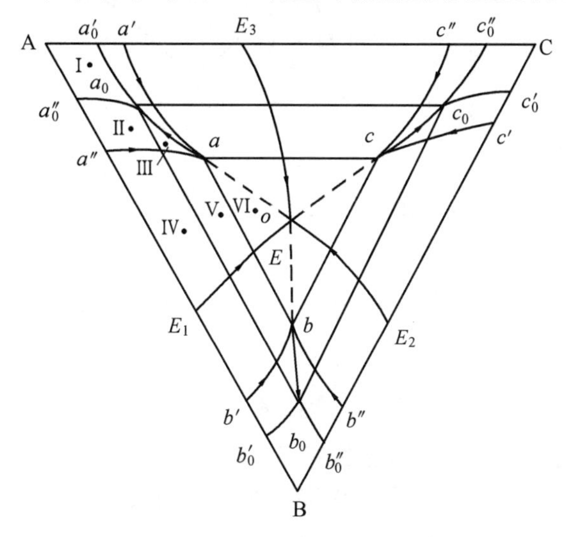

图 5.4　三元共晶相图投影图

5.9　已知图 5.5 为 A－B－C 三元匀晶相图的等温线投影图,其中实线和虚线分别表示结晶开始点和终了点的大致温度,指出液固两相成分变化轨迹。

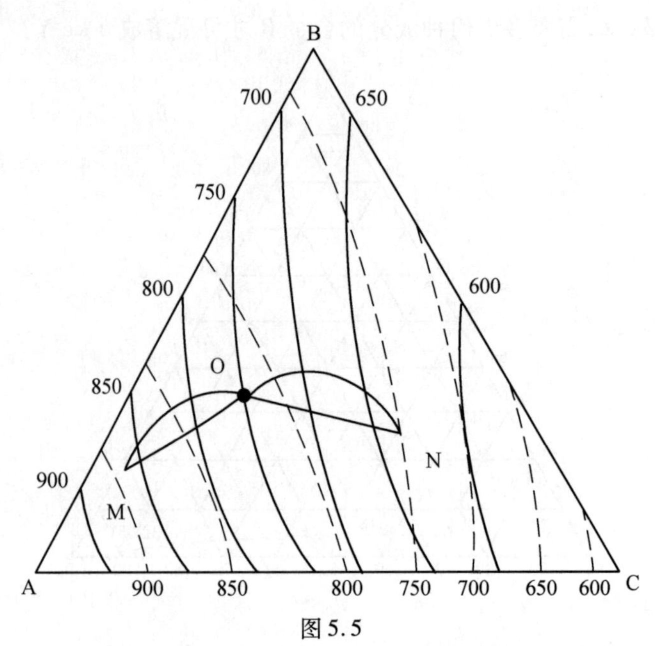

图 5.5

5.10 已知 A－B－C 三元系富 A 液相面与固相面投影面，如图 5.6 所示。

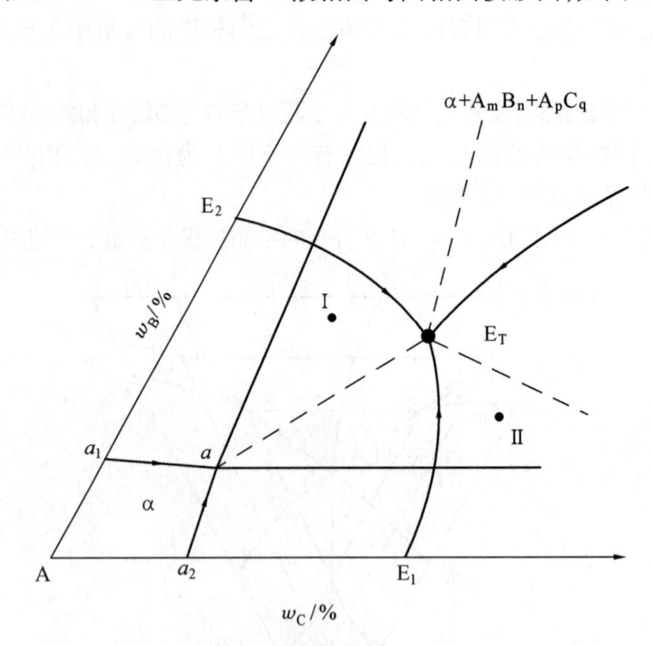

图 5.6

(1) 写出点 E_T 相变的三条单变量线所处三相区存在的反应；

(2) 写出合金 Ⅰ 和合金 Ⅱ 的平衡凝固后的组织组成；

(3) 图中什么成分的合金平衡凝固后由等量的 $\alpha_{初晶}$ 与三相共晶体$(\alpha + A_mB_n + A_pC_q)_E$ 组成？

(4) 什么成分的合金平衡凝固后是由等量的二相共晶体$(\alpha + A_mB_n)_E$，和三相共晶体$(\alpha + A_mB_n + A_pC_q)_E$ 组成？

5.11 利用图5.7分析2 Cr13($w_C = 0.2\%$,$w_{Cr} = 13\%$)不锈钢的凝固过程及组织组成物,说明它们的组织特点。

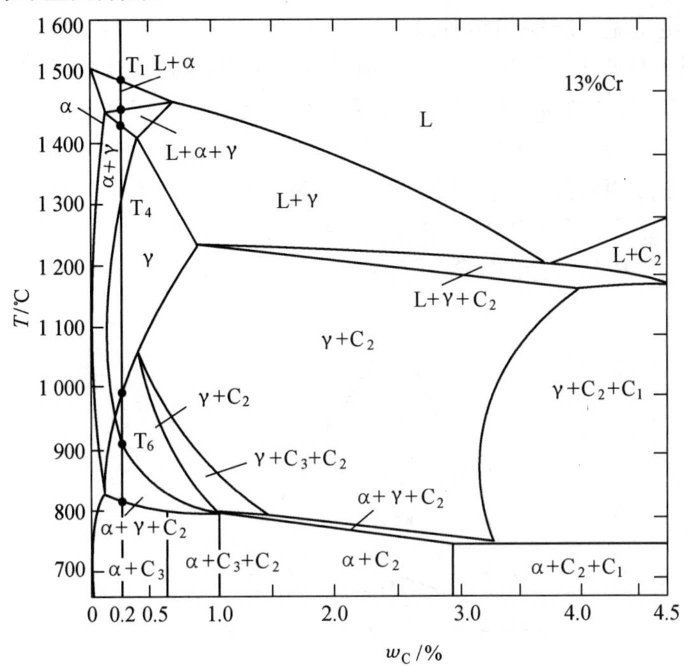

图5.7 Fe-C-Cr相图垂直截面图

5.12 利用图5.7分析4Cr13不锈钢($w_C = 0.4\%$,$w_{Cr} = 13\%$)和Cr13型模具钢($w_C = 2\%$,$w_{Cr} = 13\%$)的凝固过程及组织组成物,并说明其组织特点。

5.13 图5.8为Pb-Bi-Sn相图的投影图,

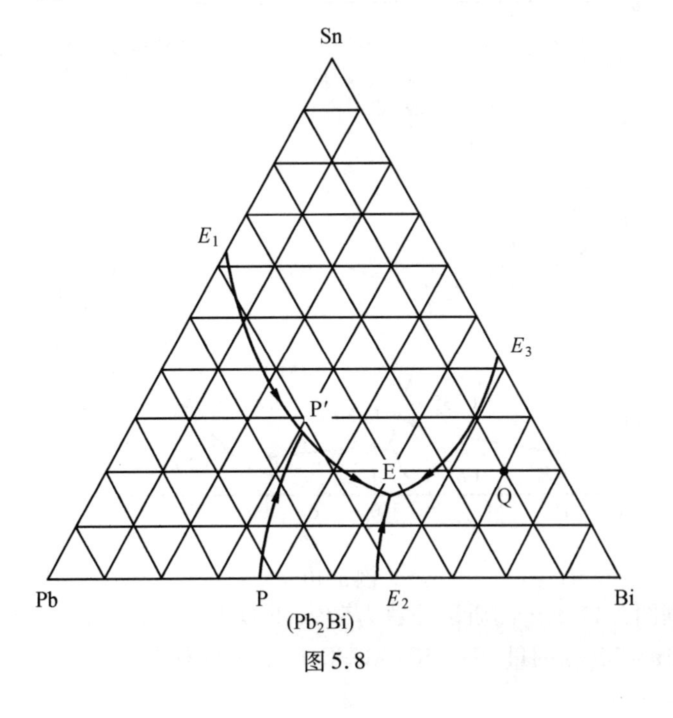

图5.8

(1) 写点 P′、E 的反应式和反应类型；

(2) 写出合金 Q(w_{Bi} = 70%，w_{Sn} = 20%) 的凝固过程及室温组织；

(3) 计算合金室温下组织的相对量。

5.14 如图 5.9 所示，已知 A，B，C 三组元固态完全不互溶，A，B，C 的质量分数分别为 80%，10%，10% 的 O 合金在冷却过程中将进行二元共晶反应和三元共晶反应，在二共晶反应开始时，该合金液相的质量分数成分(a 点)A 为 60%，B 为 20%，C 为 20%，而三元共晶反应开始时的液相成分(E 点)A 为 50%，B 为 10%，C 为 40%。

(1) 试计算 $A_{初}$ %，(A + B)% 和(A + B + C)% 为多少？

(2) 写出图中 I 和 P 合金的室温平衡组织。

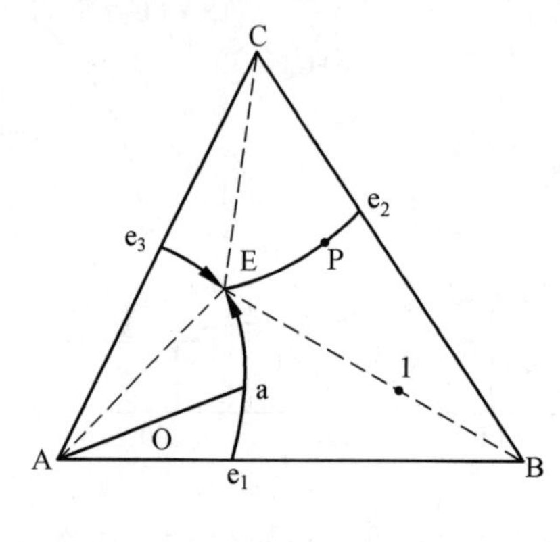

图 5.9

5.15 根据图 5.10 所示 FeW－C 三元系的低碳部分的液相面的投影图，试标出所有四相反应。

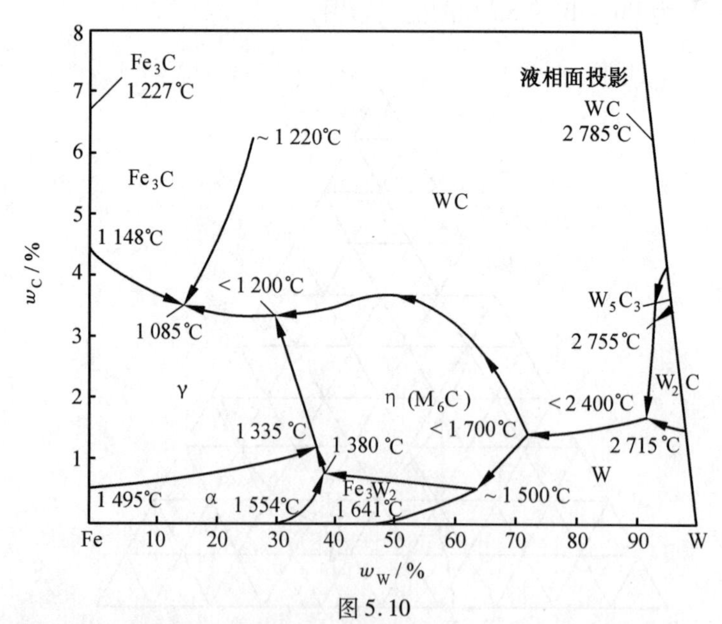

图 5.10

5.16 根据图 5.11 确定的质量分数为 57%(SiO_2) − 38%(CaO) − 5%(Al_2O_3) 的陶瓷的凝固顺序和最终各相的量(S—SiO_2，C—CaO，A—Al_2O_3)。

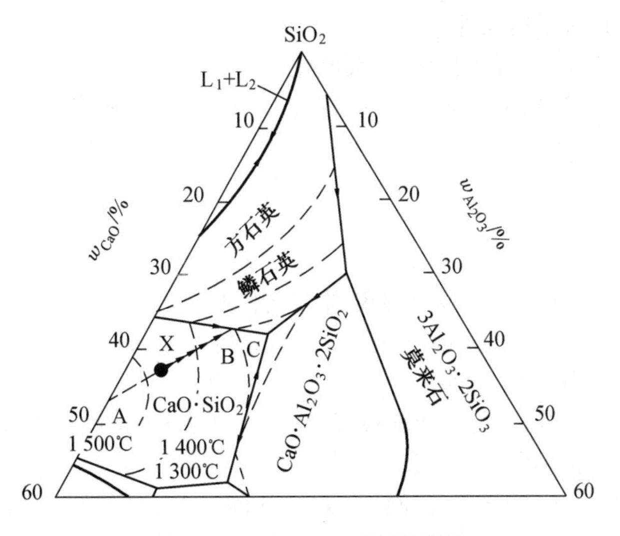

(a) $SiO_2-CaO-Al_2O_3$ 相图投影图

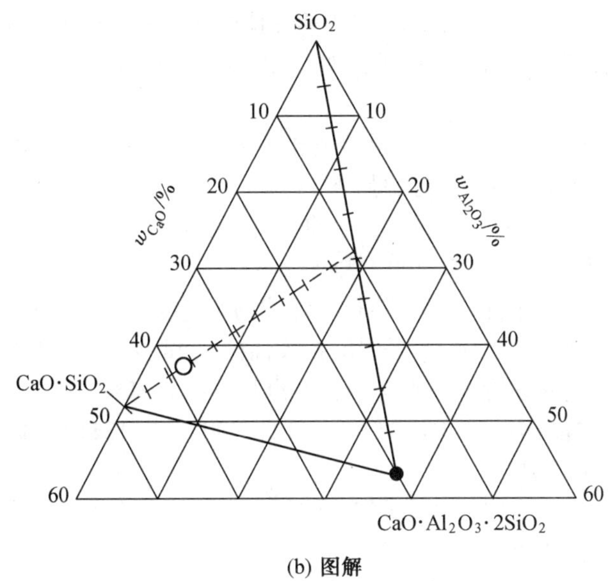

(b) 图解

图 5.11

第 6 章　固体材料的变形与断裂

6.1　解释下列基本概念及术语

滞弹性,滑移,孪生,滑移带,加工硬化,形变织构,微观残余应力,宏观残余应力,割阶,扭折,交滑移,多滑移,取向因子,脆性断裂,韧性断裂,解理,断裂韧性。

6.2　将一根长 20 m,直径 14.0 mm 铝棒,通过孔径 12.7 mm 的模具拉拔,求:

(1) 这根铝棒拉拔后的尺寸；

(2) 这个铝棒承受的工程线应变和真应变。

6.3* 拉伸试验达到抗拉强度，即工程应力 - 应变曲线的斜率为零的时候，开始出现颈缩。

(1) 证明这相当于$\frac{dS}{de}=S$；

(2) 计算颈缩开始产生的真应变；

(3) 计算将试样拉伸至颈缩时的单位体积所作的功。

6.4 锌单晶在拉伸前拉力轴与滑移方向的夹角为45°，拉伸后力轴与滑移方向的夹角为30°，试求试样拉伸后的延伸率。

6.5 有一Cu - 30%Zn黄铜冷轧板经25%冷变形后，厚度变为1 cm，接着再将其厚度减少到0.6 cm，试求总的工程应变与真实线应变。

6.6 将一标距为L_0的试样先拉伸至L，再压缩至L_0，试求两过程的工程线应变与真实线应变。

6.7 如果用$\tau=\tau_{max}\sin(2\pi x/b)$来描述晶体的切变时的应力变化，可以粗略地算出理论剪切强度的近似值。x为一个原子面对与相邻原子面的剪切位移；b为剪切方向的原子间距。

(1) 面心立方金属的一个密排面沿着密排方向对与相邻的密排面发生切变，请根据剪切模量μ，确定这个时候的理论剪切强度τ_{max}。

(2) 运用(1)结论，算出Al，Cu，Ag三种金属多晶体的理论剪切强度值($E_{Al}=70\ 300$ MPa，$E_{Cu}=129\ 800$ MPa，$E_{Ag}=82\ 700$ MPa)。

6.8* 铁基多晶金属的真应力 - 真应变曲线均匀塑变部分满足$S=Ke^n$，其中S是真应力；e为真应变，n是形变强化指数，K是强度系数，请制定试验方案求出形变强化指数n。

6.9 密排六方金属镁能否产生交滑移？滑移方向如何？

6.10 体心立方晶体的{110}〈111〉，{112}〈111〉和{123}〈111〉滑移系共有多少个？可否产生交滑移，为什么？

6.11 单晶铜表面为{100}面，假定晶体可以在各滑移系上进行滑移，讨论表面上可能见到的滑移线形貌？若单晶体表面为{111}面呢？

6.12 有一简单立方结构的双晶，其滑移系为〈100〉{100}。当力轴与晶体取向如图6.1时，哪个晶粒首先滑移？启动的是哪个滑移系？

6.13 单相黄铜冷轧如图6.2所示，P方向为拉力轴方向，C为压力轴方向，试证明黄铜冷轧板的形变织构为{110}〈1$\bar{1}$2〉。

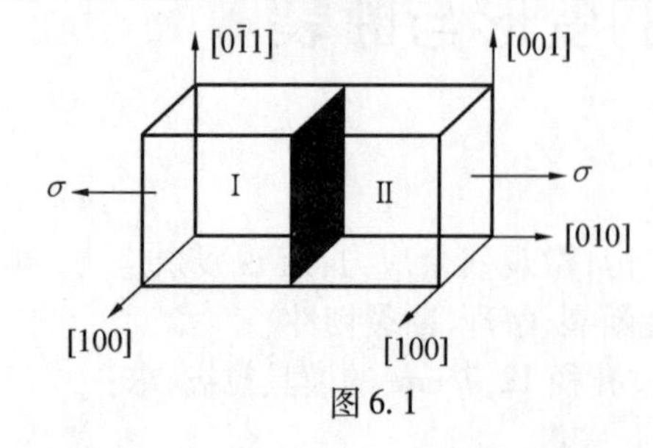

图6.1

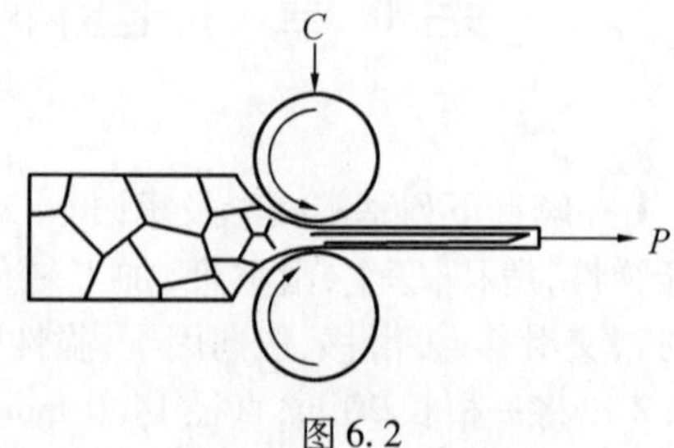

图6.2

6.14 体心立方晶体可能的滑移面是{110},{112},{123},若滑移方向为[1 $\bar{1}$1],具体的滑移系是那些?

6.15 有一面心立方金属的{111}⟨110⟩滑移系的临界分切应力为0.82 MPa,拉力轴与X轴夹角为65.91°,与Y轴夹角为35.26°,与Z轴夹角为65.91°,当沿该方向拉伸时,求材料的屈服强度。

6.16 铜单晶其外表面平行于{001},若施加拉力,力轴方向为[001]。测得τ_c=0.7 MPa,求多大应力下材料屈服。

6.17 已知铜单晶临界分切应力为1 MPa, 设拉力轴在图6.3有阴影的三角形中,

(1) 求使该晶体开始滑移的最小拉应力,并在阴影三角形中,示意标出最小应力所对应的拉力轴的位置。

(2) 当拉力轴位于什么取向的时候,所需拉应力为最大? 说明理由。

6.18 标准(001)极图如图6.4所示,面心立方金属拉伸时,当力轴位于P点时,试找出初始滑移系与共轭滑移系,并解释超越现象;当力轴位于[$\bar{1}$11]极点时,找出所有可以开动的等效滑移系,并且说明两者应力-应变曲线的差异,及其产生原因。

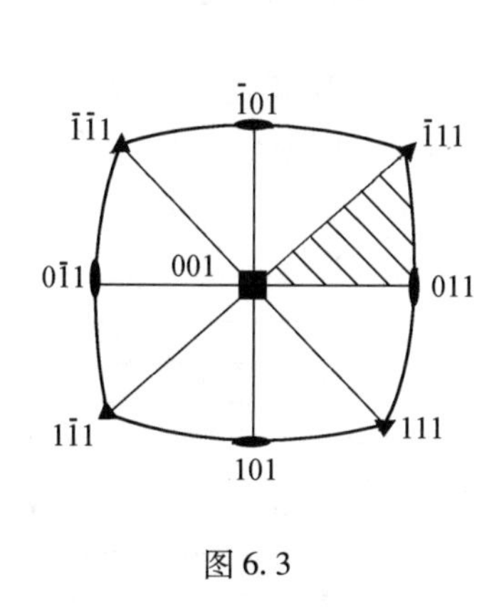

图6.3

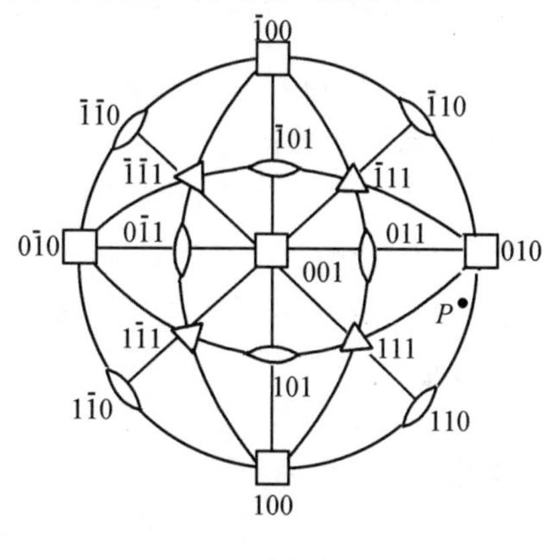

图6.4

6.19 铁单晶拉力轴方向为[011],试问哪些滑移系首先开动,若τ_c = 33.8 MPa,求多大应力时材料屈服?

6.20 已知纯铝τ_c = 0.79 MPa,问:

(1) 使($\bar{1}$11)面产生[101]方向的滑移,则在[001]方向上应该施多大的力?

(2) 使($\bar{1}$11)面产生[110]方向的滑移呢?

6.21 面心立方单晶以[131]为力轴,进行拉伸。当拉应力为1×10^7 Pa的时候,试确定(111)[0$\bar{1}$1],(111)[10$\bar{1}$]和(111)[1$\bar{1}$0]滑移系上的分切应力。

6.22* 一个交滑移系,包括一个滑移方向和包含这个滑移方向的两个滑移面,请写出bcc结构金属的各类型的交滑移系。

6.23 试述面心立方(111)面上的扩展位错交滑移到(11$\bar{1}$)面的过程。

6.24 体心立方结构的铁在(011)滑移面上,有一个$\boldsymbol{b}_1 = \frac{a}{2}[1\bar{1}1]$的单位位错,在

$(0\bar{1}1)$ 面上,有一个 $\boldsymbol{b}_2=\frac{a}{2}[\bar{1}11]$ 的单位位错,若在切应力作用下,它们向着滑移面的交线处运动并发生反应,试求新生的位错的柏氏矢量,位错线方向,并说明该位错为什么是固定位错?

6.25 锌单晶试样截面积 $A=78.5\ \text{mm}^2$,拉伸试验测得有关数据见表6.1,试回答下列问题:

表 6.1

σ_s/MPa	7.90	3.18	2.34	1.98	2.22	3.48	6.69
ϕ/(°)	83	72.5	62	48.5	30.5	17.6	5
λ/(°)	25.5	26	38	46	63	74.8	82.5

(1) 根据表中数据求出平均临界分切应力;

(2) 求出各屈服载荷下的取向因子,做出取向因子和屈服应力的关系曲线。

6.26 拉伸铜单晶,拉力轴方向为[001],$\sigma=10^6$ Pa,求(111) 面上,柏氏矢量 $\boldsymbol{b}=\frac{a}{2}[\bar{1}01]$ 的螺位错线,以及刃位错线上所受的力。其中 $a_{\text{Cu}}=0.36$ nm。

6.27 研究镁单晶在室温的压缩试验,其[0001] 方向与压缩轴重合,假定在$(10\bar{1}2)$面上,产生孪晶的临界切应力为在(0001) 面上产生滑移的临界分切应力 τ_c 的10倍,当压缩应力足够大时,试确定晶体是产生孪晶还是产生滑移,为什么?

6.28 试述孪晶与滑移的异同,比较它们在塑变过程中的作用。

6.29 证明面心立方孪晶变形时,产生的切变量为0.707。

6.30 面心立方晶体的密排面(111) 的堆垛顺序为 ABCABCABC…,在相临几层密排面上分布着如图6.5所示的肖克莱不全位错,当肖克莱不全位错依次扫过滑移面时将形成孪晶,试述孪晶形成过程。

图6.5

6.31 以面心立方晶体为例,试述孪生的极轴机制。

6.32 测得10号钢的屈服强度与晶粒大小的关系如下,当晶粒直径为400 μm时,$\sigma_S=86$ MPa,当晶粒直径为5 μm时,$\sigma_S=242$ MPa,求晶粒平均直径为50 μm时的屈服强度。

6.33 什么叫做断裂韧度 K_{IC}? 在机械设计中有什么实际应用。

6.34 利用派-纳力公式解释为什么晶体滑移通常发生在原子最密排面和最密排方向。

6.35 一刃位错与一螺位错交割,如图6.6所示。画出交割后的示意图,并且说明所产生的新的位错线段是割阶还是扭折,能否随原位错一起滑移。

6.36 试用多晶体塑变理论解释,室温下金属的晶粒越细强度越高,塑性也就越好的现象。

6.37 证明弥散硬化型两相合金塑变时,位错绕过粒子所需最大切应力 $\tau=Gb/\lambda$,其

中 G 为切变模量,b 是位错的柏氏矢量模,λ 是粒子间距。

6.38 在奥罗万机制中,证明位错绕过相距平均距离为 λ,半径为 r 的粒子所需要的临界分切应力 $\tau = \dfrac{\sqrt{3}Gbf^{\frac{1}{2}}}{\sqrt{2\pi} \cdot r}$,其中 f 为第二相粒子所占的体积分数,b 为柏氏矢量模,G 为切变模量。

6.39 有一块 hcp 结构($c/a = 1.586$)高纯金属板,轧成薄板后产生(0001) < $11\bar{2}0$ > 织构,沿着轧制方向取样,屈服强度较低,而当金属中加入一定量的碳后在相同条件下拉伸屈服强度很高,请说明原因。

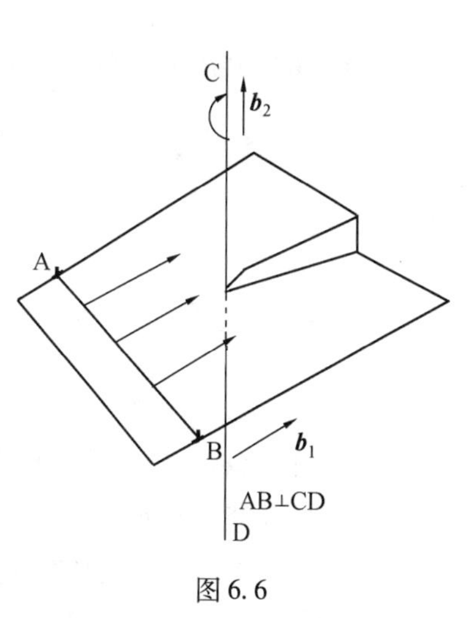

图 6.6

第 7 章 回复与再结晶

7.1 解释下列基本概念及术语

回复,再结晶,多边化,二次再结晶,弓出形核,亚晶合并形核,动态回复,动态再结晶,流线,带状组织,再结晶激活能,超塑性,应变速率敏感系数,临界变形度。

7.2* 高温回复后,有几个刃位错组成亚晶界,亚晶界取向差为 0.057°。设这些位错间没有交互作用,试问形成亚晶后,畸变能是原来的多少倍?(设位错中心区半径 $r_0 \approx b \approx 10^{-8}$ cm,未形成亚晶时,位错应力场的作用半径 $R = 10^{-4}$ cm)

7.3 某金属单晶冷压 80% 后,在 20 ℃ 停留 7 天后,性能回复到一定程度。若在 100 ℃ 的时候,回复到相同的程度则需要保温 50 min,求该金属的回复激活能。

7.4 已知锌的质量分数为 30% 的黄铜在 400 ℃ 的恒温下完成再结晶需要 1 h,而 390 ℃ 完成再结晶需要 2 h,试计算在 420 ℃ 的恒温下,完成再结晶需要多少时间?

7.5 经 98% 冷轧纯铜在不同温度下等温再结晶曲线如图 7.1 所示,求冷轧纯铜再结晶激活能。

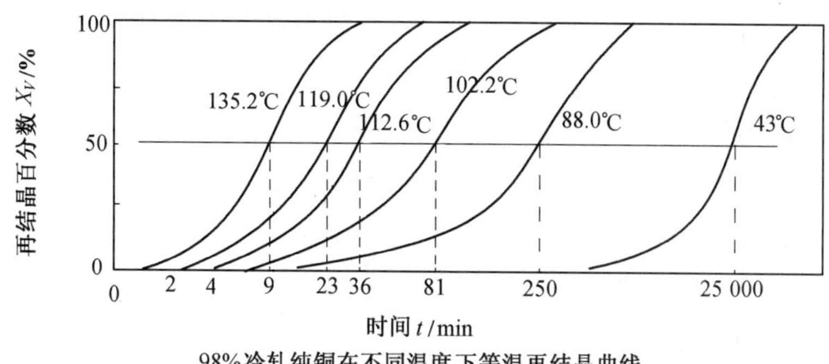

图 7.1

7.6 指出利用 $R = Ae^{-B/T}$，$R = \frac{1}{t_{0.5}}$（其中 R 为再结晶速率，$t_{0.5}$ 是50% 再结晶所需要的时间）两式，求完成50% 再结晶的温度 T 和时间 t 之间的关系曲线（$\frac{1}{T}\lg e - \lg t$），所需要测定的量。

7.7 OFHC（高导电无氧）铜经过冷加工强化后，强度是退火状态 σ_0 的4倍。用它制成130 ℃ 工作的电器元件，安全系数是2，即许用应力为 $2\sigma_0$

（1）取 $A = 10^{12} \cdot \min^{-1}$，$B = 1.5 \times 10^4$，试计算元件的使用寿命。

（2）为什么要考虑回复效应？

（3）为什么不必考虑晶粒长大效应？

7.8 试求证再结晶后晶粒正常长大的极限尺寸 $D_{\lim}$ 与合金中的分散相粒子的体积分数 φ，与其半径 r 存在下式关系：$\overline{D}_{\lim} = 4r/3\varphi$。

7.9 Fe - 3%（Si）合金含 MnS 粒子的时候，当粒子半径为0.05 μm 的时候，体积分数约为1%，850 ℃ 以下退火，当基体的晶粒平均直径为6 μm 的时候，其正常长大即行停止，试分析其原因。

7.10* 铝试样加热至284 ℃ 并且淬火冷却至0 ℃，随即在0 ℃ 放置，并且测定放置不同时间后的比电阻 $\rho(t)$。放置95 min后，立即升温至22 ℃，继续在该温度下放置，并且测定比电阻随时间的变化。测得的数据绘成曲线，如图7.2所示。金属从高温淬火，可保留超过平衡值的过量空位。低温长时间放置的时候，空位迁移并且消失，从而使电阻下降。在这种情况下，电阻单纯依靠空位的减少而下降，并且表现为回复。经过淬火后，开始放置的比电阻是 $\rho(0)$，完全回复的比电阻是 $\rho(\infty)$，则上述过程的动力学符合关系式

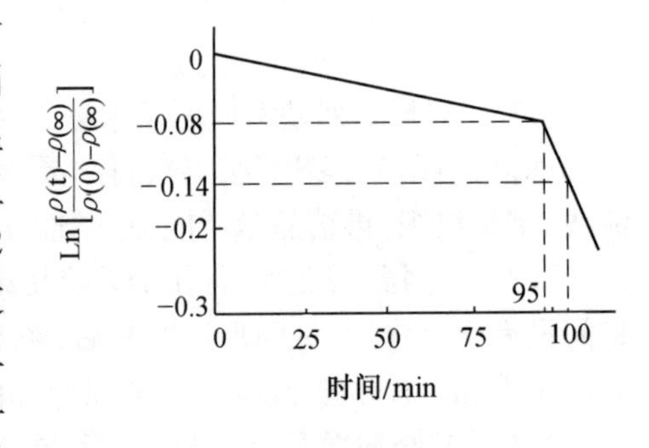

图7.2

$$\ln\{[\rho(t) - \rho(\infty)]/[\rho(0) - \rho(\infty)]\} = Ae^{-Q/RT} \cdot t$$

式中 A—— 常数；

Q—— 空位迁移激活能；

t—— 时间；

T—— 温度。

根据这个方程以及图7.2数据，求铝中的空位迁移激活能。

7.11 Johnson - Mehl 方程描述了再结晶体积分数 φ 与生核率 $\dot{N}$，长大速率 G 和时间 t 的关系，利用 $\varphi = 1 - \exp(-\frac{\pi}{3}\dot{N}G^3t^4)$ 方程，证明完成95%（$\varphi = 0.95$）的再结晶时，所需要的时间为 $t_{0.95} = \left(\frac{2.86}{G^3\dot{N}}\right)^{\frac{1}{4}}$。

7.12 如果把再结晶温度定义为，一小时内能够有95% 的体积发生转变的温度，它应该是形核率 $\dot{N}$ 和生长率 G 的函数。$\dot{N}$ 与 G 都服从阿伦纽斯方程

$$\dot{N} = N_0 \exp(-Q_n/KT) \qquad G = G_0 \exp(-Q_R/KT)$$

试由方程 $t_{0.95} = (2.86/\dot{N}G^3)^{1/4}$ 导出再结晶温度计算式，式中包含 $\dot{N}_0, G_0, Q_R, Q_n$ 等项（$t_{0.95}$ 代表完成再结晶所需要的时间）。

7.13 试证明再结晶形核机制中的晶界弓出形核机制必须满足 $\Delta E_V > 2\sigma/L$，其中 ΔE_V 为单位体积的低位错密度区与相临的高位错密度区储存能之差，σ 是单位面积所具有的晶界能。假定弓出的晶界是半径为 R 的球面的一部分，其弦长为 $2L$，如图 7.3 所示。

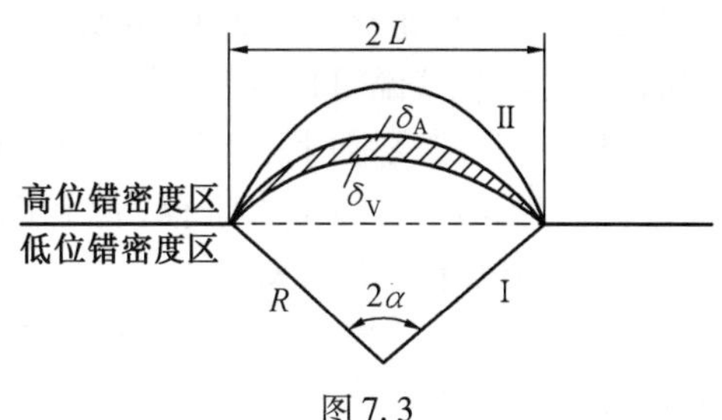

图 7.3

7.14 Ag 形变 26%，测得 $\Delta E_V \approx 16.7$ J/mol，$\sigma = 4 \times 10^{-5}$ J/cm²，已知 $A_r = 107.9$，$\rho = 10.49$ g/cm³，求 L 为多大时可实现弓出形核。

7.15 有人将工业纯铝在室温进行大量形变，轧成薄片。所测得的低温强度表明，试样呈现冷加工状态；然后加热到了 100 ℃ 放置 12 天，在冷却后测得的低温强度明显降低。试验者查出工业纯铝 $T_R = 150$ ℃，所以排除了发生再结晶的可能性。解释上述现象，并且证明你的想法。

7.16 将一个楔形铜片，置于间距恒定的两个轧辊之间轧制，如图 7.4 所示。

(1) 画出此铜片完全再结晶之后，晶粒的大小沿着片长方向变化的示意图。

(2) 如果在较低的温度退火，何处先发生再结晶，为什么？

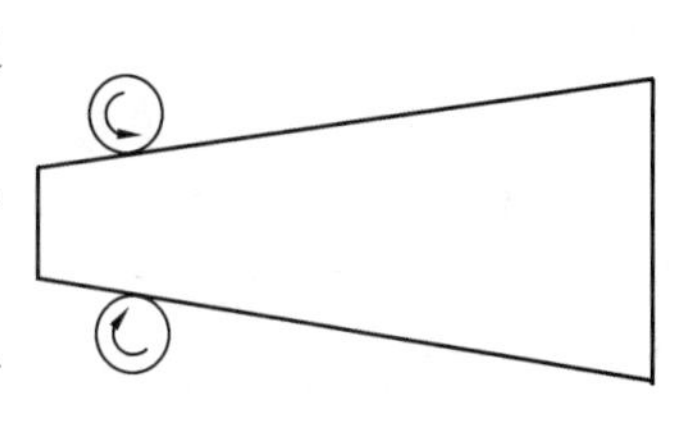

图 7.4

7.17 试述不同温度下的回复机制。

7.18 将奥氏体不锈钢冷轧板分别加热到 900 ℃ 和 1 100 ℃，保温 10 h，测得平均晶粒尺寸 $\bar{D}_{900} = 0.05$ nm，$\bar{D}_{1\,100} = 0.15$ nm，假定 $\bar{D}_t \gg \bar{D}_0$，求晶界迁移激活能。

7.19 $w_C = 0.77\%$ 的碳钢淬火后，在 600 ℃ 长时间回火，得到在 α 基体上弥散分布 Fe_3C 颗粒的组织，假定析出的 Fe_3C 为大小相同且均匀分布的球状，已知该钢的密度 $\rho = 7.85$ g/cm³，$\rho_{Fe_3C} \approx 7.66$ g/cm³。求位错线绕过该粒子所需要的临界切应力 τ。假定 $G = 7.9 \times 10^4$ MPa，α - Fe 晶格常数 $a = 0.28$ nm，$r = 10$ μm。

7.20 再结晶过程的温度 - 时间关系遵守阿尔亨纽斯关系，图 7.5 是铝在变形 75% 再结晶时的时间与温度关系，其中开始再结晶的曲线如图中 R_S，再结晶结束曲线如图中 R_f。已知 10 h($\lg t = 1$)，$\frac{1}{T} = 1.99 \times 10^{-3}$，0.1 h($\lg t = -1$)，$\frac{1}{T} = 1.82 \times 10^{-3}$。问 200 ℃ 温度下使用能否发生再结晶？并求再结晶激活能 Q。

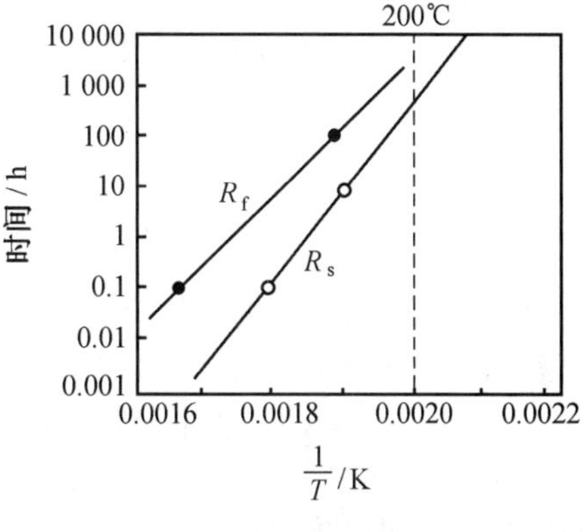

图 7.5 $t - \frac{1}{T}$ 曲线

7.21 什么叫做二次再结晶,发生二次再结晶的条件有哪些?

7.22 动态回复与动态再结晶的真应力 - 真应变曲线有什么差异?试解释之。

7.23 向镍中加入尺寸为10 ~ 50 nm的氧化钍颗粒,经过40% 轧制,该材料表现出很高的高温强度,试说明其原因。

7.24 某厂对高锰钢制碎石机鄂板进行固溶处理时,经过1 100 ℃ 加热后,用冷拔钢丝吊挂,由起重吊车送往淬火水槽,行至途中钢丝突然断裂。此钢丝是新的,并没有疵病。试分析钢丝绳断裂的原因。

7.25 灯泡中的钨丝在非常高的温度下工作,晶粒会显著长大,当形成横跨灯丝的大晶粒的时候,灯丝在某些情况下变得很脆,并且会在因为加热与冷却造成的热膨胀的应力下破断。试找出能够延长钨丝寿命的方法。

7.26 何为超塑性?如何实现超塑性?

第8章　扩　散

8.1 解释下列基本概念及术语

扩散,自扩散,互扩散,间隙扩散,空位扩散,上坡扩散,反应扩散,稳态扩散,非稳态扩散,扩散系数,互扩散系数,扩散激活能,扩散通量,原子的热运动,原子迁移率,本征扩散,非本征扩散,晶界扩散,表面扩散,柯肯达尔效应。

8.2 设有一条内径为30 mm的厚壁管道,被厚度为0.1 mm的铁膜隔开。通过管子的一端向管内输入氮气,以保持膜片一侧氮气浓度为1 200 mol/m^3,而另一侧的氮气浓度为100 mol/m^3。如在700 ℃ 下测得通过管道的氮气流量为2.8×10^{-8} mol/s,求此时氮气在铁中的扩散系数。

8.3 作为一种经济措施,可以设想用纯铅代替铅锡合金制作对铁进行钎焊的焊料。这种办法是否适用?原因何在?

8.4 某单位用10号钢钢板$w_C = 0.1\%$制作止推轴承。为了保证必要的硬度,决定进行渗碳淬火,要求淬火后深度为1 mm的表层硬度均应大于HRC 60。淬火钢硬度与碳质量分数的关系如图8.1所示。碳质量分数超过一定限度后,硬度下降的原因是残余奥氏体增多。碳在γ铁中的扩散系数为$D = 0.12 \times \exp\left(\frac{-32\ 000}{RT}\right)$,$R = 1.987$ cal · mol^{-1} · K^{-1},D的单位为cm^2 · s^{-1}。

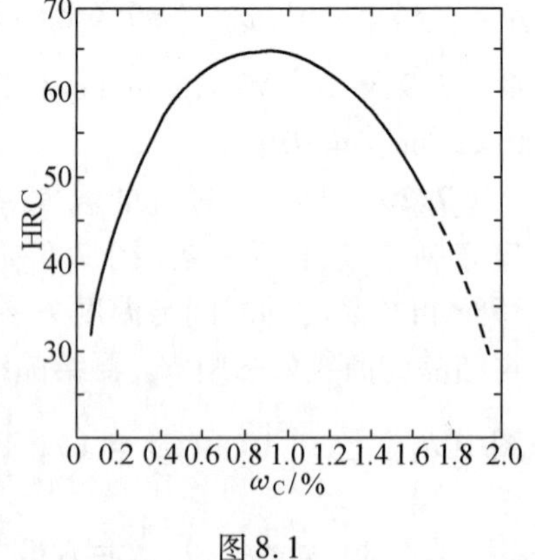

图8.1

试利用扩散公式及铁碳合金相图求1 050 ℃ 固体渗碳2.4 h后渗层各点的碳质量分数。计算时应由表面开始,每隔0.02 cm求一个数据,计算至1 mm深处为止。根据计算结果画出硬度分布曲线。

8.5 由上题的计算结果可以看出,表层残余奥氏体过多,硬度达不到要求,必须减小表面碳质量分数才能解决这个问题。如果由固体渗碳改为气体渗碳，控制 CH_4/H_2 或 CO/CO_2 比值，可使表面碳的质量分数降至 1.0%。试选定渗碳温度及保温时间，以保证 1 mm 渗层硬度在 HRC60 以上。请注意加热温度不要超过 912 ℃，以免晶粒过于粗大。

8.6 承上题，若所选定的渗碳温度在 912 ~ 727 ℃ 之间，便不能再用一般扩散公式进行计算；若所选温度低于 727 ℃，则不能达到所要求的硬度。试加以解释。

8.7 将纯铁板装入渗碳箱内加热至 740 ℃ 保温 4 h，金相检验发现渗层分两层（图8.2）。

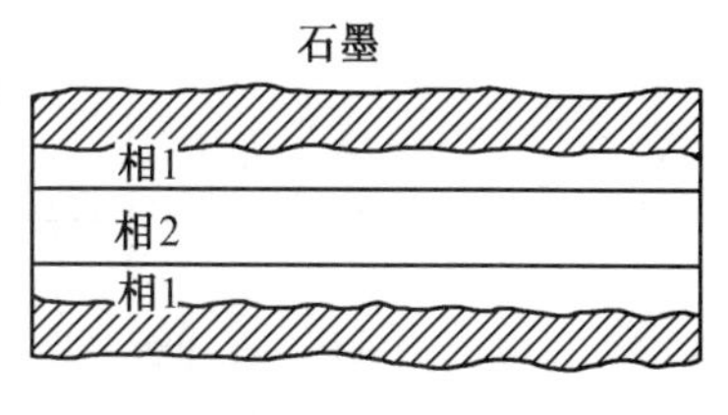

图 8.2

(1) 画出渗层碳质量分数分布曲线，标出相区并由相图确定表面及渗层分界面上的碳质量分数。

(2) 去掉石墨重新加热至 740 ℃，若表面不脱碳，试画出保温若干周后达到平衡时的碳质量分数分布曲线，并加以解释。

(3) 如果第二次的加热温度为 800 ℃，画出达到平衡时的碳质量分数分布曲线。

8.8 以空位机制进行扩散时，原子每次跳动一次相当于空位反向跳动一次，并未形成新的空位，而扩散激活能中却包含着空位形成能。此说法正确否？请给出正确解释。

8.9 为什么钢铁零件渗碳温度一般要选择在 $\gamma-Fe$ 相区中进行？若不在 γ 相区进行会有什么结果？

8.10 对碳的质量分数为 0.1% 的钢进行渗碳，渗碳时钢件表面碳的质量分数保持为 1.2%，要求在其表面以下 2 mm 处碳的质量分数为 0.45%，若 $D = 2 \times 10^{-11}\ m^2/s$。

(1) 试求渗碳所需时间；

(2) 若想将渗碳厚度增加 1 倍，需多少渗碳时间？

8.11 对掺有少量 Cd^{2+} 的 NaCl 晶体，在高温下与肖特基缺陷有关的 Na^+ 空位数大大高于与 Cd^{2+} 有关的空位数，所以本征扩散占优势；低温下由于存在 Cd^{2+} 离子而造成的空位可使 Na^+ 离子的扩散加速。试分析一下若减少 Cd^{2+} 浓度，会使图 8.3 转折点温度将向何方移动？

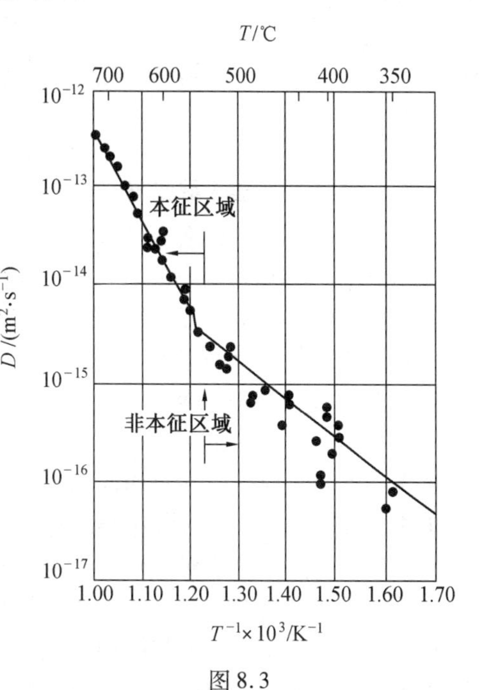

图 8.3

8.12 钢铁渗氮温度一般选择在接近但略低于 Fe－N 系共析温度(590 ℃)，为什么？

8.13 三元系发生扩散时，扩散层内能否出现两相共存区域，三相共存区？为什么？

8.14 试利用 Fe－O 相图（见图8.4）分析纯铁在 1 000 ℃ 氧化时氧化层内的组织与氧浓度分布规律，画出示意图。

8.15 指出以下概念中的错误。

(1) 如果固体中不存在扩散流，则说明原子没有扩散。

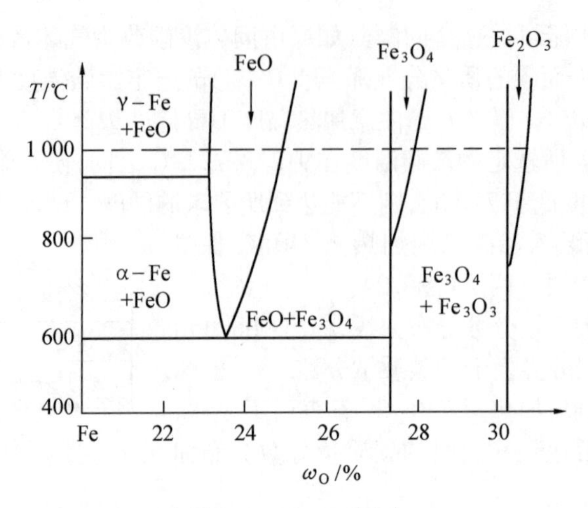

图 8.4　Fe－O 相图

(2) 因固体原子每次跳动方向是随机的,所以在任何情况下扩散流量为零。

(3) 晶界上原子排列混乱,不存在空位,所以以空位机制扩散的原子在晶界处无法扩散。

(4) 间隙固溶体中溶质浓度越高,则溶质所占据的间隙越多,供扩散的空余间隙越少,即 z 值越小,导致扩散系数下降。

(5) 体心立方比面心立方晶体的配位数要小,故由 $D=\frac{1}{6}fzPa^2$ 关系式可见,α－Fe 中原子扩散系数要小于 γ－Fe 中的扩散系数。

第 9 章　金属固态相变

9.1　解释下列基本概念及术语

奥氏体,本质晶粒度,组织遗传,屈氏体,索氏体,粒状珠光体,马氏体,K－S 关系,热弹性马氏体,应力诱发马氏体,Ms,板条马氏体,片状马氏体,上贝氏体,下贝氏体,粒状贝氏体,无碳贝氏体,反常贝氏体,魏氏体,TTT 曲线,CCT 曲线,淬火临界冷却速度,回火马氏体,回火屈氏体,回火索氏体,回火脆性,二次硬化,二次淬火,残余奥氏体,陈化稳定,调幅分解,正火,退火,淬火,回火,调质处理,淬透性,淬硬性,淬透层深度。

9.2　各类金属固态相变有哪些主要特征？哪些因素构成相变的阻力？

9.3　说明界面结构在金属固态相变中的作用？并讨论它对新相形状的影响。

9.4　金属固态相变过程中出现过渡相的原因是什么？

9.5　说明晶体缺陷对金属固态相变成核的影响。

9.6　时效合金在晶界附近形成“无析出带”的原因是什么？

9.7　扩散型相变和无扩散型相变各有哪些主要特点？

9.8　为什么原子越过非共格界面的激活能远小于越过半共格界面的激活能？

9.9　分析金属固态相变的新相长大速度和体积转变速度与相变过冷度的关系。

9.10 若形成第二相颗粒时体积自由能变化取为 10^8 J · m^{-3}，比表面能取为 1 J · m^{-2}，应变能忽略不计，试求表面能为1% 体积自由能时的圆球状颗粒的直径。

9.11 试述奥氏体的形成过程及控制奥氏体晶粒的方法。

9.12 何谓奥氏体的本质晶粒度、实际晶粒度？说明晶粒大小对性能的影响。

9.13 试比较亚共析、共析和过共析碳钢的 TTT 图，并说明影响 TTT 图的因素。

9.14 试比较共析碳钢的 CCT 图与 TTT 图以及它们在实际热处理中的意义。

9.15 画出共析碳钢的 TTT 图。为获得下列组织应选用何种冷却方法？并在 TTT 图中画出冷却曲线(1) S + P；(2) 全部 $B_{下}$；(3) M + A_R；(4) T + M + A_R；(5) T + B + M + A_R。

9.16 何谓珠光体片间距和珠光体领域？他们受那些因素影响？说明其对力学性能的影响。

9.17 奥氏体在什么条件下可以转变为片状珠光体？在什么条件下将转变为粒状珠光体？

9.18 何谓马氏体？说明马氏体相变的主要特征。

9.19 马氏体组织有几种基本类型？它们的形成条件、组织形态、晶体结构、力学性能有何特点？

9.20 马氏体的强度和硬度主要取决于碳的质量分数，而塑性和韧性主要取决于亚结构的说法对否？为什么？

9.21 试述钢中典型上贝氏体、下贝氏体的组织形态，并比较它们的异同。

9.22 试比较贝氏体转变与珠光体转变和马氏体转变的异同。

9.23 试比较上贝氏体和下贝氏体的力学性能，并说明在生产中的应用。

9.24 试述淬火钢回火时的组织转变。

9.25 说明钢的几种常见回火组织类型、获取条件、组织特点及力学性能。

9.26 何谓回火脆性？说明回火脆性的类型、特点及其抑制方法。

9.27 简述常用退火工艺方法的种类、目的、特点及用途。

9.28 指出下列钢件正火的主要目的及正火后的组织：(1) 20 钢齿轮；(2) 45 钢小轴；(3) T12 钢锉刀。

9.29 何谓钢的淬透性？淬硬性？说明影响淬透性、淬硬性及淬透层深度的因素。

9.30 试述淬火的目的、淬火方法的种类，并比较各种淬火方法的优缺点。

9.31 有一 ϕ12 mm 的 20 钢制工件，经渗碳后空冷，随后进行正常的淬火及回火。试分析工件在渗碳空冷后及淬火回火后由表及里的组织。

9.32 今有一种 45 钢齿轮，约 1 万件，其所承受的接触应力不大，但要求齿部耐磨性好，热处理变形小。试问该件应选用何种表面处理？为什么？

9.33 T8 钢丝经由以下几步处理：

(1) 加热至 870 ℃，保温 1 h；

(2) 淬火至 550 ℃，保温 1 s；

(3) 淬火至 275 ℃，保温 1 s；

(4) 淬火至 20 ℃，并保温。

指出每一步处理后的相和成分。

9.34 比较45钢与T8钢等温转变的不同。

9.35 下式中ΔG_B为核中每个原子的体积自由能增值，γ为比表面能，E为核中每个原子的应变能，η为形状系数。求晶核为立方体时的η。

$$\Delta G = n\Delta G_B + \eta n^{2/3}\gamma + nE_3$$

此式表示含n个原子的晶核形成时自由能的变化。

9.36 承上题，求晶核为圆球时的η。

9.37 假定ΔG_B，γ，E均为恒量。试导出立方体晶核形核功ΔG^*。

9.38 (a) 当需将钢进行完全奥氏体化时，原始组织以粗粒状珠光体为好，还是以细片状球光体为好？(b) 用奥氏体等温形成机制解释(a)的答案。(c) 确定ϕ25热轧共析钢在退火、正火、球化退火时的热处理条件(温度、时间、冷却速度等)。

9.39 目前在工业上获得应用的各种钢材中，以冷拔高碳钢丝的强度为最高(可达3 000 MPa)。这种钢丝一般是在奥氏体化后，先在500 ℃的铅浴中进行等温处理，然后进行冷拔得到的。试分析这种材料具有高强度的原因。

9.40 过共析钢自奥氏体区缓冷时，二次渗碳体会沿奥氏体晶界呈网状析出。试提出消除网状渗碳体的方法。

9.41 共析钢中的珠光体和马氏体的回火组织(假如400 ℃回火)都是由铁素体和碳化物组成的。为什么马氏体回火组织的强度要比最强的珠光体还要高？

9.42 如将一根ϕ5的热轧钢试样加热到650 ℃，等温15 s后淬火水中，问等温转变曲线可否用来分析最后得到的组织？

9.43 为了预测ϕ25共析钢棒的正火效果，试比较(1) 铁碳相图；(2) 等温转变曲线；(3) 连续冷却转变曲线的适用性。

9.44 试利用珠光体、先共析铁素体和先共析渗碳体在奥氏体晶界优先析出的事实，对下列成分的钢材提出测定奥氏体晶粒度的方法：

(1) $w_C = 0.4\%$

(2) $w_C = 0.8\%$

(3) $w_C = 1.2\%$

9.45 某热处理件用55钢制造，有效厚度10 mm，要求淬火回火的硬度为HRC32－37。采用淬油并回火也可达到图纸要求的这个硬度。试分析这种处理方法是否合理？

9.46 日本有人曾对高碳钢提出“急热处理法”。例如ϕ10 mm的T11钢试棒，先在600 ℃的盐浴中进行充分预热(例如30 min)，然后再在温度稍高于正常淬火温度的盐浴(800 ℃)中短时间加热(1 min)，随即在水中淬冷并回火。这种处理法可使钢获得较高的强韧性。试讨论其原因。

9.47 晶粒度级别N可由关系式$n = 2^{N-1}$确定。式中n为当线放大为100倍时，在每个6.45 cm^{2}面积中观察到的晶粒数，计算当晶粒度为7级时，晶粒的实际平均直径。

9.48 设某合金的组织由多个位相不同的、平均分布的两相片层状共晶体领域组成。各个领域中的实际层间距都相等，问在金相显微镜下确定这一层间距时，应如何测量。

9.49 设某合金的组织由球状的第二相颗粒与基体组成，如果第二相颗粒的实际直径都相等，问在金相显微镜下确定颗粒大小时，应如何测量？

9.50 为什么喷丸处理及表面辊压能显著提高材料的疲劳极限？

第10章　金属材料

（一）工业用钢

10.1　解释下列基本概念及术语

合金元素，结构钢，工具钢，特殊性能钢，渗碳钢，调质钢，弹簧钢，滚动轴承钢，冷作模具钢，热作模具钢，量具钢，不锈钢，耐热钢，耐磨钢，回火稳定性，红硬性，水韧处理，固溶处理。

10.2　试述影响材料强度的因素及提高强度的途径。

10.3　试述影响材料塑性的因素及提高塑性的途径。

10.4　按合金元素与碳的相互作用进行分类，指出：

（1）哪些元素不形成碳化物；

（2）哪些元素为弱碳化物形成元素；

（3）哪些元素为强碳化物形成元素，强碳化合物的性能特点如何；

（4）何谓合金渗碳体，与渗碳体相比，其性能如何。

10.5　合金元素提高淬透性的原因是什么？常用以提高淬透性的元素有哪些？

10.6　合金元素提高钢回火稳定性的原因是什么？常用以提高回火稳定性的元素有哪些？

10.7　试述碳及合金元素在普低钢中的作用，提高普低钢强韧性的途径是什么？

10.8　说明如何根据机器零件的服役条件选择机器零件用钢中的碳质量分数和组织状态。

10.9　汽车、拖拉机变速箱齿轮和后桥齿轮多半用渗碳钢来制造，而机床变速箱齿轮又多半用中碳（合金）钢来制造，试分析其原因。

10.10　分析碳和合金元素在高速钢中的作用及高速钢热处理工艺的特点。

10.11　比较热作模具钢和合金调质钢的合金化及热处理工艺的特点，并分析合金元素作用的异同。

10.12　为什么正火状态的40CrNiMo及37SiMnCrMoV钢（直径25mm）都难于进行切削加工？请考虑最经济的改善切削加工性能的方法。

10.13　滚齿机上的螺栓，本应用45钢制造，但错用了T12钢，退火、淬火都沿用45钢的工艺，问此时将得到什么组织？性能如何？

10.14　用9SiCr钢制成圆板牙，其工艺路线为：锻造→球化退火→机械加工→淬火→低温回火→磨平面→开槽开口。试分析：①球化退火、淬火及回火的目的；②球化退火、淬火及回火的大致工艺。

10.15　大螺丝刀要求杆部为细珠光体而顶端为回火马氏体，只有一种外部热源，应如何处理？

10.16　有一批碳素工具钢工件淬火后发现硬度不够，估计或者是表面脱碳，或者是淬火时冷却速度低，如何尽快判断发生问题的原因。

10.17　简述不锈钢的合金化原理。为什么 Cr12MoV 钢不是不锈钢,也不能通过热处理的方法使它变为不锈钢?

10.18　高碳高铬钢的拔丝模磨损之后内孔有少量超差,采用怎样的热处理能减小内孔直径?

10.19　分析合金元素对提高钢的热强性和热稳定方面的特殊作用,比较高温和常温结构钢的合金化方向。

10.20　有些量具在保存和使用过程中,尺寸为何发生变化? 可采用什么措施使量具的尺寸长期稳定。

10.21　碳钢与合金钢,又分为高碳、中碳与低碳钢,高合金、中合金及低合金钢。那么碳钢是由哪些元素构成? 合金钢中常用的元素是哪些? 上述的高、中、低碳及合金范围通常又是如何划分的? 碳钢与合金钢在性能上有何特点?

10.22　通常所说的"普通钢"、"优质钢" 与"高级优质钢" 其含义是什么?

10.23　解释下列钢的牌号含义:

20CrMnTi,4Cr13,16Mn,08F,T12A,9SiCr,1Cr18Ni9Ti,3Cr2W8,Cr12MoV,W6Mo5Cr4V2,38CrMoAlA,5CrMnMo,GCr15SiMn,55Si2Mn,ZGMn13,00Cr18Ni10。

10.24　常用合金元素中哪些属于扩大 γ 区元素,哪些属于封闭 γ 区元素,哪些属于缩小 γ 区元素? 这些元素中哪些能与 Fe 无限互溶? 条件是什么? 有什么实际意义?

10.25　合金元素在钢中存在的形式有哪些?

10.26　结合合金元素对钢的相变和冷却转变时动力学曲线的影响说明常用合金元素加入钢中的实际意义。

10.27　结合合金元素对铁碳相图的影响规律,说明合金钢的组织和热处理工艺有何变化?

10.28　工程构件用钢、渗碳钢、调质钢、弹簧钢及轴承钢统称为结构钢,但其碳质量分数各不相同,各为多少? 说明碳质量分数不同的主要原因? 各类钢的热处理有什么区别? 为什么?

10.29　结合不同强度级别的普通低合金高强度钢,说明其成分变化特点? 各元素在其中起何作用?

10.30　如果以 20Cr,20CrMnTi 及 20Cr2Ni;4W 作为渗碳用钢,它们在力学性能、工艺性能及工艺特点上有何差异? 为什么?

10.31　试述高速钢热处理工艺的制定依据,说明热处理过程中的组织有何变化?

10.32　既然高速钢已具备良好的红硬性,为什么压铸模具一般不使用高速钢而又发展了 3Cr2W8V 这个钢种。

10.33　5CrNiMo,3Cr2W8V,H11(或 H13) 同属热作模具钢,使用上是否有区别? 为什么?

10.34　若选用 Cr12MoV 钢制造冷作模具、具有一定热硬性要求的冲压模具和量具,应分别制定何种热处理工艺? 为什么?

10.35　试举出你熟悉的几种莱氏体钢? 莱氏体钢的最大特点是什么? 最突出的弱点是什么? 但是为什么还要发展这类钢? 为此如何克服其弱点?

10.36　结合不锈钢所用合金元素的作用,试分析各类不锈钢的主要特性? 主要不足是什么？如何防止或克服？

10.37 根据抗氧化钢的合金成分来分析钢是如何达到不同热稳定性要求的。

10.38 热强钢有哪几种类型？

10.39 试论 ZGMn13 与 Cr12 型冷作模具钢之间的异同性。

10.40 奥氏体不锈钢和耐磨钢淬火的目的与一般钢的淬火目的有何不同。耐磨钢的耐磨原理与淬火工具钢的耐磨原理又有何不同？它们的应用场合有何不同？

10.41 某厂采用 9Mn2V 钢制造塑料模具，原设计要求硬度为 HRC 53 ~ 58。采用 790 ℃ 油淬并在 200 ~ 220 ℃ 回火。使用时经常脆断。后来改用 790 ℃ 加热后在 260 ~ 280 ℃ 的硝盐槽中等温 4 h 后空冷，硬度虽然降低到了 HRC 50，但寿命大为提高，不再发生脆断。试分析其原因。

10.42 钢如何进行分类？重点说明按成分及用途的分类情况。

10.43 为什么合金钢比碳钢的力学性能好？热处理变形小？合金工具钢的耐磨性、热硬性比碳钢高？

10.44 Q235 钢经调质处理后使用是否合理？为什么？

10.45 含有 40Cr 钢制机床主轴，心部要求有良好的强韧性（200 ~ 300 HB），轴颈处要求硬而耐磨（HRC54 ~ 58）①应选择何种预备热处理及最终热处理？②说明热处理后的组织。

10.46 试比较 9SiCr，Cr12，5CrMnMo，W18Cr4V 等四种合金工具钢的成分、性能、用途和特点。

10.47 今有 W18Cr4V 钢制盘形铣刀、试安排其加工工艺路线。说明各热加工工序的目的、淬火温度为何高达 1 280 ℃？淬火后为什么还要经过三次 560 ℃ 回火？能否用一次长时间回火代替？高速钢 560 ℃ 回火是否为调质处理？为什么？

10.48 试分析高速钢中碳与合金元素的作用。

10.49 如何提高钢的耐腐蚀性？不锈钢的成分有何特点？Cr12MoV 是否为不锈钢？欲提高不锈钢的强度，应采取什么措施？

10.50 奥氏体不锈钢能否通过热处理来强化？为什么？生产中用什么方法使其强化？

10.51 根据下表所列的内容，归纳对比各类合金钢的特点。

类别		成分特点	常用钢号举例	热处理方法	热处理后组织	主要性能及用途
结构钢	普通低合金钢					
	渗碳钢					
	调质钢					
	弹簧钢					
	滚动轴承钢					
工具钢	低合金刃具钢					
	高速钢					
	热作模具钢					
	冷作模具钢					
	量具钢					

（二）铸铁

10.52 解释下列基本概念及术语

石墨化，孕育处理，球化处理，可锻化退火，石墨化退火，白口铸铁，灰口铸铁，可锻铸铁，球墨铸铁，蠕墨铸铁，麻口铸铁，冷硬铸铁

10.53 铸铁与碳钢的主要区别是什么？力学性能方面各有何特点？

10.54 今有两块金属，一是45钢，另一是HT 150，应采用哪些鉴别方法区分它们。

10.55 为什么铸铁生产中，具有三低（碳、硅、锰质量分数低）一高（硫质量分数高）化学成分的铸铁易形成白口？为什么同一铸件中往往表层和薄壁处易形成白口？

10.56 试比较HT150和退火状态的20钢的成分和组织以及下列几个性能：① 抗拉强度；② 抗压强度；③ 硬度；④ 减摩性；⑤ 铸造性能；⑥ 焊接性能；⑦ 锻造性能；⑧ 切削加工性能。

10.57 在铸铁石墨化过程中，如果第一阶段完全石墨化、第二阶段石墨化过程中如完全石墨化、或部分石墨化、或未石墨化，问它们各获得何种组织铸铁？

10.58 试指出下列铸铁应采用的铸铁种类和热处理方式、为什么？

① 机床床身；② 柴油机曲轴；③ 液压泵壳体；④ 犁铧；⑤ 球磨机衬板。

10.59 列表归纳总结比较灰口铸铁、球墨铸铁、可锻铸铁、蠕黑铸铁和白口铸铁的牌号表示方法、化学成分、生产方法、铸态组织、热处理、性能、用途等方面的特点。

（三）有色金属

10.60 解释下列基本概念及术语

固溶处理，时效处理，回归，单相黄铜，两相黄铜，轴承合金，季裂，α 钛合金，β 钛合金。

10.61 铝合金可以像钢一样通过马氏体相变强化吗？可以通过渗碳、氮化方式表面强化吗？为什么？

10.62 试述铝合金的合金化原则，说明Cu，Mg，Mn，Zn，Si等元素在铝合金中的作用。

10.63 以Al－4Cu合金为例，说明时效过程中的组织和性能变化。铝合金的自然时效与人工时效有何区别？选用自然时效或人工时效的原则是什么？

10.64 简述固溶强化、弥散强化、时效强化的产生及它们之间的区别，并举例说明。

10.65 试比较黄铜、青铜、白铜的组织、性能及热处理特点。

10.66 钛合金分几类？典型钛合金的组织、性能及应用上有何特点？

10.67 巴氏合金为什么耐磨？从润滑原理上有何特点？锡基和铅基有何不同？如何选用？

10.68 一种合金能够产生析出硬化的必要条件是什么？有人说："一种析出硬化型合金可通过用适当温度水淬的方法予以软化。"这种说法对否，解释之。

10.69 试列举几种在铸造过程中强化合金的例子。

第11章　高分子材料

11.1　解释下列基本概念及术语

高分子材料(高聚物),单体,聚合度,链节,链段,分子链,加聚,缩聚,均聚,共聚,构型,构象,柔顺性,热力学曲线,玻璃态,玻璃化温度,高弹态,黏流态,受迫弹性,取向强化,老化,热塑性,热固性,裂解反应,极化反应,交联反应。

11.2　填空题

(1) 高分子材料是______,其合成方法有______和______两种,按应用可分为______、______、______、______、______。

(2) 高分子材料中,分子的原子间结合键(主价力)为______,分子与分子之间的结合键(次价键)为______;由于分子链非常长,次价力常常______主价力,以致受力断裂时往往是______先断开。

(3) 大分子链的几何形状为______、______、______。热塑性塑料主要是______分子链,热固性塑料主要是______分子链。

(4) 线型无定形高聚物的三种力学状态是______、______、______,它们的基本运动单元相应是______、______、______,它们相应是______、______、______的使用状态。

(5) 分子量较大的非完全晶态高聚物的力学状态是______、______、______、______,它们相应是______、______、______的使用状态。

(6) 工程高聚物按性能可分为五大类型:______,例如:______属______类,例如______属______类,例如______属______,例如______属______类,例如______属______。

(7) 高分子材料的老化,在结构上是发生了______、______。

(8) 五大工程塑料是______、______、______、______、______。

(9) 橡胶在 -70 ℃ 呈现______物理状态。

(10) 某厂使用库存已两年的尼龙绳吊具时,在承载能力远大于吊装应力时发生断裂事故,则其断裂原因是______。

11.3　是非题

(1) 聚合物由单体合成,聚合物的成分就是单体的成分;分子链由链节构成,分子链的结构和成分就是链节的结构和成分。

(2) 分子量大的线型高聚物有玻璃态(或晶态)、高弹态和黏流态。交联密度大的体型高聚物没有高弹性和黏流态。

(3) 高聚物力学性能主要决定于其聚合度、结晶度和分子间力等。

(4) 塑料就是合成树脂,凡是在室温下处于玻璃态的高聚物就称为塑料。

(5) ABS 塑料是综合性能很好的工程材料。

(6) 高聚物的结晶度增加,与链的运动有关的性能,如弹性、延伸率等则提高。

11.4 选择题

(1) 硅酸盐玻璃、云母、石棉属于______;有机硅树脂、有机硅橡胶属于______;尼龙、聚砜属于______;塑料王(聚四氟乙烯)、有机玻璃(聚甲基丙稀酸甲酯)属于______。

A. 碳链有机聚合物　B. 杂链有机聚合物　C. 元素有机化合物　D. 无机聚合物

(2) 膨胀系数最低的高分子化合物的形态是______。

A. 线型　B. 支化型　C. 体型

(3) 较易获得晶态结构的是______。

A. 线型分子　B. 支化型分子　C. 体型分子

(4) 合成纤维的使用状态为______,塑料的使用状态为______。

A. 晶态　B. 玻璃态　C. 高弹态　D. 黏流态

(5) 高分子材料受力时,由键长的伸长所实现的弹性为______,由链段的运动所实现的弹性为______。

A. 普弹性　B. 高弹性　C. 黏弹性　D. 受迫弹性

(6) 高聚物的弹性与______有关,塑性与______有关。

A. T_m　B. T_g　C. T_f　D. T_d

(7) 力学性能比较,高聚物的______比金属材料好。

A. 刚度　B. 强度　C. 冲击强度(韧性)　D. 比强度

(8) 橡胶是优良的减震材料和磨阻材料,因为有突出的______。

A. 高弹性　B. 黏弹性　C. 塑料　D. 减磨性

(9) 高分子材料中存在结晶区,则其熔点是______。

A. 固定的　B. 一个温度软化区间

C. 在玻璃化温度以上　D. 在黏流温度以上

11.5 简答题

(1) 何谓高聚物的老化?怎样防止老化?

(2) 试述常用工程塑料的种类、性能和应用。

(3) 说明交联的作用,它如何改变聚化物的结构和性能。

(4) 为提高聚化物的强度或者为改善其塑料韧性,请你总结出几种“合金化”方式。

(5) 用全塑料制造的零件有何优缺点。

(6) 在设计塑料零件时,与金属相比,举出四种受限制的因素。

第12章　陶瓷材料

12.1 解释下列基本概念及术语

陶瓷,玻璃,陶瓷玻璃(或微晶玻璃),陶瓷晶体相,玻璃相,气相,烧结,硅酸盐,非氧化合物,玻璃形成物,陶瓷的热稳定性,金属陶瓷,传统陶瓷,特种陶瓷,刚玉陶瓷,氮化硅陶瓷,硬质合金。

12.2 填空题

(1) 陶瓷材料分______、______和______三类,其生产过程包括______、______和______ 三大步骤。

(2) 传统陶瓷的基本原料是______、______和______,其组织由______、______和______ 组成。

(3) 陶瓷中玻璃相的作用是______、______、______和______。T_g 为______,T_f 为______。

(4) 可制备高温陶瓷的化合物是______、______、______、______和______,它们的作用键主要是______和______。

(5) YT30 是______,其成分由______、______和______组成,可用于制作______。

12.3 是非题

(1) 氧化物陶瓷为密排结构,依靠强大的离子键,而有很高的熔点和化学稳定性。

(2) 玻璃的结构是硅氧四面体在空间组成不规则网络的结构。

(3) 陶瓷材料的强度都很高。立方氮化硼(BN)硬度与金刚石相近,是金刚石很好的代用品。

(4) 陶瓷材料的抗拉强度较低,而抗压强度较高。

(5) 陶瓷材料可以作为高温材料,也可作耐磨材料。

(6) 陶瓷材料可以作刃具材料,也可以作保温材料。

12.4 选择正确答案

(1) 氧化物主要是______,碳化物主要是______,氮化物主要是______。

A. 金属键　　B. 共价键　　C. 分子键　　D. 离子键

(2) 金属陶瓷的气孔率为______,普通陶瓷的气孔率为______,保温材料的气孔率______,特种陶瓷的气孔率为______。

A. 5% ~ 10%　　B. < 5%　　C. < 0.5%　　D. > 10%

(3) Al_2O_3 陶瓷可用作______,SiC 陶瓷可用作______,Si_3N_4 陶瓷可用作______。

A. 砂轮　　B. 叶片　　C. 刀具　　D. 磨料　　E. 坩埚

(4) 传统陶瓷包括______,而特种陶瓷主要有______。

A. 水泥　B. 氧化铝　C. 碳化硅　D. 氮化硼　E. 耐火材料　F. 日用陶瓷　G. 氮化硅　H. 玻璃

(5) 热电偶套管用______合适,验电笔手柄用______合适,汽轮机叶片用合适。

A. 聚氯乙烯　　B. 2Cr13　　C. 高温陶瓷　　D. 锰黄铜

12.5 简答题

(1) 何为传统上的“陶瓷”? 何为特种陶瓷? 两者在成分上有何异同。

(2) 陶瓷材料可应用在哪些领域? 它有哪些特点?

(3) 陶瓷材料为何是脆性的? 为什么抗拉强度常常远低于理论强度?

(4) 何为反应烧结? 何为热压烧结? 各有何优缺点?

(5) 改善陶瓷脆性的途径有哪些? 试说明机理。

第 13 章　复合材料

13.1　解释下列基本概念及术语

复合材料、纤维复合材料、增强相、基体相、断裂安全性、比刚度、比强度、偶联剂、玻璃钢

13.2　填空题

(1) 木材是由______和______组成,灰口铸铁是由______和______组成的。

(2) 纤维增强复合材料中,性能比较好的纤维主要是______、______、______、______。

(3) 纤维复合材料中,碳纤维长度应该______,碳纤维直径应该______,碳纤维的体积分数应该是在______范围内。

(4) 玻璃钢是______和______的复合材料,钨钴硬质合金是______和______的复合材料。

13.3　是非题

(1) 金属、陶瓷、聚合物可以相互任意地组成复合材料,它们都可以作基本相,也都可以作增强相。

(2) 纤维与基体之间地结合强度越高越好。

(3) 复合材料为了获得高的强度,其纤维的弹性模量必须很高。

(4) 纤维增强复合材料中,纤维直径越小,纤维增强的效果越好。

(5) 玻璃钢是玻璃和钢组成的复合材料。

13.4　选择正确答案

(1) 细粒复合材料中细粒相的直径为______时增强效果最好。

A. $< 0.01\ \mu m$　　B. $0.01 \sim 0.1\ \mu m$　　C. $> 0.1\ \mu m$

(2) 设计纤维复合材料时,对于韧性较低的基体,纤维的膨胀系数可______,对于塑性较好的基体,碳纤维的膨胀系数可______。

A. 略低　　B. 相差很大　　C. 略高　　D. 相同

(3) 车辆车体本身可用______制造,火箭支架可用______制造,直升机螺旋桨叶可用______制造。

A. 碳纤维树脂复合材料　　B. 热固性玻璃钢　　C. 硼纤维树脂复合材料

13.5　简答题

(1) 复合材料的分类有哪些?

(2) 粒子增强、纤维增强的机制是什么?

(3) 影响复合材料广泛应用的因素是什么? 通过什么途径来进一步提高其性能,扩大其使用范围?

(4) 常用增强纤维有哪些? 它们各自的性能特点是什么?

(5) 未来材料科学研究具有什么样的特点? 材料科学的发展方向是什么?

第14章　功能材料

14.1　解释下列基本概念及术语

功能材料，膨胀材料，超导体，超弹性，形状记忆效应，超导转变温度。

14.2　填空题

（1）弹性合金可分为______和______两大类。

（2）常用的膨胀材料有______、______、______三类。

（3）电阻材料按特性与用途可分为______、______和______。

（4）超导体在临界温度 T_c 以下，具有完全的______和完全的______。

（5）形状记忆合金是利用了材料的______和______的特性来实现形状恢复的。

14.3　是非题

（1）贮氢合金是合金固溶氢气形成含氢的固溶体，在一定条件下，该合金分解释放氢。

（2）膨胀系数较大的材料称为膨胀材料。

（3）永磁材料被外磁场磁化后，去掉外磁场仍然保持着较强剩磁的材料。

（4）高聚物是由许多长的分子链组成，所以高聚物都是弹性材料。

14.4　选择填空题

（1）高弹性合金具有______。

A. 高的弹性极限和高的弹性模量　　B. 高的弹性极限和低的弹性模量

C. 低的弹性极限和高的弹性模量　　D. 低的弹性极限和低的弹性模量

（2）电阻材料的电阻温度系数______。

A. 越大越好　　B. 越小越好　　C. 大小没有要求

（3）形状记忆合金构件在______态进行塑性变形，在______后，恢复原来的形状。

A. 马氏体　加热转变成母相　　B. 母相　冷却转变成马氏体

C. 马氏体　停留若干天　　D. 母相　加热转变新的母相

（4）热双金属片的主动层和被动层分别是______。

A. 定膨胀合金和高膨胀合金　　B. 高膨胀合金和定膨胀合金

C. 定膨胀合金和低膨胀合金　　D. 高膨胀合金和低膨胀合金

14.5　简答题

（1）高弹合金具有哪些特性？它分哪几类？

（2）定膨胀合金的特点是什么？并说出它的主要用途。

（3）何谓电阻材料？它有哪些特性？

（4）什么叫超导体、超导体的临界温度 T_c？并说明超导体的主要用途。

（5）形状记忆合金和形状记忆高聚物在形状记忆机理方面有何不同？

硕士研究生入学考试模拟试题(Ⅰ)

一、判断题(正确选 A,错误选 B;本题 20 分,每题 2 分)

1. Zn 的晶体结构为密排六方结构,密排六方结构属于 14 种布拉菲点阵中的一种。

(1)A　　　　(2)B

2. 有些具有一定原子比的固溶体在高温时是无序固溶体,当降温到某一临界温度以下,可能转变为有序固溶体,一旦发生有序化转变会导致某些性能的突变。

(1)A　　　　(2)B

3. 实际金属结晶过程中,形核有均匀形核与非均匀形核两种方式,由于均匀形核所需形核功较高,所以主要是以非均匀形核为主。

(1)A　　　　(2)B

4. 冷加工与热加工是以变形的温度来区分的,金属钨在 1 000 ℃ 塑变叫热加工,由于温度高,故加工硬化与再结晶软化呈动态平衡,在一定应力下可持续变形。

(1)A　　　　(2)B

5. 二元合金中,固溶体结晶时,在正的温度梯度下,晶体只能以平面方式长大,不能以树枝状或胞状方式长大。

(1)A　　　　(2)B

6. 空位和间隙原子属于点缺陷,点缺陷的存在使体系的能量升高,故随温度的升高,原子活动能力增强,点缺陷数目将下降。

(1)A　　　　(2)B

7. ZA27 合金经超塑性热处理后,在 280 ℃ 进行超塑性拉伸,其延伸率可达 750%,变形的主要机制为位错的滑移。

(1)A　　　　(2)B

8. 采用三轴制对密排六方结构进行晶面指数和晶向指数的标定,标定结果同族晶面或晶向的指数不同。

(1)A　　　　(2)B

9. 液态金属结晶时,在过冷液体中,能够形成等于临界晶核半径的晶胚所需的过冷度叫临界过冷度。

(1)A　　　　(2)B

10. 利用三元相图的垂直截面可分析给定合金在冷却过程中的相变过程,在两相区也可应用杠杆定律来计算两平衡相的相对量。

(1)A　　　　(2)B

二、单选题(本题 20 分,每题 2 分)

11. 常温下,金属多晶体的塑变方式为(　　)。

A. 滑移、孪生、蠕变　　　　B. 滑移、孪生、扭折

C. 滑移、攀移、交滑移　　D. 滑移、孪生、晶界滑移

12. 高温回复的主要机制为(　　)。

A. 位错的滑移与交滑移　　B. 位错的攀移与多边化

C. 多边化与亚晶合并　　D. 弓出形核与亚晶合并

13. 以下合金相结构中高熔点、高硬度、脆性大、晶体结构简单的是(　　)。

A. 拓扑密堆相　　B. 复杂晶格结构间隙化合物

C. 电子化合物　　D. 间隙相

14. 在立方系中,晶面(hkl) 与晶向$[hkl]$ 关系为(　　)。

A. $[hkl] \parallel (hkl)$　　B. $[hkl] \perp (hkl)$

C. 无确定关系

15. 将多晶体金属加热到较高温度保温,晶粒要发生长大,晶粒长大方式是(　　)。

A. 亚晶合并长大　　B. 晶界向外弓出长大

C. 晶界向曲率中心移动　　D. Y 结点的移动

16. 下面的二元相图中正确的是(　　)。

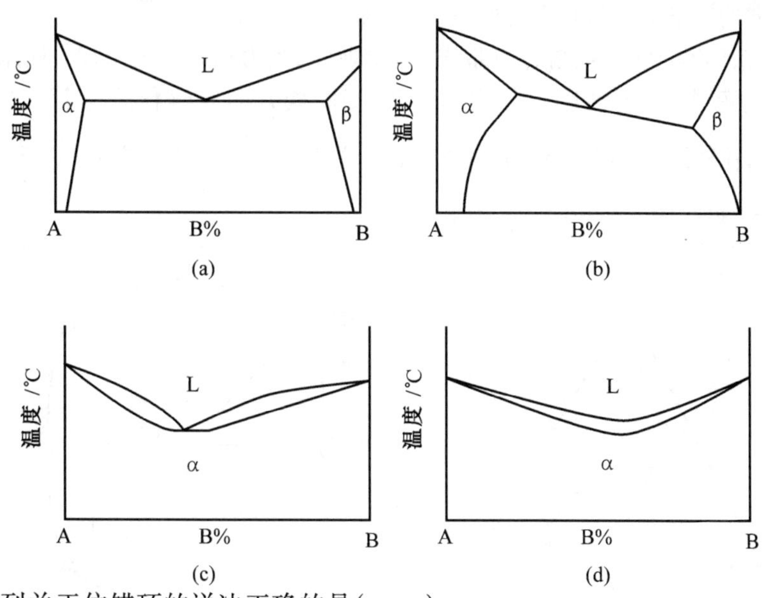

17. 下列关于位错环的说法正确的是(　　)。

A. 位错环不可能处处都是刃位错

B. 位错环可以处处都是刃位错

C. 一个位错环上必定同时存在有刃位错和螺位错

D. 一个位错环上必定同时存在有刃位错、螺位错和混合位错

18. 原子扩散的驱动力是(　　)。

A. 组元的浓度梯度　　B. 温度梯度

C. 组元的化学势梯度

19. 下列关于区域熔炼的提法正确的是(　　)。

A. 对于 $K_0 < 1$ 的合金,溶质富集于末端,始端得到提纯;对于 $K_0 > 1$ 的合金,溶质

富集于始端，末端得到的提纯

B. 对于 $K_0 < 1$ 的合金，溶质富集于始端，末端得到提纯；对于 $K_0 > 1$ 的合金溶质富集于末端，始端得到的提纯

C. 不论 $K_0 < 1$ 或 $K_0 > 1$ 的溶质富集于始端

D. 不论 $K_0 < 1$ 或 $K_0 > 1$ 的溶质富集于末端

20. 下列合金相的配位数由小到大排列正确的是(　　)。

A. SiC, NaCl, α - Fe, Cu　　　　B. α - Fe, SiC, Cu, NaCl

C. α - Fe, Cu, SiC, NaCl　　　　D. SiC, α - Fe, NaCl, Cu

三、画出 $Fe - Fe_3C$ 相图，分析 $w_C = 3\%$ 的合金平衡结晶过程，要求绘出冷却曲线、结晶过程的示意图，并写出反应式。计算室温下组织组成物的相对量。(15 分)

四、固态下完全不互溶的三元相图液相面投影图如图 1 所示，分析 O 点成分的合金的结晶过程，计算室温下组织组成物的相对量(用线段比表示)。(10 分)

五、将工业纯铁在 920 ℃ 渗碳，如果工件表面的碳浓度一直保持恒定，即 $w_C = 1.2\%$，扩散系数 $D = 1.5 \times 10^{-11}\ m^2/s$，渗碳 10 h。(1) 求表层碳浓度分布；(2) 如果规定渗碳层深为表面至碳的质量分数为 0.2% 处，求渗层深度？(10 分)

六、立方系标准(001)极图的一部分如图 2 所示，当力轴方向为[112]时，简述面心立方金属铜的塑变过程，定性绘出其应力 - 应变曲线并简要解释之。若外加应力 $\sigma = 10^6$ Pa，铜的晶格常数 $a = 3.6 \times 10^{-8}$ cm 求$(\bar{1}11)$滑移面上的单位位错 $\boldsymbol{b} = \frac{a}{2}[101]$ 所受的力 F_d。(15 分)

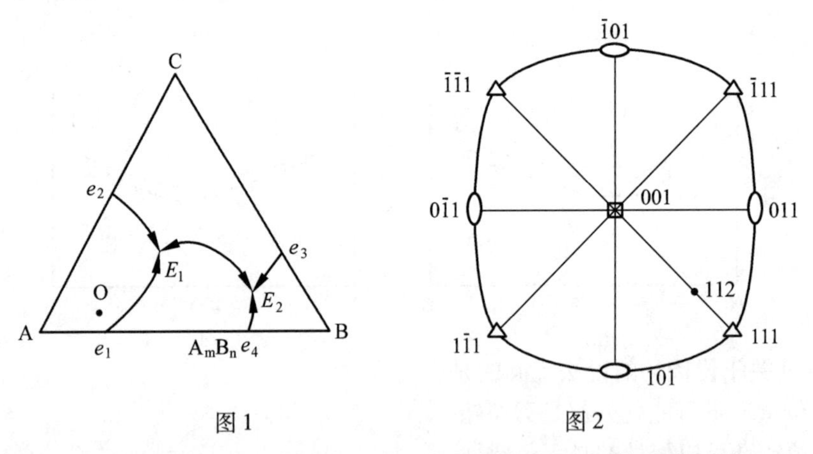

图 1　　　　图 2

七、请设计一实验方案，测定某冷轧 75% 的金属板材的再结晶激活能。(10 分)

硕士研究生入学考试模拟试题(Ⅱ)

一、选择题(20 小题,每小题 2 分,共 40 分)

1. 理想密排六方结构金属的 c/a 为(　　)。

A. 1.6　　B. $2\sqrt{\frac{2}{3}}$　　C. $\sqrt{\frac{2}{3}}$

2. 在晶体中形成空位的同时又产生间隙原子,这样的缺陷称为(　　)。

A. 肖特基缺陷　　B. 弗兰克尔缺陷　　C. 间隙缺陷

3. 在点阵常数 a 的体心立方结构中,柏氏矢量为 $a[100]$ 的位错分解为 $\frac{a}{2}[111]+\frac{a}{2}[1\bar{1}\bar{1}]$(　　)。

A. 不能　　B. 能　　C. 可能

4. 面心立方晶体的孪晶面是(　　)。

A. $\{112\}$　　B. $\{110\}$　　C. $\{111\}$

5. 菲克第一定律描述了稳态扩散的特征,即浓度不随(　　)变化。

A. 距离　　B. 时间　　C. 温度

6. 在置换型固溶体中,原子扩散的方式一般为(　　)。

A. 原子互换机制　　B. 间隙机制　　C. 空位机制

7. 在柯肯达尔效应中,标记漂移主要原因是扩散偶中(　　)。

A. 两组元的原子尺寸不同　　B. 仅一组元的扩散　　C. 两组元的扩散速率不同

8. 形成临界晶核时体积自由能的减少只能补偿表面能的(　　)。

A. 1/3　　B. 2/3　　C. 3/4

9. 铸铁与碳钢的区别在于有无(　　)。

A. 莱氏体　　B. 珠光体　　C. 铁素体

10. 在二元相图中,计算两相相对量的杠杆法则只能用于(　　)。

A. 单相区中　　B. 两相区中　　C. 三相平衡水平线上

11. 在三元相图浓度三角形中,凡成分位于(　　)上的合金,它们含另两个顶角有所代表的两组元质量分数相等。

A. 通过三角形顶角的中垂线

B. 通过三角形顶角的任一直线

C. 通过三角形顶角与对边成 45° 的直线

12. 某单质金属从高温冷却到室温的过程中发生同素异构转变时体积膨胀,则低温相的原子配位数比高温相(　　)。

A. 低　　B. 高　　C. 相同

13. 简单立方晶体的致密度为(　　)。

A. 100%　　B. 65%　　C. 52%　　D. 58%

14. 立方晶体中,(110) 和(211) 面同属于(　　)晶带。

A. [110]　　B. [100]　　C. [211]　　D. $[1\bar{1}\bar{1}]$

15. 两平行螺型位错,当柏矢量同向时,其相互作用力(　　)。

A. 为零　　B. 相斥　　C. 相吸

16. 能进行交滑移的位错必然是(　　)。

A. 刃型位错　　B. 螺型位错　　C. 混合位错

17. 不能发生攀移运动的位错是(　　)。

A. 肖克莱不全位错　　B. 弗兰克不全位错　　C. 刃型全位错

18. 材料中能发生扩散的根本原因是(　　)。

A. 温度的变化　　B. 存在浓度梯度　　C. 存在化学势梯度

19. 形变后的材料再升温,发生回复和再结晶现象,则点缺陷浓度下降明显发生在(　　)。

A. 回复阶段　　B. 再结晶阶段　　C. 晶粒长大阶段

20. 退火孪晶出现的几率与晶体的层错能的关系为(　　)。

A. 无关,只与退火温度和时间有关

B. 层错能低的晶体出现退火孪晶的几率高

C. 层错能高的晶体出现退火孪晶的几率高

二、综合题(6 小题,每小题 10 分,共 60 分)

1. (a) 画出面心立方晶体的(111) 晶面和$[\bar{1}0\,1]$,$[0\,\bar{1}1]$及$[\bar{1}1\,0]$晶向;(b) 面心立方金属单晶体沿[001]拉伸可有几个等效滑移系?沿[111] 拉伸可有几个等效滑移系?并具体写出各滑移系的指数。

2. 根据图1所示的包晶相图,分别画出 T_1,T_2,T_3 温度下的自由能 - 成分曲线。

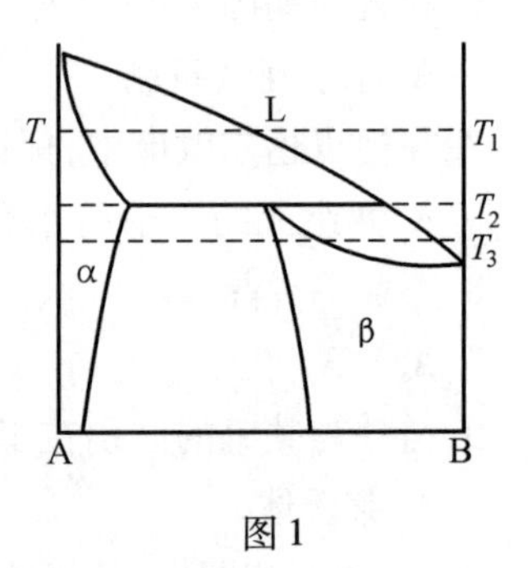

图 1

3. $w_C = 0.1\%$ 的低碳钢,置于 $w_C = 1.2\%$ 渗碳气氛中,在 920 ℃ 下进行渗碳。如果要求离表层 0.2 cm 处碳的质量分数为 0.45%,问需要多少渗碳时间?

已知碳在 920 ℃ 时的扩散激活能为 133 984 J/mol,$D_0 = 0.23\ cm^2/s$,erf(0.71) = 0.68。

4. $Al_2O_3 - ZrO_2$ 系相图如图 2 所示,已知陶瓷材料中 $w_{ZrO_2} = 42.6\%$。试求:(a) 材料平衡凝固共晶组织中两相的相对质量;(b) 共晶组织中 Al、Zr 和 O 各自的质量分数;(c) $w_{ZrO_2} = 42.6\%$ 所对应的摩尔百分数(原子量:Al 为 27;Zr 为 91;O 为 16)?

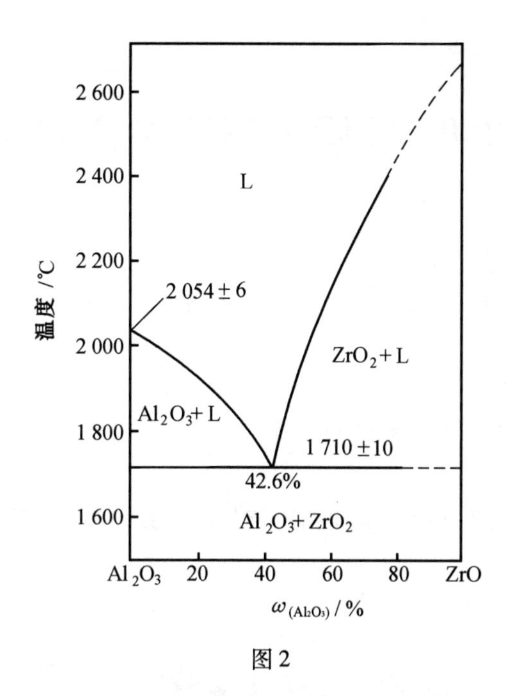

图 2

5. 在 *fcc* 晶体中的(111) 和(1 1 $\bar{1}$) 面上各存在一个柏氏矢量为$\frac{a}{2}[1\ 0\ \bar{1}]$ 和$\frac{a}{2}[011]$ 的全位错。当它们分解为扩展位错时，其领先位错分别为$\frac{a}{6}[2\ \bar{1}\ \bar{1}]$ 和$\frac{a}{6}[\bar{1}2\ 1]$。(10 分)

(1) 试求它们可能的位错分解反应，并用结构条件和能量条件判别分解的可能性；

(2) 当两领先位错在各自的滑移面上运动，从而相遇时发生新的位错反应，求可能的位错反应。

6. A－B－C 三元系中有两个稳定化合物 A_mB_n 和 B_IC_K，其存在的伪二元系及其液相面投影图如图 3 所示。假定 A，B，C 间完全不互溶，试分析 O 点成分合金由液态冷到室温所经历的转变过程，要求写出转变反应式。

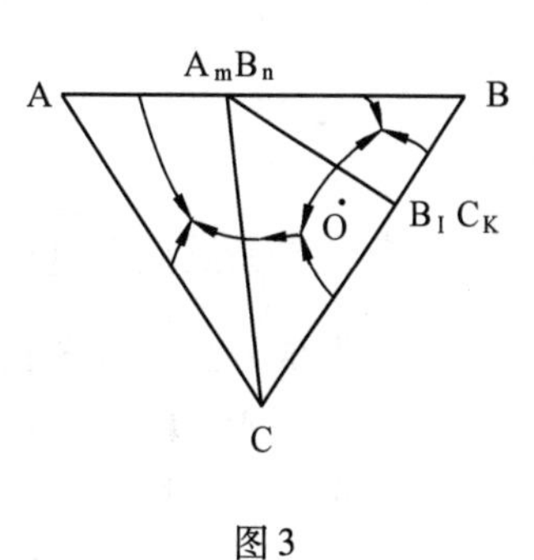

图 3

燕山大学2005年硕士研究生入学考试试题

一、解释下列基本概念及术语(32分)

超结构　对称倾侧晶界　上坡扩散　枝晶偏析　孪生　动态回复　超塑性　变质处理

二、简答题(36分)

1. 图1中的晶体结构属于哪种空间点阵？对于(a)、(c)求B原子数与A原子数之比。

2. 在立方系中标定图2所示的晶向指数与晶面指数,并求与该晶面垂直的晶向。

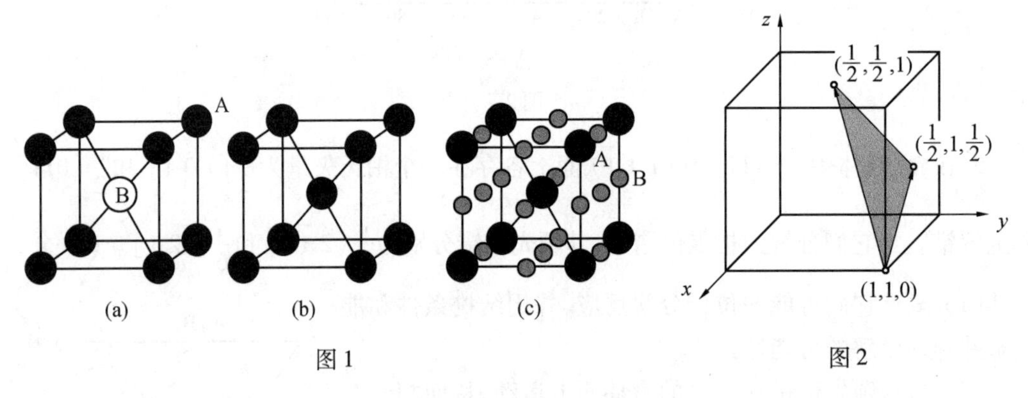

图1　　　　　　图2

3. 判定位错反应$\frac{1}{2}[111] \rightarrow \frac{1}{8}[110] + \frac{1}{4}[112] + \frac{1}{8}[110]$能否进行,为什么？

4. 何谓成分过冷？简述成分过冷对固溶体生长形态的影响。

5. 简要说明孪生与滑移的不同,比较它们在塑变过程中的作用。

6. 何谓二次再结晶(异常长大)？简述其发生的条件。

三、分析成分为$w_C = 0.45\%$的铁碳合金平衡结晶过程,要求绘出冷却曲线、结晶过程的示意图,并写出转变反应式。计算室温下组织组成物的相对量与两相相对量。(15分)

四、纯金属结晶时,当液相中形成立方体晶核时,请写出系统自由焓的变化,即ΔG的表达式,并求(1)临界晶核a^*;(2)若立方体的临界晶核表面积用A^*表示,证明形核功$G^* = \frac{1}{3}A^*\sigma$。(12分)

五、立方系(001)标准极图如图3所示,当力轴位于P点时,试找出初始滑移系与共轭滑移系,并解释超越现象;当力轴位于[011]方向时,请写出所有可开动的等效滑移系。请画出力轴位于P点和位于[011]方向时的应力－应变曲线的示意图,并简要说明之。(13分)

六、Al - Fe - Si 合金的液相面投影图如图4所示，请写出全部三相平衡转变与四相平衡转变，并分析O点成分的合金平衡冷却过程，说明室温下该合金的组织组成物有哪些？(15 分)

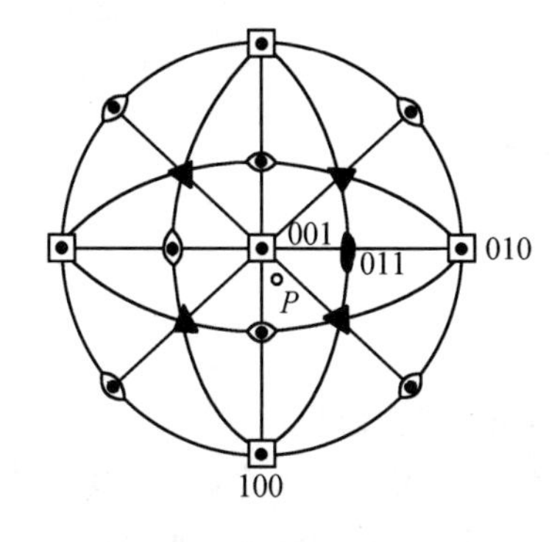

图3 (001) 标准极图

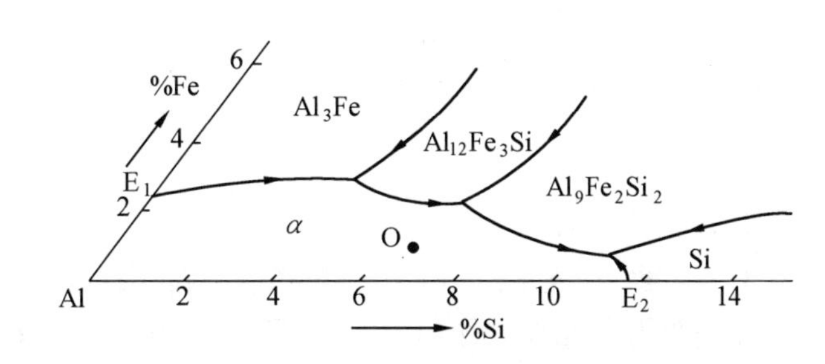

图4 Al - Fe - Si 合金的液相面投影图

七、已知某不锈钢的层错能很低$\gamma = 0.013\ \mathrm{J/m^2}$，将其冷压变形，压下量分别为8% 和60%，然后将其进行再结晶退火。假定再结晶退火后，两种压下量的试样均已完成再结晶，简述它们的再结晶形核机制并说明再结晶退火后，两者晶粒尺寸有何区别？为什么？(15 分)

八、纯铁试样在800 ℃ 进行气体渗碳，已知表层已出现新相γ，设与α相平衡的γ相的碳浓度为C_2，与Fe_3C平衡的γ相的碳浓度为C_3，与γ相平衡的α相的碳浓度为C_1，若渗碳t小时，试画出渗碳温度下的碳浓度分布曲线及试样由表面至心部的组织示意图；若渗碳后缓冷，请画出室温下的组织示意图。(12 分)

第1章　材料的结构

1.1　解　略

1.2　解　氯化钠和金刚石均属于布拉菲点阵中的面心立方点阵。

氯化钠晶体结构如图(1.1)(a)所示,其中一个 Na^+ 和一个 Cl^- 占一个阵点,其晶体结构为面心立方点阵。每个 Na^+ 周围有6个 Cl^-,每个 Cl^- 周围均有6个 Na^+,所以正负离子配位数均为6。其中 $r_{Na^+} = 0.097\ nm$,$r_{Cl^-} = 0.181\ nm$,所以晶格常数 $a = 2(r_{Na^+} + r_{Cl^-}) = 0.556\ nm$;每个晶胞有4个 Na^+,4个 Cl^-,所以由致密度公式 $K = nv/V$ 得到

$$K = [4 \times \frac{4}{3}\pi(r_{Na}^+)^3 + 4 \times \frac{4}{3}\pi(r_{Cl^-})^3]/a^3 \approx 0.67$$

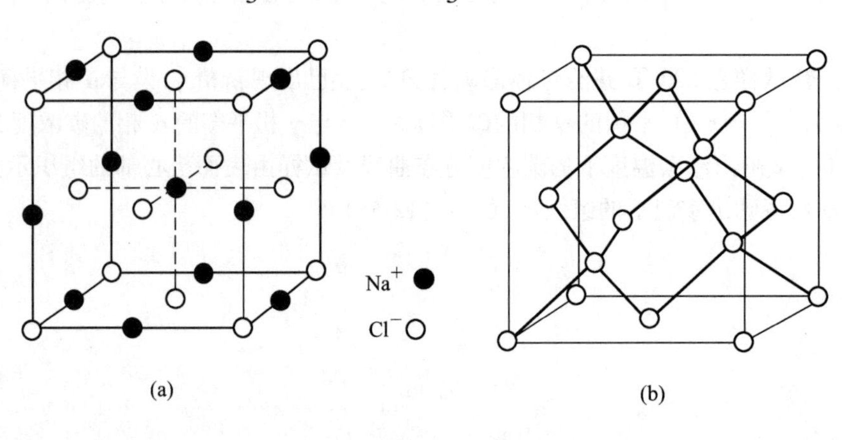

图(1.1)

金刚石为共价晶体,如图(1.1)(b)所示,其中位于面心立方阵点的碳原子与晶胞内的碳原子,两个原子占一个阵点,所以金刚石属面心立方点阵,由 $8 - N$ 规则,配位数为4。原子半径 r 可以如下计算:[111]方向原子互相邻接,如无原子则看成有与原子大小相同的空间存在。于是,$r = a\sqrt{3}/8$,每个晶胞中拥有的原子数 $n = 4 + 4 = 8$,由致密度公式可以求出致密度为

$$K = nv/V = 8 \times \frac{4}{3}\pi(a\sqrt{3}/8)^3/a^3 \approx 0.34$$

1.3　解　两个面心正方结构如图(1.2),也可以取成体心正方结构,并且取作体心正方的时候,其体积仅为面心正方的1/2。所以四方系中包括简单四方和体心四方而无面心四方结构。

1.4 解 面心立方晶胞可取作菱形如图(1.3)所示，菱形的三个基矢

$$\boldsymbol{a}_1 = \boldsymbol{DA} = \frac{a}{2}[\bar{1}10]\ ;\quad \boldsymbol{a}_2 = \boldsymbol{DB} = \frac{a}{2}[\bar{1}01];\quad \boldsymbol{a}_3 = \boldsymbol{DC} = \frac{a}{2}[011]$$

基矢间的夹角

$$\boldsymbol{a}_1 \cdot \boldsymbol{a}_2 = |a_1| \cdot |a_2| \cos\alpha$$

$$\cos\alpha = 1/2 \qquad 所以\ \alpha = 60°$$

同理 $$\beta = \gamma = \alpha = 60°$$

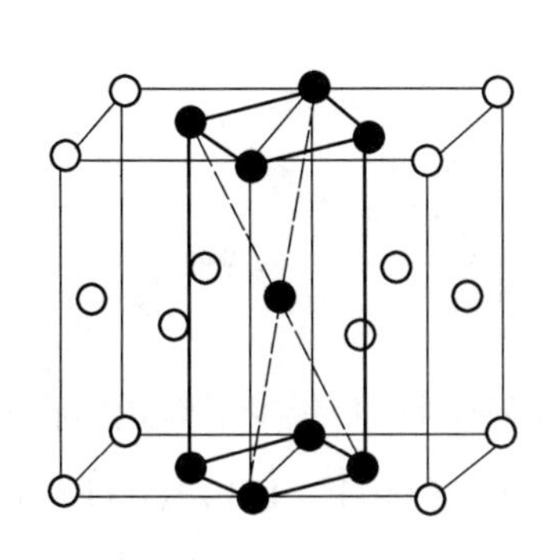

图(1.2)

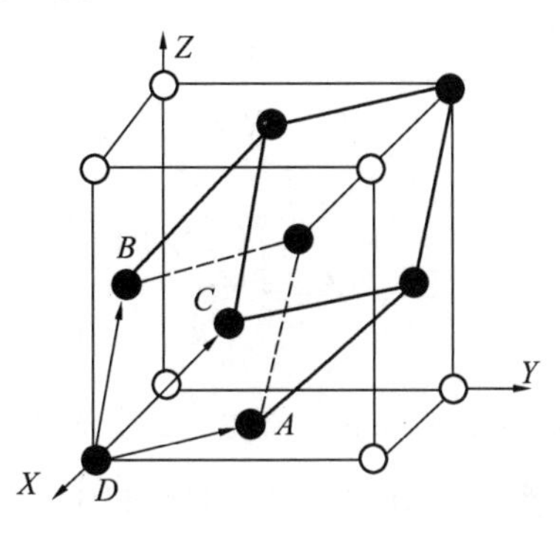

图(1.3)

体心立方如图(1.4)所示，可以取成三斜点阵，三基矢等于

$$\boldsymbol{a}_1 = \boldsymbol{DA} = \frac{a}{2}[\bar{1}11];\boldsymbol{a}_2 = \boldsymbol{DB} = \frac{a}{2}[1\bar{1}1];$$

$$\boldsymbol{a}_3 = \boldsymbol{DC} = \frac{a}{2}[\bar{1}\bar{1}1]$$

$\cos\gamma = \boldsymbol{a}_1 \cdot \boldsymbol{a}_2 / |a_1| \cdot |a_2| = -1/3$ 所以 $\gamma = 109°28'$

$\cos\beta = \boldsymbol{a}_1 \cdot \boldsymbol{a}_3 / |a_1| \cdot |a_2| = 1/3$ 所以 $\beta = 70°32'$

同理 $\alpha = 70°32'$

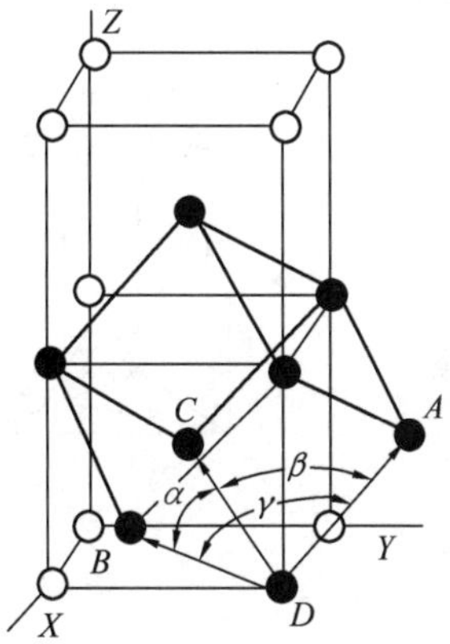

图(1.4)

1.5 解 体心立方结构单胞拥有两个原子，单胞的体积为 $V = (2.86 \times 10^{-8})^3\ \text{cm}^3$，所以 $1\ \text{cm}^3$ 中的铁原子数目为

$$n_{\text{Fe}} = \frac{1}{(2.86 \times 10^{-8})^3} \times 2 = 8.55 \times 10^{22}\ 个。$$

1.6 解

$$\rho_{\text{bcc}} = \frac{\dfrac{55.85}{6.02 \times 10^{23}} \times 2}{0.024\ 64 \times (10^{-7})^3}$$

$$\rho_{\text{fcc}} = \frac{\dfrac{55.85}{6.02 \times 10^{23}} \times 4}{0.048\ 6 \times (10^{-7})^3}$$

$$\Delta\rho/\rho_{\text{bcc}} = (\rho_{\text{fcc}} - \rho_{\text{bcc}})/\rho_{\text{bcc}} \approx 1.399\%$$

1.7 解 (1) $\gamma - \text{Fe}$ 原子半径 $r = \frac{\sqrt{2}}{4}a = \frac{\sqrt{2}}{4} \times 0.363\ 3 = 0.128\ 4$

$$\alpha - \text{Fe}\ 原子半径\ r = \frac{\sqrt{3}}{4}a = \frac{\sqrt{3}}{4} \times 0.289\ 2 = 0.125\ 2$$

(2) $\Delta V_{\gamma\to\alpha}\% = \dfrac{V_\alpha - V_\gamma}{V_\gamma} = \dfrac{0.289\ 2^3 \times \frac{1}{2} - 0.363\ 3^3 \times \frac{1}{4}}{0.363\ 3^3 \times \frac{1}{4}} \approx 0.886\%$

(3) 若 $\gamma - \mathrm{Fe} \to \alpha - \mathrm{Fe}$ 原子半径不发生变化,设其为 R,对于面心立方

$$R = \frac{\sqrt{2}}{4}a_{\mathrm{fcc}}, \quad 所以\ a_{\mathrm{fcc}} = 4R/\sqrt{2}$$

对于体心立方

$$R = \frac{\sqrt{3}}{4}a_{\mathrm{bcc}}, \quad 所以\ a_{\mathrm{bcc}} = 4R/\sqrt{3}$$

$$\Delta V_{\gamma\to\alpha}\% = \frac{(4R/\sqrt{3})^3 \times \frac{1}{2} - (4R/\sqrt{2})^3 \times \frac{1}{4}}{(4R/\sqrt{2})^3 \times \frac{1}{4}} \approx 9\%$$

$\gamma - \mathrm{Fe} \to \alpha - \mathrm{Fe}$ 配位数由 12 变成 8,原子半径发生收缩,减少了体积的膨胀量。

1.8 解 $\{110\}$ 晶面族包括(110),(101),(011),($\bar{1}$10),($\bar{1}$01),(0$\bar{1}$1) 如图(1.5) 所示;$\{111\}$ 晶面族包括(111),($\bar{1}$11),(1$\bar{1}$1),(11$\bar{1}$) 如图(1.6) 所示;(112),(1$\bar{2}$0) 晶面如图(1.7) 所示。

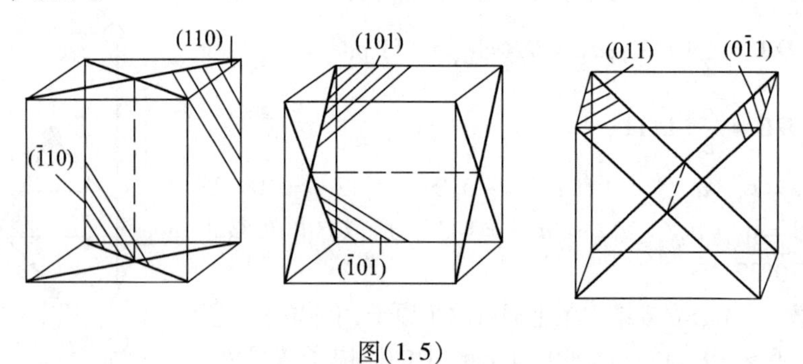

图(1.5)

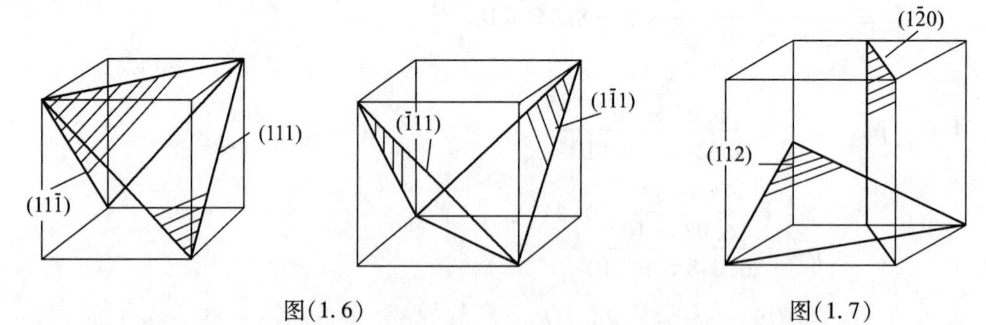

图(1.6) 图(1.7)

1.9 解 两点坐标相减后,将其化为一组互质的整数,晶向指数为[331],因为是立方系,所以同名晶面、晶向互相垂直即(331) ⊥ [331]。

1.10 解 ⟨2$\bar{1}$$\bar{1}$0⟩ 晶向族包括[2$\bar{1}$$\bar{1}$0],[$\bar{1}2\bar{1}$0],[$\bar{1}$$\bar{1}$20],如图(1.8)(a),(1.8)(b) 所示。

$(11\bar{2}1)$ 晶面与三轴截距分别为:1,1, $-\frac{1}{2}$,1;(0001) 面与三轴截距为 ∞,∞,∞,1,晶面如图(1.8)(a) 所示。

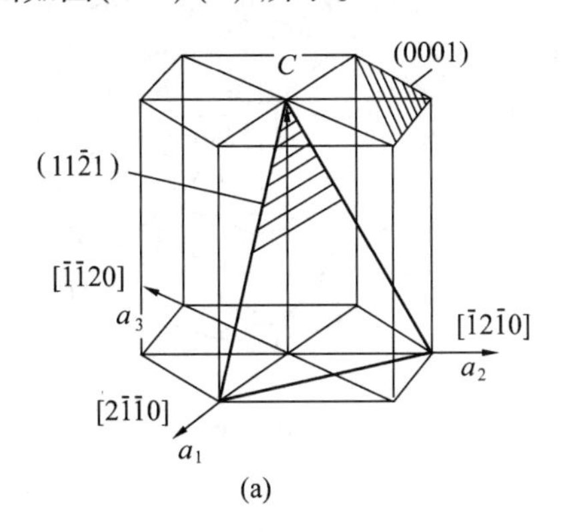

(a)

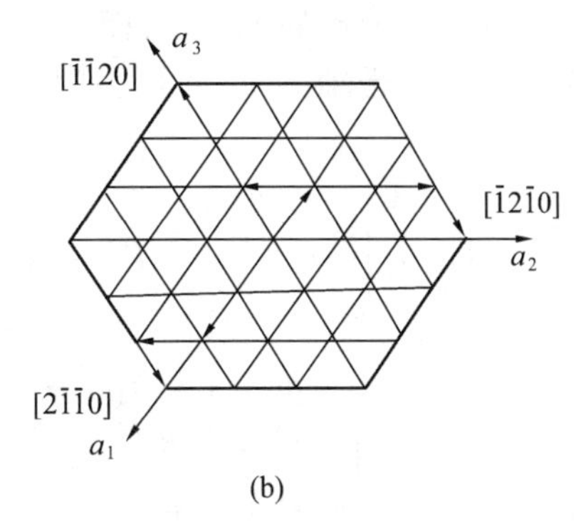

(b)

图(1.8)

1.11 解 (121) 和(100) 晶面所决定的晶带轴可以通过下式求得

$$\begin{vmatrix} \boldsymbol{i} & \boldsymbol{j} & \boldsymbol{k} \\ 1 & 2 & 1 \\ 1 & 0 & 0 \end{vmatrix} = \boldsymbol{j} - 2\boldsymbol{k}$$,所以其晶带轴为$[01\bar{2}]$。

(001) 和(111) 晶面所决定的晶带轴是

$$\begin{vmatrix} \boldsymbol{i} & \boldsymbol{j} & \boldsymbol{k} \\ 0 & 0 & 1 \\ 1 & 1 & 1 \end{vmatrix} = \boldsymbol{j} - \boldsymbol{i} = [\bar{1}10]$$,所以其晶带轴为$[\bar{1}10]$。

两晶带轴构成的晶面可如下求得

$$\begin{vmatrix} \boldsymbol{i} & \boldsymbol{j} & \boldsymbol{k} \\ \bar{1} & 1 & 0 \\ 0 & 1 & \bar{2} \end{vmatrix} = -2\boldsymbol{i} - \boldsymbol{k} - 2\boldsymbol{j}$$,所以该晶面指数为(221)。

1.12 解 设所求晶面指数为$(h\ k\ l)$,由晶带定律可知

$$[011] \cdot (h\ k\ l) = 0$$

即 $k = -l$,故以[011] 为晶带轴的所有晶面可写成$(h\ \bar{l}\ l)$,其中 h,l 为互质整数。

1.13 解 设所求晶面指数为$(h\ k\ l)$,由晶带定律可知,$[001] \cdot (h\ k\ l) = 0$,即晶带轴与该晶带中的任何一个晶面都垂直,该晶带所有晶面的极点均位于(001) 标准极图的基圆上,此时这些晶面的法线矢量与[001] 夹角为 90°,如图(1.9) 所示。其晶面指数为$(h\ k\ 0)$,其中 h,k 为互质整数。

1.14 解 (1) 设立方系的两个晶向为$[u_1\ v_1\ w_1]$ 和$[u_2\ v_2\ w_2]$,其夹角为 θ,则

$$\cos\theta = \frac{[u_1\ v_1\ w_1] \cdot [u_2\ v_2\ w_2]}{|[u_1\ v_1\ w_1]| \cdot |[u_2\ v_2\ w_2]|} = \frac{u_1u_2 + v_1v_2 + w_1w_2}{\sqrt{u_1^2 + v_1^2 + w_1^2} \cdot \sqrt{u_2^2 + v_2^2 + w_2^2}}$$

所以

$$\theta = \arccos(\cos\theta)$$

(2) 设立方系的两个晶面为$(h_1\ k_1\ l_1)$ 和$(h_2\ k_2\ l_2)$,其夹角为 ϕ,则

$$\cos\phi=\frac{h_1h_2+k_1k_2+l_1l_2}{\sqrt{h_1^2+k_1^2+l_1^2}\cdot\sqrt{h_2^2+k_2^2+l_2^2}}$$

所以 $\cos\phi=\arccos(\cos\theta)$

(3) 设立方系的两个晶面为 $(h_1\ k_1\ l_1)$ 和 $(h_2\ k_2\ l_2)$，其晶带轴 $[u\ v\ w]$ 可由两晶面的法向矢量的矢量积求得。

$$\begin{bmatrix} i & j & k \\ h_1 & k_1 & l_1 \\ h_2 & k_2 & l_2 \end{bmatrix}=i(k_1l_2-k_2l_1)+j(l_1h_2-l_2h_1)+k(h_1k_2-h_2k_1)$$

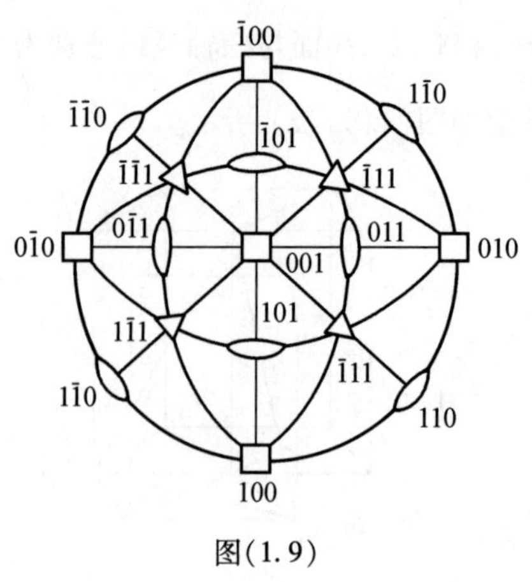

图(1.9)

即
$$\begin{cases} u=k_1l_2-k_2l_1 \\ v=l_1h_2-l_2h_1 \\ w=h_1k_2-h_2k_1 \end{cases}$$

(4) 设立方系的两个晶向为 $[u_1\ v_1\ w_1]$ 和 $[u_2\ v_2\ w_2]$，它们所决定的晶面的指数为 $(h\ k\ l)$，由两个晶向的矢量积可求出它们所决定的晶面的法向矢量。

$$\begin{bmatrix} i & j & k \\ u_1 & v_1 & w_1 \\ u_2 & v_2 & w_2 \end{bmatrix}=i\cdot(v_1w_2-v_2w_1)+j\cdot(w_1u_2-w_2u_1)+k\cdot(u_1v_2-u_2v_1)$$

即
$$\begin{cases} h=v_1w_2-v_2w_1 \\ k=w_1u_2-w_2u_1 \\ k=u_1v_2-u_2v_1 \end{cases}$$

1.15 解

$$d_{(111)}=\frac{a}{\sqrt{1^2+1^2+1^2}}=\frac{\sqrt{3}}{3}a$$

$$d_{(110)}=\frac{a}{\sqrt{1^2+1^2+0^2}}\times\frac{1}{2}=\frac{\sqrt{2}}{4}a$$

$$d_{(100)}=\frac{a}{\sqrt{1^2+0^2+0^2}}\times\frac{1}{2}=\frac{a}{2}$$

面心立方(111),(110),(100) 面的原子排列如图(1.10) 所示，各面面密度如下

$$\rho_{(111)}=\frac{3\times\frac{1}{6}+3\times\frac{1}{2}}{\frac{1}{2}\sqrt{2}a\cdot\frac{\sqrt{6}}{2}a}=\frac{4}{a^2\sqrt{3}}\approx 2.31/a^2$$

$$\rho_{(110)}=\frac{4\times\frac{1}{4}+\frac{1}{2}\times 2}{a^2\sqrt{2}}=\sqrt{2}/a^2\approx 1.41/a^2$$

$$\rho_{(100)}=(4\times\frac{1}{4}+1)/a^2=2/a^2$$

由计算结果可以知道(111) 面为最密排面。

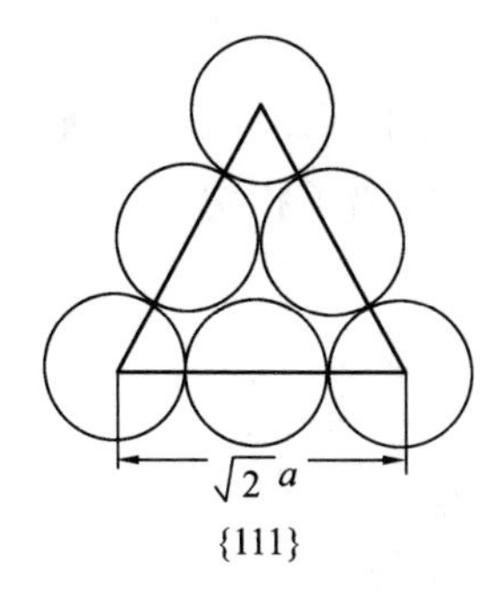

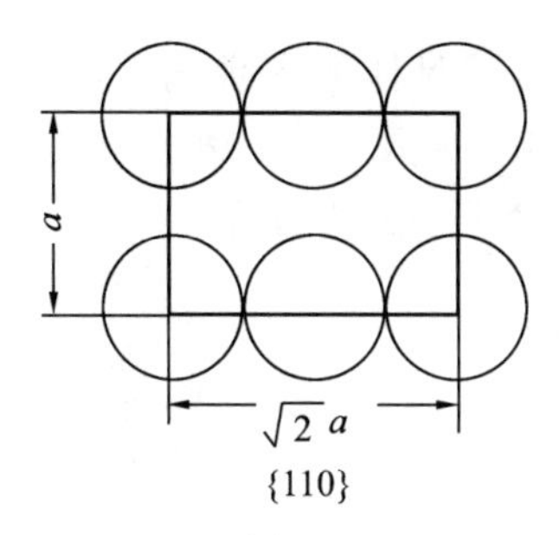

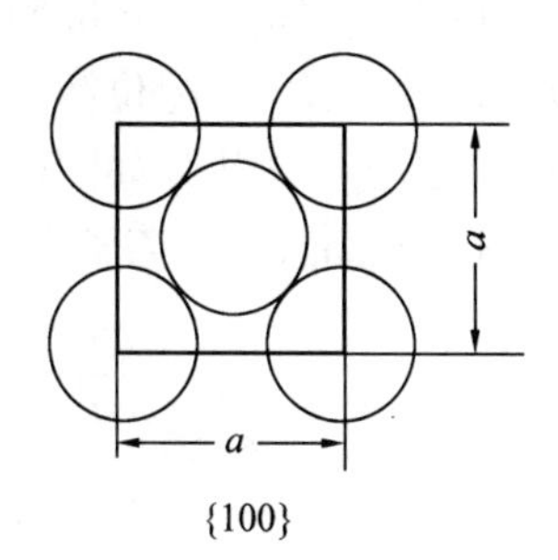

图(1.10)

1.16 解 密排六方内部的三个原子与上底面面心原子构成正四面体,其高度为 $c/2$,如图(1.11) 所示。

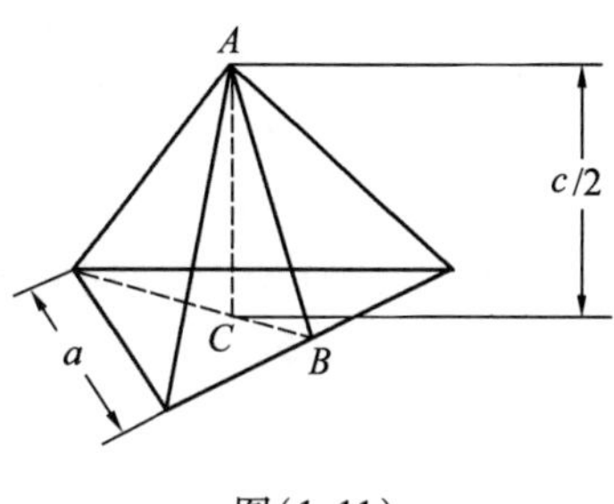

图(1.11)

$$\cos 30° = \frac{AB}{a} \qquad 所以\ AB = \frac{\sqrt{3}}{2}a$$

$$CB = \frac{1}{3} \cdot \frac{\sqrt{3}}{2}a = \frac{\sqrt{3}}{6}a$$

$$\frac{c}{2} = \sqrt{AB^2 - CB^2} = \sqrt{\frac{2}{3}}a \quad 所以\ c \approx \sqrt{\frac{8}{3}}a$$

即

$$c/a \approx 1.633$$

1.17 解 由密度的物理意义 $\rho = \dfrac{n \cdot \dfrac{63.55}{6.023 \times 10^{23}}}{(0.362 \times 10^{-7})^3} = 8.98\ (\text{g/cm}^3)$

解出 $n = 3.997 \approx 4$,立方系单位晶胞拥有 4 个原子,故为面心立方结构。

1.18 解 金刚石单位晶胞拥有的原子数为 n,则 $n = 8 \times \dfrac{1}{8} + 6 \times \dfrac{1}{2} + 4 = 8$

$$\rho = \frac{8 \times \dfrac{12}{6.023 \times 10^{23}}}{(0.356\,8 \times 10^{-7})^3} \approx 3.51\ (\text{g/cm}^3)$$

$$r_c = \frac{\sqrt{3}\alpha}{8} = \frac{0.356\,8 \times \sqrt{3}}{8} \approx 0.077\ (\text{nm})$$

1.19 解 由密度表达式 $\rho = \dfrac{n \cdot \dfrac{114.82}{6.023 \times 10^{23}}}{(0.325\,2 \times 10^{-7})^2 \times 0.494\,6 \times 10^{-7}} \approx 7.286$

得到单胞拥有的原子数 $n \approx 1.999$, $n = 2$,应为体心四方结构。

致密度
$$K = \frac{nv}{V} = \frac{2 \times \dfrac{4}{3}\pi(0.162\,5)^3}{0.325\,2^2 \times 0.496\,46} \approx 0.687$$

1.20 解 由 CaF_2 结构可知,单位晶胞拥有 4 个 Ca^{2+} 和 8 个 F^-,故其密度与晶格常数的关系为

$$\rho = \frac{4 \times \dfrac{40.08 + 19 \times 2}{6.023 \times 10^{23}}}{a^3} \approx 3.18$$

由上式解得　$a = 0.546(\mathrm{nm})$

1.21　解　配位数为 8 的离子晶体的正负离子配置情况如图(1.12)(a) 所示，(110) 晶面原子排列如图(1.12)(b) 所示。当正离子与其周围的负离子相切，且这些负离子也相切时，正负离子半径的比值即为最小临界比值。

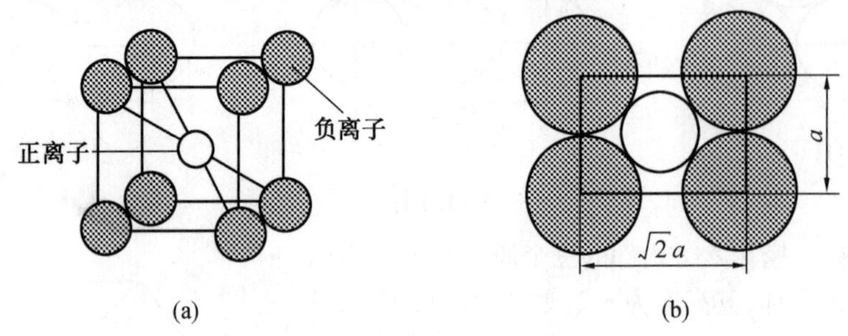

图(1.12)

由图(1.12)(b) 的几何关系　$r^- = \dfrac{a}{2}$;　$r^+ + r^- = \dfrac{\sqrt{3}a}{2}$

故
$$r^+/r^- = \left(\frac{\sqrt{3}a}{2} - \frac{a}{2}\right)\Big/\frac{a}{2} \approx 0.732$$

1.22　解　由于离子键化合物的晶体结构与正负离子半径比有关，先计算离子半径比。

$$r_{Cs}^+/r_{Cl}^- = \frac{0.170}{0.181} \approx 0.939$$

由于$0.732 < r_{Cs}^+/r_{Cl}^- < 1$，故正负离子配位数均为8，半径大的 Cl^- 占立方体顶点位置，半径小的 Cs^+ 占立方体间隙，单位晶胞有 Cl^- 与 Cs^+ 各一个，属于简单立方点阵。

假定〈111〉方向上正负离子相切，则有　$\dfrac{\sqrt{3}a}{2} = r_{Cs}^+ + r_{Cl}^-$

所以
$$a = \frac{2(0.170 + 0.181)}{\sqrt{3}} \approx 0.405\ \mathrm{nm}$$

致密度　$K = \dfrac{nv}{V} = \left(\dfrac{4}{3}\pi \times 0.170^3 + \dfrac{4}{3}\pi \times 0.181^3\right)/0.405^3 \approx 0.683$

密度　$\rho = \dfrac{132.9 + 35.45}{6.023 \times 10^{23}}\Big/(0.405 \times 10^{-7})^3 \approx 4.21\ (\mathrm{g/cm^3})$

1.23　解　由于ZrO_2中加入CaO的量为20 mol%，故100个阳离子中的总电荷数为

$$20 \times 2 + 80 \times 4 = 360$$

为保持电中性需要的 O^{2-} 阴离子数为 $360 \div 2 = 180$(个)。

Zr^{4+} 与 Ca^{2+} 阳离子占面心立方结点位置，100个阳离子可组成25个晶胞，共有四面体间隙 $25 \times 8 = 200$(个)，故四面体间隙位置被占百分数 $180 \div 200 = 90\%$。

1.24　解　设玻璃总质量为 100 g，Si，Na 与 O 的相对原子质量分别为 28.09，22.99 和 16，求出 100 g 玻璃中 SiO_2 与 Na_2O 的摩尔数。

80 克 SiO_2 的摩尔数为　$\dfrac{80}{28.09 + 16 \times 2} \approx 1.331\ (\mathrm{mol})$

20 克 Na_2O 的摩尔数为　$\dfrac{20}{22.99 \times 2 + 16} \approx 0.323\ (\mathrm{mol})$

玻璃中 SiO_2 与 Na_2O 的摩尔分数为

SiO_2 的摩尔分数 $\frac{1.331}{1.331 + 0.323} \approx 80.47\%$

Na_2O 的摩尔分数 $1 - 80.47\% = 19.53\%$

由于非搭桥氧离子数等于 Na^+ 离子数，故非搭桥氧离子分数为

$$\frac{19.53 \times 2}{19.53 + 80.47 \times 2} \approx 0.216$$

1.25 解 乙烯(C_2H_4)通过加聚反应生成聚乙烯，其链节为 $\left[CH_2—CH_2 \right]$，将一个链节看成一个阵点，可知每个晶胞有两个链节，故可计算出完全结晶态聚乙烯的密度

$$\rho_c = \frac{2(12 \times 2 + 1 \times 4)}{6.023 \times 10^{23}} \Big/ (0.740 \times 0.493 \times 0.253) \times 10^{-21} \approx 1.01\ (g/cm^3)$$

结晶体积分数 $\varphi_c = \frac{\rho - \rho_a}{\rho_c - \rho_a} = \frac{0.92 - 0.854}{1.01 - 0.854} \approx 42.3\%$

结晶区的质量分数 $w_c = \frac{\rho_c(\rho - \rho_a)}{\rho(\rho_c - \rho_a)} = \frac{1.01 \times (0.92 - 0.854)}{0.92 \times (1.01 - 0.854)} \approx 46.6\%$

1.26 解 八面体间隙与四面体间隙如图(1.13)所示。

四面体间隙在体对角线 1/4 处，故

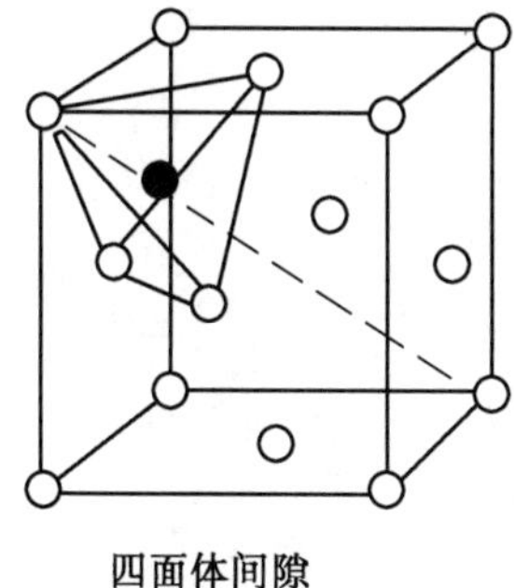

四面体间隙

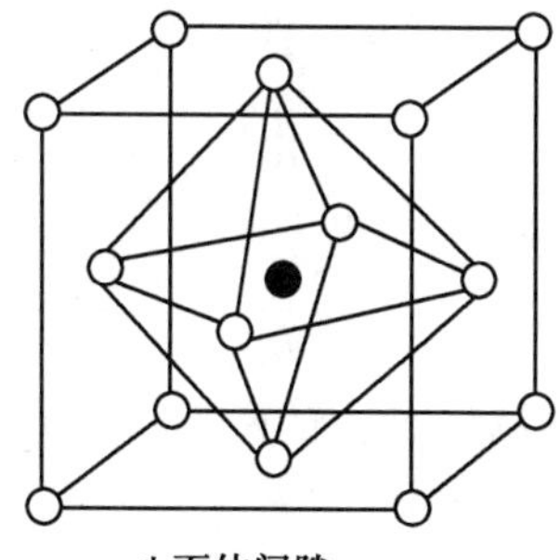

八面体间隙

图(1.13)

$$\frac{\sqrt{3}}{4}a = r_A + r_B = \frac{\sqrt{2}}{4}a + r_B$$

解得

$$r_B = \frac{\sqrt{3} - \sqrt{2}}{4}a$$

所以

$$r_B/r_A = \frac{\sqrt{3} - \sqrt{2}}{4}a \Big/ \frac{\sqrt{2}}{4}a \approx 0.255$$

八面体间隙位于棱的中点，故

$$\frac{a}{2} = r_A + r_B = \frac{\sqrt{2}}{4}a + r_B$$

解得

$$r_B = \frac{2 - \sqrt{2}}{4}a$$

所以 $$r_B/r_A = \frac{2-\sqrt{2}}{4}a \Big/ \frac{\sqrt{2}}{4}a = 0.414$$

1.27 解 [321] 与 [120] 的夹角为 λ

$$\cos\lambda = \frac{[321]\cdot[120]}{\sqrt{3^2+2^2+1^2}\sqrt{1^2+2^2+0}} = \frac{7}{\sqrt{5}\cdot\sqrt{14}} \approx 0.836\,7$$

所以 $$\lambda = 33°12'$$

(111) 与 $(1\bar{1}\bar{1})$ 的夹角为 Φ

$$\cos\Phi = \frac{(111)\cdot(1\bar{1}\bar{1})}{\sqrt{3}\sqrt{3}} = 1/3$$

所以 $$\Phi = 70°32'$$

1.28 解 晶面 (hkl) 在三轴截距为 $\frac{1}{h},\frac{1}{k},\frac{1}{l}$，该晶面的平面方程为

$$x/(1/h) + y/(1/k) + z/(1/l) = 1$$

其与三轴交点如图(1.14)所示。

$$\boldsymbol{CA} = [\frac{1}{h} \quad 0 \quad -\frac{1}{l}]$$

$$\boldsymbol{CB} = [0 \quad \frac{1}{k} \quad -\frac{1}{l}]$$

$$[\frac{1}{h} \quad 0 \quad -\frac{1}{l}]\cdot[h \quad k \quad l] = 1 + (-1) = 0$$

$$[0 \quad \frac{1}{k} \quad -\frac{1}{l}]\cdot[h \quad k \quad l] = 1 + (-1) = 0$$

故 $[h\ k\ l]$ 垂直于 (hkl) 面上的两个相交直线，所以 $[h\ k\ l] \perp (h\ k\ l)$

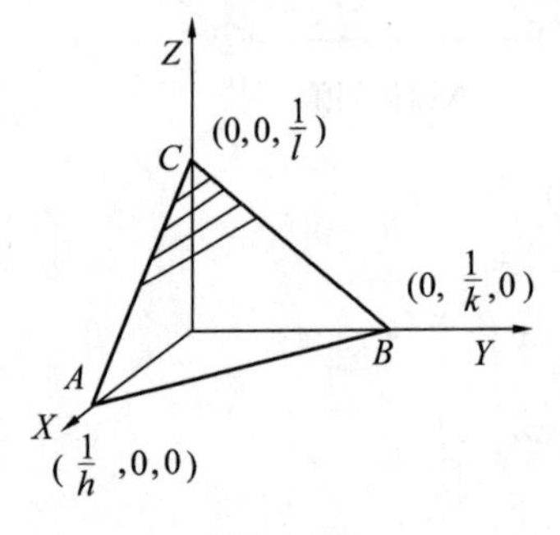

图(1.14)

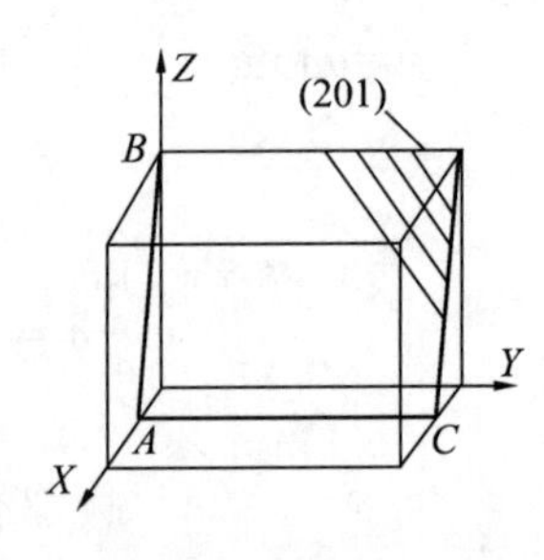

图(1.15)

1.29 解 (1) 建立如图(1.15)所示晶轴坐标，以点阵常数为单位长度。(201) 面如图(1.15)所示，在(201)面上任意取一晶向，如果取 $\boldsymbol{AB} = [\bar{1}02]$，只要证明 $[\bar{1}02]\cdot[201] \neq 0$ 即可。

$$[\bar{1}02]\cdot[201] = -2(0.58)^2 + 2(0.32)^2 = -0.468 \neq 0$$

故[201]不垂直于(201)面上的 $[\bar{1}02]$ 晶向，即不垂直于(201)面。

(2) 参考图(1.15)，$\boldsymbol{AB}\times\boldsymbol{AC}$ 可以得出与(201)面垂直的晶向，$\boldsymbol{AB} = [\bar{1}02]$；$\boldsymbol{AC} =$

[010]。

$$\begin{vmatrix} \boldsymbol{i} & \boldsymbol{j} & \boldsymbol{k} \\ -5.8 & 0 & 6.4 \\ 0 & 5.8 & 0 \end{vmatrix} = -0.58 \times 0.58\boldsymbol{k} - 0.58 \times 0.64\boldsymbol{i}$$

所求晶向为

$$[hkl] = \left[\frac{0.371\,2}{0.58} \quad 0 \quad \frac{0.336\,4}{0.32}\right] = [0.64 \quad 0 \quad 1.051\,25]$$

1.30　解　FeAl 为电子化合物,电子浓度 $C_{电} = 3/2$,故为体心立方结构。其晶胞结构如图(1.16)(a) 所示,(112) 面原子排列情况如图(1.16)(b),(c) 所示。

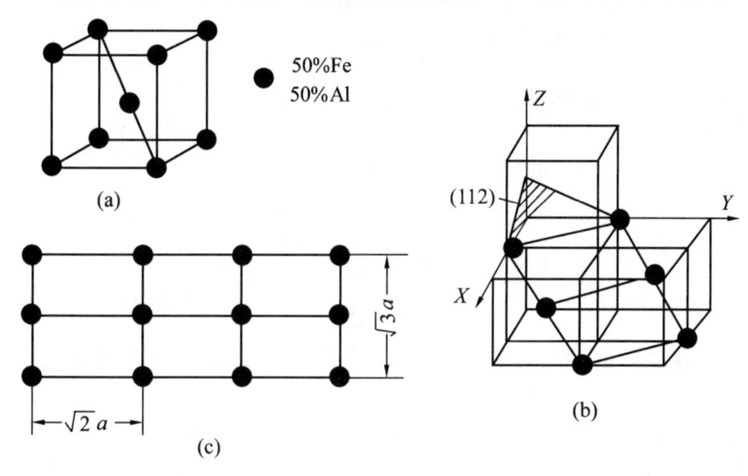

图(1.16)

1.31　解　Fe_3C 属于复杂晶格结构间隙化合物,正交晶系,单胞拥有 12 个铁原子,4 个碳原子,铁原子接近密堆排列,呈八面体,碳原子位于其八面体间隙。八面体顶角原子是相邻两个八面体所共有,八面体间还有一定取向。

VC 属于间隙相,V 占面心立方点阵的结点位置,C 占全部八面体的间隙,属于面心立方点阵,是 NaCl 型结构。

CuZn 是电子化合物,$C_{电} = 3/2$,具有体心立方结构。

$ZrFe_2$ 是拓扑密堆相中的拉弗斯相,复杂立方结构。半径小的铁原子组成小四面体,这些小四面体顶点互相连成网格,半径大的 Zr 原子位于 Fe 原子组成的小四面体之间的间隙,本身又组成金刚石结构。该结构中只存在四面体间隙,故致密度高于等径钢球的最密堆的面心立方结构。

1.32　解　由(001) 标准投影过程可以决定出(100),(010) 极点,与(100),(010) 相差 180° 可以标出$(0\bar{1}0)$,$(\bar{1}00)$ 极点。$(\bar{1}\,\bar{1}0)$ 极点与(001) 极点夹角的 $\cos\lambda = \frac{0}{\sqrt{1}\sqrt{2}} = 0$,故$(\bar{1}\,\bar{1}0)$ 在基圆上,与$(0\bar{1}0)$ 和$(\bar{1}00)$ 两个极点的夹角为45°,即 $\cos\varphi = \frac{1}{\sqrt{2}}$。由此可以决定出$(\bar{1}\,\bar{1}0)$ 极点。

(111) 极点在 (001) 与 (110) 连线上，(001) 与 (111) 夹角为 $\arccos \frac{1}{\sqrt{3}}$ 可以决定出 (111) 极点。

同理可以决定出 $(\bar{1}11)$，$(1\bar{1}1)$，$(\bar{1}\bar{1}1)$ 极点。

$(\bar{1}12)$ 极点在 (001) 与 $(\bar{1}11)$ 极点的连线上，与 (001) 夹角为 $\arccos \frac{2}{\sqrt{6}}$，由此可以定出 $(\bar{1}12)$。各点见图(1.17)。

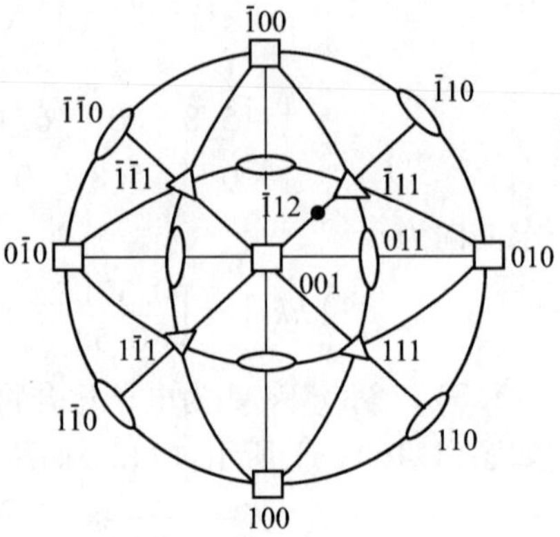

图(1.17)

1.33 解 由已知条件，$\lambda = 0.154\ 056$ nm 和 $a = 0.361\ 65$ nm，只要将晶面间距公式 $d_{hkl} = \frac{a}{\sqrt{h^2 + k^2 + l^2}}$ 代入布拉格公式 $2d_{hkl}\sin\theta = n\lambda$ 中，即可求出 $h^2 + k^2 + l^2$ 的数值。

对于 $2\theta = 43.28°$

$$h^2 + k^2 + l^2 = \frac{4 \times 0.361\ 65^2 \cdot \sin^2(\frac{43.28°}{2})}{0.154\ 056^2} \approx 2.997\ 8 \approx 3$$

根据面心立方晶体的消光规律，当 h,k,l 全奇或全偶时产生衍射峰，故 $2\theta = 43.28°$ 对应的衍射峰的干涉指数为(111)。

同理，当 $2\theta = 50.48°$，$h^2 + k^2 + l^2 = 4.008\ 1 \approx 4$，干涉指数为(200)；当 $2\theta = 70.10°$，$h^2 + k^2 + l^2 = 8.002\ 2 \approx 8$，干涉指数为(220)；当 $2\theta = 89.90°$，$h^2 + k^2 + l^2 = 11.002\ 5 \approx 11$，对应的干涉指数为(311)；当 $2\theta = 95.12°$，$h^2 + k^2 + l^2 = 12.005\ 3 \approx 12$，干涉指数为(222)。

1.34 解 该钢淬火后得到低碳马氏体组织，具有体心立方结构，当 $h + k + l$ 为偶数时才产生衍射，衍射峰的顺序为(110)，(200)，(211)，(220)。由布拉格公式，已知 2θ 和 λ，可由公式 $d_{hkl} = \frac{n\lambda}{2\sin\theta}$ 求出该晶面的面间距，再由 $d_{hkl} = \frac{a}{\sqrt{h^2 + h^2 + l^2}}$，可求出晶格参数 $a = \sqrt{h^2 + h^2 + l^2} \cdot d_{hkl}$。

对于(110)面，$d_{110} = \frac{1 \times 0.154\ 056}{2\sin\frac{44.479°}{2}} \approx 0.203\ 5$，$a = \sqrt{1^2 + 1^2 + 0} \times 0.203\ 5 \approx 0.287\ 8$ (nm)

对于(200)面，$d_{200} = \frac{2 \times 0.154\ 056}{2\sin\frac{64.74°}{2}} \approx 0.287\ 7$，$a = \sqrt{1^2 + 0 + 0} \times 0.287\ 7 \approx 0.287\ 8$ (nm)

对于(211)面，$d_{211} = \frac{1 \times 0.154\ 056}{2\sin\frac{82.00°}{2}} \approx 0.117\ 4$，$a = \sqrt{2^2 + 1^2 + 1^2} \times 0.117\ 4 \approx 0.287\ 6$ (nm)

对于(220)面，$d_{220} = \frac{2 \times 0.154\ 056}{2\sin\frac{98.519°}{2}} \approx 0.203\ 3$，$a = \sqrt{1^2 + 1^2 + 0} \times 0.203\ 3 \approx 0.287\ 5$ (nm)

故晶格参数的平均值 $a \approx 0.287\ 7$ (nm)

第2章　晶体缺陷

2.1　解　略

2.2　解　平均空位浓度

$$C = A \cdot e^{-E_V/KT}$$

式中 A 近似取作1

$$C_{1\,000\,℃} = e^{-E_V/KT} = \exp\left\{-\frac{1.7 \times 10^{-19}}{1.38 \times 10^{-23} \times 1\,273}\right\} \approx 6.27 \times 10^{-5}$$

设1 cm^3 体积的铜晶体中,含有的原子数目为 N

$$\frac{6.02 \times 10^{23}}{N} = \frac{63.5}{8.9}$$

所以　$$N \approx 0.84 \times 10^{23}$$

设1 000 ℃,1 cm^3 体积的铜所包含的平衡空位数是 n

$$n = N \cdot C_{1\,000\,℃} = 0.84 \times 10^{23} \times 6.27 \times 10^{-5} \approx 5.27 \times 10^{18}(\text{个})$$

2.3　解　平均空位浓度

$$C = A \cdot e^{-E_V/KT}$$

$$\frac{C_{1273}}{C_{573}} = e^{-\frac{E_V}{K}\left[\frac{1}{1273}-\frac{1}{573}\right]} = 1.36 \times 10^5$$

两边取对数得

$$\frac{E_V}{1.38 \times 10^{-23}}\left(\frac{1}{573} - \frac{1}{1273}\right) = \ln(1.36 \times 10^5)$$

所以　$$E_V = 1.7 \times 10^{-19}\ \text{J}$$

2.4　解　设空位所占分数为 x

由密度定义　$$\rho = \frac{2 \times \dfrac{51.996}{6.023 \times 10^{23}}(1 - x)}{2.885^3 \times 10^{-24}} = 7.10$$

解得　$$x = 1 - \frac{2.885^3 \times 10^{-24} \times 7.10 \times 6.023 \times 10^{23}}{2 \times 51.996} \approx 0.012\,6$$

所以 10^6 个阵点中的空位数　$10^6 \times 0.012\,6 = 12\,600$(个)

2.5　解　为保持电中性,CaF_2 离子晶体中,每形成一个肖特基缺陷时,必须同时失去一个 Ca^{2+} 和两个 F^-。

设单位晶胞内所含的肖特基缺陷数为 x 个,则

$$\rho = \frac{(4 - x)(40.08 + 19 \times 2)/6.023 \times 10^{23}}{5.463^3 \times 10^{-24}} \approx 3.18\ (\text{g/cm}^3)$$

所以　$$x = 4 - \frac{6.023 \times 10^{23} \times 3.18 \times 5.463^3 \times 10^{-24}}{40.08 + 19.00 \times 2} \approx 6.10 \times 10^{-4}\ \text{个}$$

2.6 解 为保持电中性，MgF_2 中溶入少量 LiF，即以 Li^+ 代替 Mg^{2+} 产生阴离子的空位。相反 LiF 中溶入 MgF_2，即以 Mg^{2+} 代替 Li^+ 产生阳离子的空位。

2.7 解 Ca^{2+} 取代 Zr^{4+}，为维持电平衡，应产生阴离子的空位，并且一个 Ca^{2+} 取代一个 Zr^{4+} 产生一个 O^{2-} 阴离子。假定总质量为 100 g，其中含有 CaO 10 g，ZrO_2 90 g，可求出 Ca^{2+} 和 Zr^{4+} 的摩尔数分别为

$$n_{Ca^{2+}} = \frac{10}{40.08 + 16} \approx 0.178\,3\ (\text{mol})$$

$$n_{Zr^{4+}} = \frac{90}{91.22 + 16 \times 2} \approx 0.730\,4\ (\text{mol})$$

质量 100 g 的该物质包含 O^{2-} 的摩尔数为

$$n_{O^{2-}} = n_{Ca^{2+}} + 2n_{Zr^{4+}} = 1.639\,1\ (\text{mol})$$

阴离子空位浓度为 $$\frac{0.178\,3}{1\,639\,1} = 0.109$$

此时 ZrO_2 为 CaF_2 型结构，故 $$\frac{\sqrt{3}a}{4} = r_{Zr^{4+}} + r_{O^{2-}}$$

求得晶格参数 $$a = \frac{4(0.140 + 0.079)}{\sqrt{3}} = 0.505\,8(\text{nm})$$

1 m^3 包含的正四面体间隙数为

$$\frac{1 \times 8}{(0.505\,8 \times 10^{-9})^3} = 6.182\,3 \times 10^{28}(\text{个})$$

故 1 m^3 包含的阴离子空位数为

$$6.182\,3 \times 10^{28} \times 0.109 = 6.739 \times 10^{27}(\text{个})$$

2.8 解 设长度为 L 的立方体，原子总数为 N，晶格参数为 a 。温度升高时产生热膨胀，某低温下的晶胞体积为 V_0，温度升高到某一温度产生热膨胀，晶胞体积增量为 ΔV_0，其热膨胀可表示为

$$\frac{\Delta V_0}{V_0} = \frac{(a + \Delta a)^3 - a^3}{a^3} = \frac{a^3 + 3a^2\Delta a + 3a(\Delta a)^2 + (\Delta a)^3 - a^3}{a^3} \approx 3 \cdot \frac{\Delta a}{a}$$

设长度为 L 的立方体的体积为 V，热膨胀引起的体积增量为 ΔV，同理$\frac{\Delta V}{V} \approx 3 \cdot \frac{\Delta L}{L}$。

其中
$$3(\Delta a/a) = p(T) + r(T) + x(T)$$
$$3(\Delta L/L) = q(T) + s(T) + y(T)$$

$p(T)$，$q(T)$ 是与空位无关的“真正热膨胀”，$r(T)$，$s(T)$ 是空位产生后对震动频率分布产生影响而对热膨胀的贡献，$x(T)$，$y(T)$ 是热激活所产生的空位对热膨胀的贡献。

对同种金属来说 $$p(T) + r(T) = q(T) + s(T)$$

故有 $$3(\Delta a/a) - x(T) = 3(\Delta L/L) - y(T)$$

所以 $$y(T) - x(T) = 3[(\Delta L/L) - (\Delta a/a)]$$

设晶体中有 N 个原子，ΔN 个空位，若一个原子的体积为 v，一个空位使原子体积产生的变化率为 f，则 ΔN 个空位引起的体积变化为 $\Delta N \cdot f \cdot v$，因此

$$x(T)=\frac{\Delta N \cdot f \cdot v}{N \cdot v}$$

$$y(T)=\frac{\Delta N(1+f) \cdot v}{N \cdot v}$$

所以 $$\frac{\Delta N(1+f) \cdot v}{N \cdot v}-\frac{\Delta N \cdot f \cdot v}{N \cdot v}=\frac{\Delta N}{N}=3\left[\frac{\Delta L}{L}-\frac{\Delta a}{a}\right]=C_v$$

2.9　解　$C_v=\frac{\Delta N}{N}=3\left[\frac{\Delta L}{L}-\frac{\Delta a}{a}\right]=3(0.004\%-0.000\,4\%)=1.08\times10^{-4}$

2.10　解　设有一位错环 ABCDA,如图(2.1)所示。我们将其看成由 ABC、CDA 两部分组成,ABC 的柏氏矢量为 $\boldsymbol{b}_1$,CDA 的柏氏矢量为 $\boldsymbol{b}_2$,这意味着晶体的滑移矢量在位错线 ABC 以右和位错线 CDA 以左不同。由于位错是已滑移与未滑移的交界,故还应有一位错 AEC 存在,将其分为两个区域,如图(2.1)所示。对于 ABCEA 区域,可看成柏氏矢量为 $\boldsymbol{b}_2$ 与 $\boldsymbol{b}_3$ 的两条位错扫过,所以 $\boldsymbol{b}_1=\boldsymbol{b}_2+\boldsymbol{b}_3$;对于 AECDA 区域,可看成柏氏矢量为 $\boldsymbol{b}_1$ 与 $\boldsymbol{b}_3$ 的两条位错扫过,所以 $\boldsymbol{b}_2=\boldsymbol{b}_1+\boldsymbol{b}_3$,故 $\boldsymbol{b}_1-\boldsymbol{b}_2=\boldsymbol{b}_2-\boldsymbol{b}_1$,即 $\boldsymbol{b}_2=\boldsymbol{b}_1$,所以一个位错环只能有一个柏氏矢量。

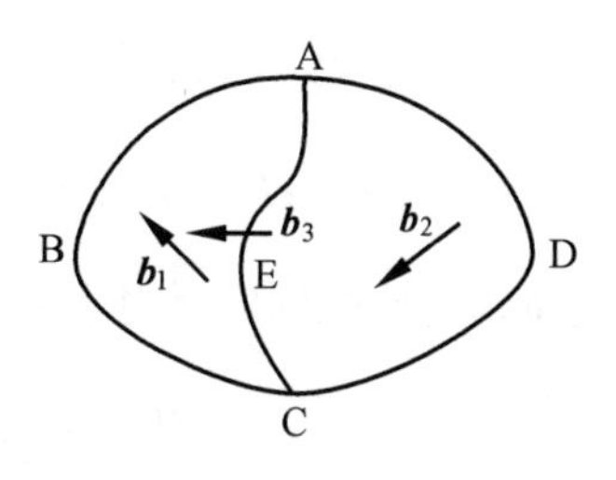

图(2.1)

2.11　解　当两根刃型位错相距很远时,总能量等于两者各自能量之和,无论是同号位错还是异号位错,均有

$$W=W_1+W_2=2\alpha Gb^2$$

当两根正刃型位错无限靠近时,相当于柏氏矢量为 $2\boldsymbol{b}$ 的一个大位错的能量

$$W=\alpha \cdot G(2b)^2=4\alpha Gb^2$$

当两根异号刃型位错无限靠近时,相遇相消,其总能量为零。

2.12　解　将位错 A 置于坐标原点,如图(2.2)。A 位错产生的应力场的诸分量中只有 τ_{yx} 会引起位错 B 的滑移,设滑移力为 F_x,由位错线所受的力的公式:$F_x=\tau_{yx}b$ 可计算出所需外加切应力的数值。为讨论问题方便,也可采用如图(2.2)中的极坐标。

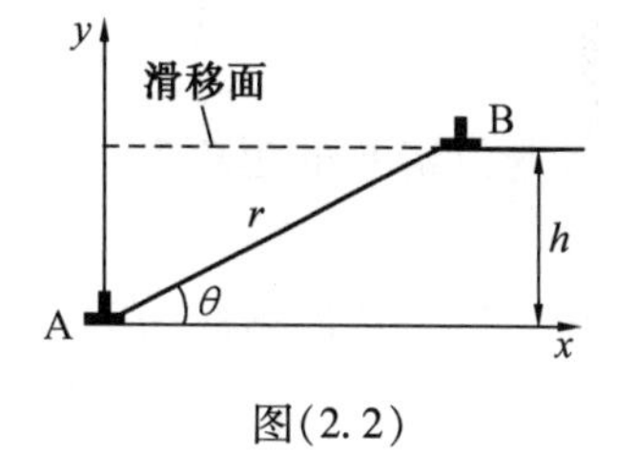

图(2.2)

$$F_x=\frac{Gb^2}{2\pi(1-\nu)} \cdot \frac{x(x^2-y^2)}{(x^2+y^2)^2}=\frac{Gb^2}{2\pi(1-\nu)} \cdot \frac{r\cos\theta \cdot r^2(\cos^2\theta-\sin^2\theta)}{r^4}=$$

$$\frac{Gb^2}{2\pi(1-\nu)} \cdot \frac{\cos\theta\sin\theta(\cos^2\theta-\sin^2\theta)}{r \cdot \sin\theta}=\frac{\frac{1}{2}\sin2\theta \cdot \cos2\theta}{h} \cdot \frac{Gb^2}{2\pi(1-\nu)}=$$

$$\frac{Gb^2}{8\pi(1-\nu)h} \cdot \sin4\theta$$

当 $x>y$,即 $x>h$,$F_x>0$,两位错互相排斥,需加 x 轴负方向的力才可使 B 位错向 y 轴滑动,当 $\sin4\theta=1$ 时,即 $\theta=\frac{\pi}{8}$ 时,F_x 取得极大值,故 B 位错滑移到 A 位错的正上方所

要克服的最大阻力为 $F_x = \dfrac{Gb^2}{8\pi(1-\nu)h}$。

当 B 位错所处的位置 $x < y$,即 $x < h, F_x < 0$,两位错互相吸引,如果不考虑位错运动的晶格阻力等,无需外力,就可自动滑移至 A 位错的上方。

2.13 解 设三根位错线的位置分别在 $x=0$;$x=x_1$;$x=x_2$ 处,障碍物所受的力为 f;x_1, x_2 位置的位错所产生的应力场中的应力分量分别用 σ_{xy}^1 与 σ_{xy}^2 表示,注意到滑移面上 $y=0$,即

$$\sigma_{yx} = \frac{Gb^2}{2\pi(1-\nu)} \cdot \frac{x(x^2-y^2)}{(x^2+y^2)^2} = \frac{Gb^2}{2\pi(1-\nu)} \cdot \frac{1}{x}$$

故
$$f = \tau b + \sigma_{yx}^1 b + \sigma_{yx}^2 b = \tau b + \frac{Gb^2}{2\pi(1-\nu)} \cdot \left(\frac{1}{x_1} + \frac{1}{x_2}\right) \tag{1}$$

x_1 处位错线所受到的合力为零,即

$$-\tau b + \frac{Gb^2}{2\pi(1-\nu)} \cdot \left(\frac{1}{x_1} - \frac{1}{x_2 - x_1}\right) = 0 \tag{2}$$

x_2 处位错线所受到的合力为零,即

$$-\tau b + \frac{Gb^2}{2\pi(1-\nu)} \cdot \left(\frac{1}{x_2} + \frac{1}{x_2 - x_1}\right) = 0 \tag{3}$$

由(2),(3) 解出

$$x_1 = \frac{\sqrt{3}\,Gb}{2\pi(1+\sqrt{3})(1-\nu)\tau}; \quad x_2 = \frac{(2+\sqrt{3})\sqrt{3}\,Gb}{2\pi(1+\sqrt{3})(1-\nu)\tau}$$

将 x_1, x_2 值代入(1) 中,得到障碍物所受到的力为

$$f = \tau b + \frac{Gb^2}{2\pi(1-\nu)} \cdot \left[\frac{2\pi(1+\sqrt{3})(1-\nu)\tau}{\sqrt{3}\,Gb} + \frac{2\pi(1+\sqrt{3})(1-\nu)\tau}{(2+\sqrt{3})\sqrt{3}\,Gb}\right] = 3\tau b$$

位错 A 与位错 B 的距离为 $x_1 = \dfrac{\sqrt{3}\,Gb}{2\pi(1+\sqrt{3})(1-\nu)\tau}$

位错 B 与位错 C 的距离为 $x_2 - x_1 = \dfrac{\sqrt{3}\,Gb}{2\pi(1-\nu)\tau}$

2.14 解 设位错 2 在位错 1 的应力场中所受的力为 $\boldsymbol{f}_2$,由 Peach – koehler 公式 $\boldsymbol{f}_2 = (\boldsymbol{\sigma}_1 \cdot \boldsymbol{b}_2) \times \boldsymbol{\nu}_2$;其中

$$\boldsymbol{\sigma}_1 = \begin{bmatrix} \sigma_{xx} & \sigma_{xy} & 0 \\ \sigma_{yx} & \sigma_{yy} & 0 \\ 0 & 0 & \sigma_{zz} \end{bmatrix}; \quad \boldsymbol{b}_2 = \begin{bmatrix} 0 \\ b_2 \\ 0 \end{bmatrix}; \quad \boldsymbol{\nu}_2 = [0 \quad 0 \quad 1]$$

$$\boldsymbol{\sigma}_1 \cdot \boldsymbol{b}_2 = \begin{bmatrix} \sigma_{xx} & \sigma_{xy} & 0 \\ \sigma_{yx} & \sigma_{yy} & 0 \\ 0 & 0 & \sigma_{zz} \end{bmatrix} \begin{bmatrix} 0 \\ b_2 \\ 0 \end{bmatrix} = \begin{bmatrix} b_2\sigma_{xy} \\ b_2\sigma_{yy} \\ 0 \end{bmatrix}$$

$$\boldsymbol{f}_2 = \begin{vmatrix} \boldsymbol{i} & \boldsymbol{j} & \boldsymbol{k} \\ b_2\sigma_{xy} & b_2\sigma_{yy} & 0 \\ 0 & 0 & 1 \end{vmatrix} = b_2\sigma_{yy}\,\boldsymbol{i} - b_2\sigma_{xy}\,\boldsymbol{j}$$

其中引起滑移的力为

$$F_y = -b_2\sigma_{xy} = \frac{Gb_1b_2}{2\pi(1-\nu)}\cdot\left(-\frac{x(x^2-y^2)}{(x^2+y^2)^2}\right) = \frac{Gb_1b_2}{2\pi(1-\nu)}\cdot\left(-\frac{s(s^2-y^2)}{(s^2+y^2)^2}\right)$$

当 $a > s$ 时,$F_y > 0$;如果不考虑位错运动的晶格阻力,不需要外力,可自动向 Y 轴的正方向移动。当 $a < s$ 时,$F_y < 0$;位错 2 受到 Y 轴反方向的力,若让位错 2 向 Y 轴的正方向移动,需加外力克服此力而作功,当位错 2 移动到 $y = s$ 时,$F_y = 0$。外力所作的功为

$$W = \frac{Gb_1b_2}{2\pi(1-\nu)}\int_a^s -\frac{s(s^2-y^2)}{(s^2+y^2)^2}\mathrm{d}y = \frac{Gb_1b_2}{2\pi(1-\nu)}\cdot\frac{sy}{s^2+y^2}\Bigg|_a^s =$$

$$\frac{Gb_1b_2}{4\pi(1-\nu)}\cdot\frac{(s-a)^2}{(s^2+a^2)}$$

2.15　解　参考图(2.3)由柏氏矢量与位错线的关系可以知道,BD 是右旋螺位错,CA 为左旋螺位错。由右手法则,DC 为正刃型位错,多余半原子面在纸面上方。AB 为负刃型位错,多余半原子面在纸面下方。

2.16　解　抽出一层原子面,沿着垂直于该面的方向,原子面塌陷,规定位错线 $\boldsymbol{t}$ 的正向为顺时针方向,以右手法则可以判定出 $\boldsymbol{b}$ 垂直$(h\ k\ l)$ 面向下,如图(2.4)(a)。

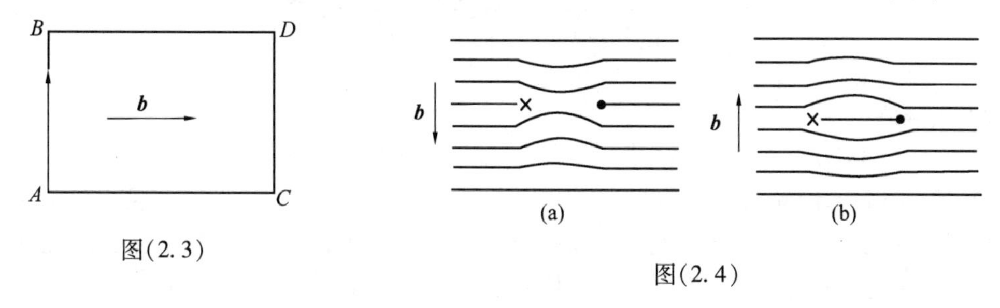

图(2.3)

图(2.4)

插入一层原子面,沿着垂直该面的方向,原子面要膨胀,规定位错线方向也为顺时针方向,以右手法则可以判定出 $\boldsymbol{b}$ 垂直$(h\ k\ l)$ 面向上,如图(2.4)(b)。

用右手法则,可以确定多余半原子面所在方向,从而定出位错环的类型。$\boldsymbol{t}\times\boldsymbol{b}$ 的方向指向环外,位错环是空位的如图(2.4)(a) 所示。$\boldsymbol{t}\times\boldsymbol{b}$ 的方向指向环内,位错环是间隙的。

2.17　解　晶体弯曲前后如图(2.5) 所示,位错柏氏矢量为 $\boldsymbol{b}$,则

$$(R+D)\theta - R\theta = n\cdot b \tag{1}$$

$$\rho = n/s \approx n/\ R\theta D \tag{2}$$

其中 n 为此晶体中位错的根数

$$n = \rho R\theta D \tag{3}$$

将式(3) 代入式(1) 中得

$$(R+D)\theta - R\theta = \rho R\theta Db \tag{4}$$

故

$$\rho = 1/Rb$$

2.18　解　单位长度刃位错的应变能为

$$W_E = \left(\frac{W}{L}\right)_E = \frac{\mu b^2}{4\pi(1-\nu)}\ln(R/r_0) \tag{1}$$

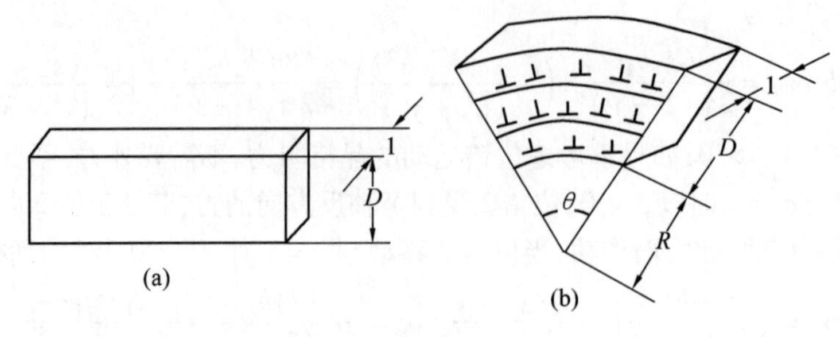

图(2.5)

设 1 cm 刃位错的应变能是 W_I，则

$$W_I = \left\{\frac{\mu b^2}{4\pi(1-\nu)}\ln(R/r_0)\right\}\cdot L = \frac{5\times10^{10}(0.25\times10^{-9})^2}{4\times3.14(1-1/3)}10^{-2}\times\ln\frac{1\times10^{-2}}{1\times10^{-9}} = 6\times10^{-11}\ \mathrm{J}$$

设占位错能量一半区域的半径为 r，则

$$\frac{W_r}{W_1} = \frac{\ln\frac{r}{r_0}}{\ln\frac{1\times10^{-2}}{r_0}} = \frac{\ln\frac{r}{1\times10^{-9}}}{\ln\frac{1\times10^{-2}}{1\times10^{-9}}} = 1/2 \qquad (2)$$

由(2) 式解得

$$r = 10^{-5.5} = 10^{-6}\times10^{1/2} = 3.16\times10^{-6}\mathrm{m} = 3.16\ \mu\mathrm{m}$$

2.19 解 参考图(2.6)

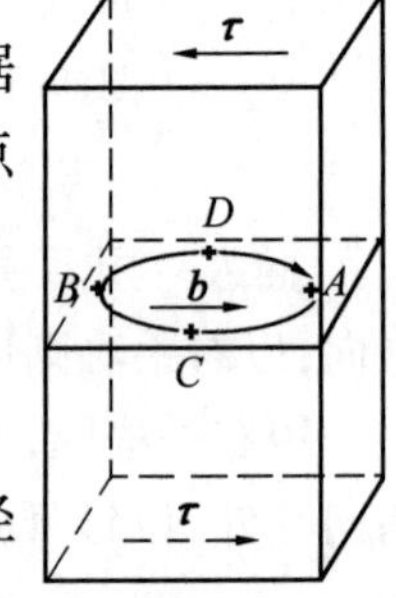

图(2.6)

(1) 由柏氏矢量与位错线关系可以知道：A，B 点 为刃型位错，依据右手法则，A 为正刃型位错，B 为负刃型位错。C 点为左螺旋位错，D 点为右螺旋位错。其他为混合位错。

(2) 各段位错所受的力的大小为 τb，方向垂直于位错线。

(3) 外加切应力 τ，使位错环收缩。

(4) 由公式 $\tau = \frac{Gb}{2r}$，在 τ 的作用下此位错环要稳定不动，其最小半径为 $r_{\min} = \frac{Gb}{2\tau}$。

2.20 解 由汤普森记号该位错反应为

$$\frac{a}{2}[\bar{1}10] \rightarrow \frac{a}{6}[\bar{1}2\bar{1}] + \frac{a}{6}[\bar{2}11]$$

扩展位错宽度为

$$d = \frac{G\boldsymbol{b}_2\cdot\boldsymbol{b}_3}{2\pi\gamma} = \frac{G}{2\pi\gamma}\cdot\frac{a^2}{36}(2+2-1) = \frac{Ga^2}{24\pi\gamma}$$

式中的 a 表示点阵常数。若 a 近似地用全位错的柏氏矢量模 b 代替，故可以改写为

$$d \approx \frac{Gb^2}{24\pi\gamma}$$

2.21 解 (1) 新生成的弗兰克不全位错的柏氏矢量为 $\boldsymbol{b}$，则

$$\boldsymbol{b} = \frac{a}{2}[\bar{1}01] + \frac{a}{6}[12\bar{1}] = \frac{a}{3}[\bar{1}11]$$

(2)
$$\sum \boldsymbol{b}_{前}^2 = \frac{1+1}{4} + \frac{1+4+1}{36} = \frac{2}{3}$$

$$\sum \boldsymbol{b}_{后}^2 = \frac{1+1+1}{9} = \frac{1}{3}$$

故$\sum \boldsymbol{b}_{前}^2 > \sum \boldsymbol{b}_{后}^2$满足能量条件,由(1)可以知道,该位错反应也满足几何条件,故此位错反应能够进行。

(3) 新生成的弗兰克不全位错的位错线$\boldsymbol{t}$位于$(\bar{1}11)$面上,$\boldsymbol{b} = \frac{a}{3}[\bar{1}11]$垂直于$(\bar{1}11)$面,故$\boldsymbol{b}$与$\boldsymbol{t}$决定的平面一定不是面心立方的密排面,故该位错不能够滑移。

2.22 解 (1) $\sum \boldsymbol{b}_{前}^2 = \frac{1+1+1}{4} \times 2 = \frac{3}{2} > \sum \boldsymbol{b}_{后}^2 = 1$

并且$\sum \boldsymbol{b}_{前} = \sum \boldsymbol{b}_{后}$,故反应可以自发进行,矢量图为图(2.7)(a)所示。

(2)
$$\sum \boldsymbol{b}_{前}^2 = \frac{1+1}{4} = \frac{1}{2} > \sum \boldsymbol{b}_{后}^2 = \frac{(1+4+1)}{36} \times 2 = \frac{1}{3}$$

故反应可以自发进行,矢量图如图(2.7)(b)所示。

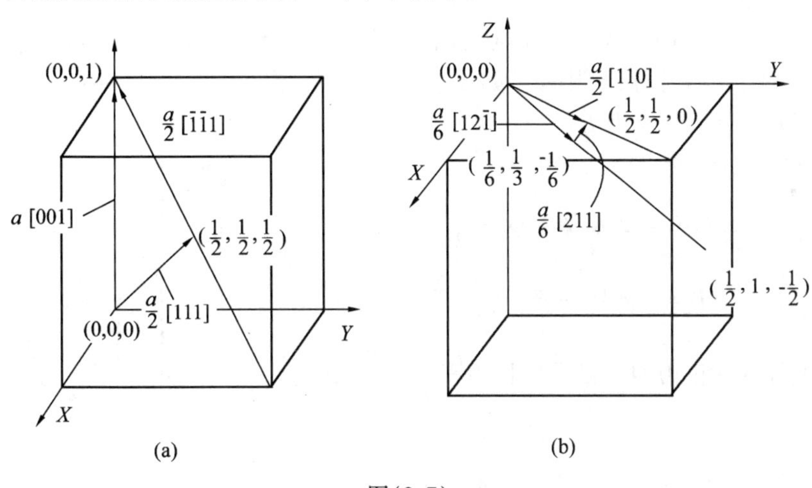

图(2.7)

(3) 满足$\sum \boldsymbol{b}_{前} = \sum \boldsymbol{b}_{后}$,但是

$$\sum \boldsymbol{b}_{前}^2 = \frac{1+1+4}{9} + \frac{1+1+1}{36} = \frac{3}{4} = \sum \boldsymbol{b}_{后}^2 = \frac{1+1+1}{4} = \frac{3}{4}$$

不满足能量条件,故该位错反应不能自发进行。

2.23 解 $\boldsymbol{b} = \frac{a}{2}[\bar{1}10]$的螺位错的位错线$\boldsymbol{t} = [\bar{1}10]$,因为$[11\bar{1}] \cdot [\bar{1}10] = 0$,故$[\bar{1}10]$晶向在$(11\bar{1})$面上,即$\boldsymbol{t}$也在$(11\bar{1})$面上。所以$(111)$与$(11\bar{1})$面的交线为$[\bar{1}10]$,故$\boldsymbol{b} = \frac{a}{2}[\bar{1}10]$的螺位错可以交滑移到$(11\bar{1})$面。

2.24 解 (1) 由公式 $D \approx \frac{b}{\theta}$,其中 b 为位错的柏氏矢量模,D 为位错间距离,柏氏矢量 $\boldsymbol{b}_{Al} = \frac{a}{2}[101]$,所以 $b_{Al} = \frac{a}{2}\sqrt{2} = 2.8 \times 10^{-10} \times \frac{\sqrt{2}}{2} \approx 1.98 \times 10^{-10}$ m

$\theta = \frac{5}{57.3} = 0.087$,代入 D 的表达式,得到 $D = 2.28 \times 10^{-9}$m。

(2) 设全部位错都集中在亚晶界上,且每个亚晶粒均为正六边形,正六边形边长为 a,面积为 S,则

$$S = \frac{1}{2} \cdot a \cdot \frac{\sqrt{3}}{2}a \times 6 = \frac{3\sqrt{3}}{2}a^2$$

单位面积中亚晶的数目为 $n = \frac{1}{S}$,则

$$\frac{1}{2} \cdot 6a \cdot \frac{1}{D} \cdot \frac{1}{S} = 5 \times 10^{13}$$

代入 D 与 S 的值得到

$$\frac{1}{2} \cdot 6a \cdot \frac{1}{2.28 \times 10^{-9}} \cdot \frac{1}{\frac{3}{2}\sqrt{3}\,a^2} = 5 \times 10^{13}$$

最后得到,$a = 1.01 \times 10^{-5}$m,故亚晶平均尺寸 $d = 2a = 2.02 \times 10^{-5}$m。

2.25 解 不对称倾侧晶界如图(2.8)所示,作 $AF \parallel EC$;$CF \parallel AE$,交点为 F。

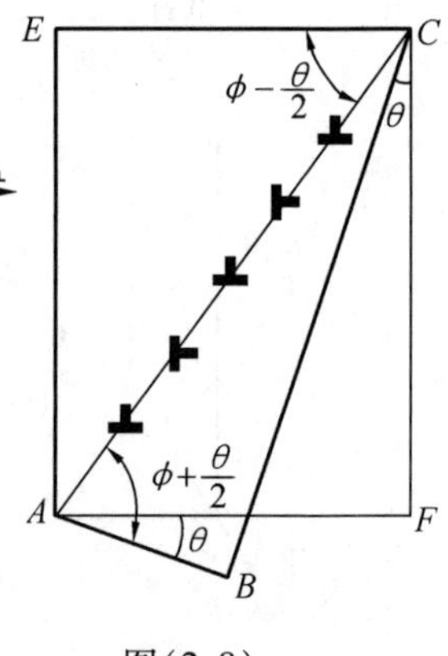

图(2.8)

因为 $EC \parallel AF$,所以

$$\angle FAC = \angle ECA = \phi - \frac{\theta}{2}$$

所以 $$\angle CAB = \angle FAC + \theta = \phi + \frac{\theta}{2}$$

晶界上堆积的正刃型位错的数目为 $\frac{EC - AB}{b_{\perp}}$,则

$$D_{\perp} = \frac{AC}{\frac{EC - AB}{b_{\perp}}} = \frac{AC \cdot b_{\perp}}{AC\cos(\phi - \frac{\theta}{2}) - AC\cos(\phi + \frac{\theta}{2})} = \frac{b_{\perp}}{2\sin\phi\sin\frac{\theta}{2}}$$

由于不对称晶界 θ 角很小,$\sin\frac{\theta}{2} \approx \frac{\theta}{2}$,故 $D_{\perp} = \frac{b_{\perp}}{\theta\sin\phi}$

同理,$D_{\vdash} = \frac{AC}{\frac{BC - AE}{b_{\vdash}}} = \frac{ACb_{\vdash}}{AC \cdot \sin(\phi + \frac{\theta}{2}) - AC\sin(\phi - \frac{\theta}{2})} = \frac{b_{\vdash}}{2\cos\phi\sin\frac{\theta}{2}} \approx \frac{b_{\vdash}}{\theta\cos\phi}$

2.26 解 体心立方结构的单位位错的柏氏矢量 $\boldsymbol{b} = \frac{a}{2}\langle 111\rangle$,所以 $b = \frac{\sqrt{3}}{2}a$,由公式

$$D = \frac{b}{\theta} = \frac{\sqrt{3}}{2} \times 0.28664/0.0175 \approx 14.183 \text{ nm}$$

2.27 解 由错配度定义，$\delta = \frac{a_\alpha - a_\beta}{a_\alpha} = \frac{1}{4}$，得到 $a_\beta = \frac{3}{4} a_\alpha$

设相距 x 个 a_β 有一个界面位错，则下式成立，$x a_\beta = (x-1) a_\alpha$

解得 $x = 4$，故界面位错间距

$$D = 4a_\beta = 3a_\alpha$$

2.28 解 面心立方结构的单位位错为 $b = \frac{a}{2}\langle 110 \rangle$，由于$\{110\}$面有附加原子面，故

$$b = 2d_{110} = 2 \times 0.1278 = 0.2556 \text{ nm}$$

由公式 $D \approx \frac{b}{\theta}$ 可求出该倾侧晶界的倾角 θ 为

$$\theta \approx \frac{b}{D} = \frac{0.2556}{1000} = 2.556 \times 10^{-4} \times \frac{180}{\pi} \approx 0.0146°$$

2.29 解 由界面张力平衡得到 $\gamma_{\alpha\alpha} = 2\gamma_{\alpha\beta} \cdot \cos \frac{\delta}{2}$

故

$$\cos \frac{\delta}{2} = \frac{1}{2} \cdot \frac{\gamma_{\alpha\alpha}}{\gamma_{\alpha\beta}} = \frac{1}{2} \cdot \frac{\gamma_{\alpha\alpha}}{2\frac{\gamma_{\alpha\alpha}}{3}} = \frac{3}{4}$$

所以$\frac{\delta}{2} \approx 41.41°$，即 $\delta \approx 82.82°$。

2.30 解 由公式 $d = \frac{Ga^2}{24\pi\gamma}$（2.8 题结果）

$$d = \frac{7 \times 10^{10} \times (0.3 \times 10^{-9})^2}{24\pi \cdot 0.01} \approx 83.6 \times 10^{-10} = 8.36 \ \mu\text{m}$$

2.31 解 位错 1 位于坐标系原点，如图(2.9)，位错 1 产生的应力场为

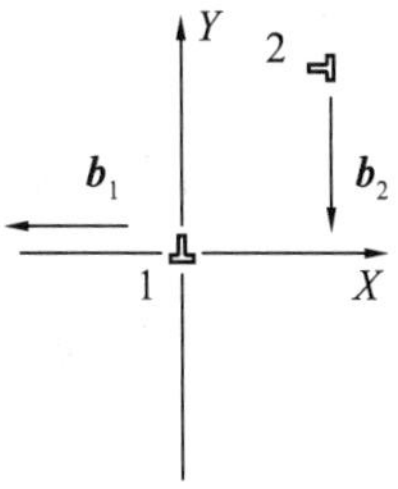

$$\boldsymbol{\sigma} = \begin{bmatrix} \sigma_{xx} & \sigma_{xy} & 0 \\ \sigma_{yx} & \sigma_{yy} & 0 \\ 0 & 0 & \sigma_{zz} \end{bmatrix}$$

图(2.9)

位错 2 的柏氏矢量 $\boldsymbol{b}_2 = \begin{bmatrix} 0 \\ -b_2 \\ 0 \end{bmatrix}$，$\boldsymbol{\nu}_2 = [0 \quad 0 \quad 1]$

由 Peach-Koehler 公式 $\boldsymbol{f} = \frac{\mathrm{d}F}{\mathrm{d}l} = (\boldsymbol{\sigma} \cdot \boldsymbol{b}) \times \boldsymbol{\nu}$

$$\boldsymbol{\sigma} \cdot \boldsymbol{b}_2 = \begin{bmatrix} \sigma_{xx} & \sigma_{xy} & 0 \\ \sigma_{yx} & \sigma_{yy} & 0 \\ 0 & 0 & \sigma_{zz} \end{bmatrix} \cdot \begin{bmatrix} 0 \\ -b_2 \\ 0 \end{bmatrix} = \begin{bmatrix} -b_2\sigma_{xy} \\ -b_2\sigma_{yy} \\ 0 \end{bmatrix}$$

$$\boldsymbol{f}=\begin{vmatrix}\boldsymbol{i} & \boldsymbol{j} & \boldsymbol{k}\\ -b_2\sigma_{xy} & -b_2\sigma_{yy} & 0\\ 0 & 0 & 1\end{vmatrix}=-b_2\sigma_{yy}\boldsymbol{i}+b_2\sigma_{xy}\boldsymbol{j}$$

x 方向受力 $$F_x=-b_2\sigma_{yy}=\frac{-\mu b_1b_2}{2\pi(1-\nu)}\frac{y(x^2+y^2)}{(x^2+y^2)^2}$$

y 方向受力 $$F_y=b_2\sigma_{xy}=\frac{\mu b_1b_2}{2\pi(1-\nu)}\frac{x(x^2-y^2)}{(x^2+y^2)^2}$$

2.32 解 两垂直螺位错如图(2.10),AB 螺位错产生的

应力场为 $$\boldsymbol{\sigma}=\begin{bmatrix}0 & 0 & \sigma_{xz}\\ 0 & 0 & \sigma_{yz}\\ \sigma_{zx} & \sigma_{zy} & 0\end{bmatrix}$$

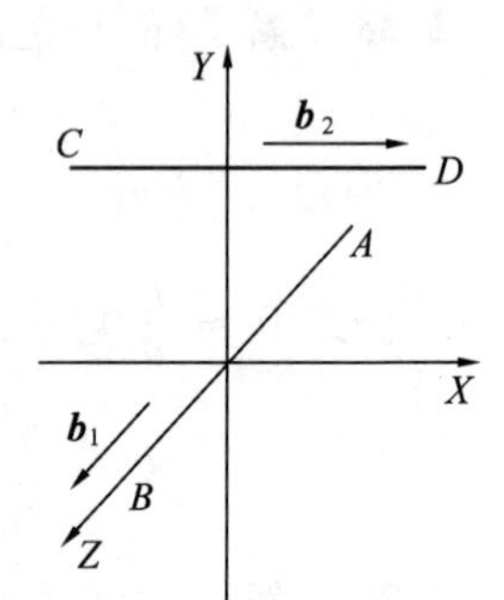

图(2.10)

螺位错 CD 的柏氏矢量 $\boldsymbol{b}_2=\begin{bmatrix}b_2\\0\\0\end{bmatrix}$,位错线方向 $\boldsymbol{\nu}_2=$ [1 0 0],所以

$$\boldsymbol{\sigma}\cdot\boldsymbol{b}=\begin{bmatrix}0 & 0 & \sigma_{xz}\\ 0 & 0 & \sigma_{yz}\\ \sigma_{zx} & \sigma_{zy} & 0\end{bmatrix}\cdot\begin{bmatrix}b_2\\0\\0\end{bmatrix}=\begin{bmatrix}0\\0\\b_2\sigma_{zx}\end{bmatrix}$$

$$\boldsymbol{f}=\begin{vmatrix}\boldsymbol{i} & \boldsymbol{j} & \boldsymbol{k}\\ 0 & 0 & b_2\sigma_{zx}\\ 1 & 0 & 0\end{vmatrix}=\boldsymbol{j}b_2\sigma_{zx}=-\frac{Gb_1b_2}{2\pi}\frac{y}{x^2+y^2}\boldsymbol{j}=-\frac{Gb_1b_2}{2\pi}\frac{d}{x^2+y^2}\boldsymbol{j}$$

2.33 解 将刃位错放在图(2.11)的 XYZ 坐标系中的 Z 坐标轴上,位错线 AB 的单位向量 $\boldsymbol{\nu}_1=[0\ \ 0\ \ 1]$,柏氏矢量 $\boldsymbol{b}_1=\begin{bmatrix}b_1\\0\\0\end{bmatrix}$

螺位错 CD 与之垂直,相距为 d,$\boldsymbol{\nu}_2=[0\ \ 1\ \ 0]$,$\boldsymbol{b}_2=\begin{bmatrix}0\\b_2\\0\end{bmatrix}$

若刃位错 AB 所产生的应力场用 σ_{AB} 表示,则螺位错 CD 所受的力为

$$\boldsymbol{f}_{CD}=\boldsymbol{\sigma}_{AB}\cdot\boldsymbol{b}_2\times\boldsymbol{\nu}_2 \tag{1}$$

其中

$$\boldsymbol{\sigma}_{AB}\cdot\boldsymbol{b}_2=\begin{bmatrix}\sigma_{xx} & \sigma_{xy} & 0\\ \sigma_{yx} & \sigma_{yy} & 0\\ 0 & 0 & \sigma_z\end{bmatrix}\cdot\begin{bmatrix}0\\b_2\\0\end{bmatrix}=\begin{bmatrix}b_2\sigma_{xy}\\b_2\sigma_{yy}\\0\end{bmatrix}$$

$$\boldsymbol{f}_{CD}=\begin{vmatrix}\boldsymbol{i} & \boldsymbol{j} & \boldsymbol{k}\\ b_2\sigma_{xy} & b_2\sigma_{yy} & 0\\ 0 & 1 & 0\end{vmatrix}=b_2\sigma_{xy}\boldsymbol{k}=\frac{Gb_1b_2}{2\pi(1-\nu)}\frac{x(x^2-y^2)}{(x^2+y^2)^2}\boldsymbol{k}=\frac{Gb_1b_2}{2\pi(1-\nu)}\frac{d(d^2-y^2)}{(d^2+y^2)^2}\boldsymbol{k}$$

求刃位错 AB 受的力 f_{AB} 的时候，将螺位错 CD 定为 Z' 轴，令

$$X' = X - d; Z' = y;\ Y' = -Z$$

在 $X'Y'Z'$ 坐标系中，螺位错的应力场

$$\boldsymbol{\sigma}_{CD} = \begin{bmatrix} 0 & 0 & \sigma_{x'z'} \\ 0 & 0 & \sigma_{y'z'} \\ \sigma_{z'x'} & \sigma_{z'y'} & 0 \end{bmatrix}$$

刃位错在 $X'Y'Z'$ 坐标系中的位置如图(2.11)，$\boldsymbol{\nu}_{AB} = [0\ \bar{1}0]$；$\boldsymbol{b}_1 = \begin{bmatrix} b_1 \\ 0 \\ 0 \end{bmatrix}$

$$\boldsymbol{f}_{AB} = \boldsymbol{\sigma}_{CD} \cdot \boldsymbol{b}_1 \times \boldsymbol{\nu}_{AB} \tag{2}$$

$$\boldsymbol{\sigma}_{CD} \cdot \boldsymbol{b}_1 = \begin{bmatrix} 0 & 0 & \sigma_{x'z'} \\ 0 & 0 & \sigma_{y'z'} \\ \sigma_{z'x'} & \sigma_{z'y'} & 0 \end{bmatrix} \cdot \begin{bmatrix} b_1 \\ 0 \\ 0 \end{bmatrix} = \begin{bmatrix} 0 \\ 0 \\ b_1\sigma_{z'x'} \end{bmatrix}$$

所以 $$\boldsymbol{f}_{AB} = \begin{vmatrix} \boldsymbol{i} & \boldsymbol{j} & \boldsymbol{k} \\ 0 & 0 & b_1\sigma_{z'x'} \\ 0 & -1 & 0 \end{vmatrix} = b_1\sigma_{z'x'}\boldsymbol{i} = -\frac{Gb_1b_2}{2\pi}\frac{y'}{x'^2 + y'^2}\boldsymbol{i} = -\frac{Gb_1b_2}{2\pi}\frac{y'}{y^2 + d^2}\boldsymbol{i}$$

在 XYZ 坐标系中

$$\boldsymbol{f}_{AB} = -\frac{Gb_1b_2}{2\pi} \cdot \left(\frac{(-z)}{d^2 + (-z)^2}\right) \cdot \boldsymbol{i} = \frac{Gb_1b_2}{2\pi}\frac{z}{d^2 + z^2}\boldsymbol{i}$$

两根位错线相互作用后，位错 AB 在 $y = 0$ 的平面上发生扭曲，位错 CD 在 $x = d$ 的平面上发生扭曲，如图(2.11) 所示。

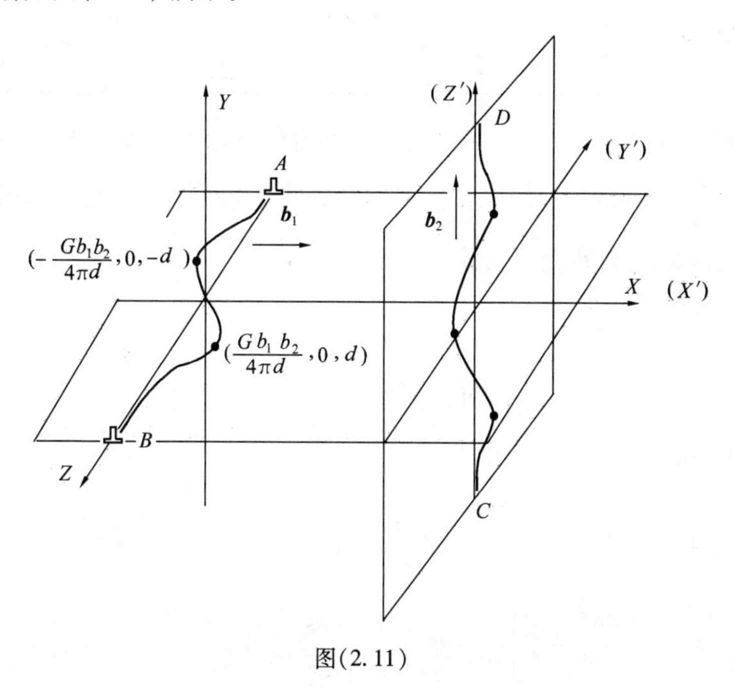

图(2.11)

其中 AB 刃位错受力为 $$f_{AB}=\frac{Gb_1b_2}{2\pi}\left(\frac{z}{d^2+z^2}\right)\cdot \boldsymbol{i}$$

$$f'_{AB}=\frac{Gb_1b_2}{2\pi}\left(\frac{d^2-z^2}{(d^2+z^2)^2}\right)$$

令 $f'_{AB}=0$,得到 $z=\pm d$

$$f''_{AB}=\frac{2z(2-\sqrt{3}d)(z+\sqrt{3}d)}{(d^2+z^2)^3}$$

令 $f''_{AB}=0$ 得到 $z=0$ 或 $z=\pm\sqrt{3}d$
故可作出表 2.1。由表 2.1 做出 $\boldsymbol{f}_{AB}$ 的图形。

由表 2.1,$Z=\pm d$ 有极值 $\boldsymbol{f}_{AB}=\pm\frac{Gb_1b_2}{4\pi d}\boldsymbol{i}$,$z=0$ 或 $z=\pm\sqrt{3}d$ 时候为拐点。由此可以得出刃位错 AB 在 $y=0$ 平面上扭曲的情况,如图(2.11)。

类似方法可以讨论螺位错在 $x=d$ 平面上的扭曲情况见图(2.11)(略)。

表 2.1

Z	$(-\infty,-\sqrt{3}d)$	$-\sqrt{3}d$	$(-\sqrt{3}d,-d)$	$-d$	$(-d,0)$	0
$f'(z)$	$-$		$-$	0	$+$	
$f''(z)$	$-$	0	$+$		$+$	0
$f(z)$ 图形	↘		↘		↗	

Z	$(0,d)$	d	$(d,\sqrt{3}d)$	$\sqrt{3}d$	$(\sqrt{3}d,\infty)$
$f'(z)$	$+$	0	$-$		$-$
$f''(z)$	$-$		$-$	0	$+$
$f(z)$ 图形	↗		↘		↘

2.34 解 若两根位错合并成一根位错的时候,其柏氏矢量是 $\boldsymbol{b}_3$,见习题图 2.7。

$b_3=b_1\cos\frac{\phi}{2}+b_2\cos\frac{\phi}{2}=2b_1\cos\frac{\phi}{2}$,合并后如果能量增高,则两根位错相互排斥;若合并后能量降低,则两根位错相互吸引。

合并后的能量

$$W_3=\frac{Gb_3^2}{4\pi}\ln\left(\frac{R}{r_0}\right)=\frac{G\left(2b_1\cos\frac{\phi}{2}\right)^2}{4\pi}\ln\left(\frac{R}{r_0}\right) \tag{1}$$

合并前的能量

$$W_1+W_2=2\cdot\frac{Gb_1^2\cos^2\frac{\phi}{2}}{4\pi}\ln\left(\frac{R}{r_0}\right)+2\cdot\frac{Gb_1^2\sin^2\frac{\phi}{2}}{4\pi(1-\nu)}\cdot\ln\left(\frac{R}{r_0}\right)=$$

$$\frac{Gb_1^2}{2\pi}\ln\frac{R}{r_0}\left(\cos^2\frac{\phi}{2}+\frac{1-\cos^2\frac{\phi}{2}}{1-\nu}\right) \tag{2}$$

令 $W_3 = W_1 + W_2$，则由(1)、(2) 可以得到

$$2\cos^2\frac{\phi}{2} = \cos^2\frac{\phi}{2} + \frac{1-\cos^2\frac{\phi}{2}}{1-\nu} \tag{3}$$

取 $\nu \approx 1/3$，由(3) 解出 $\cos^2\frac{\phi}{2} = \frac{3}{5}$，所以

$$\cos\frac{\phi}{2} \approx 0.774\,6, \phi \approx 78.5°$$

当 $\phi < 78.5°$，$W_1 + W_2 < W_3$，两个位错相互排斥；

当 $\phi > 78.5°$，$W_1 + W_2 > W_3$，两个位错相互吸引。

2.35 解 (1) 滑移系为$(11\bar{1})[1\bar{1}0]$的时候，能滑移的柏氏矢量是$\frac{a}{2}[1\bar{1}0]$。

(2) 取图(2.12) 所示的矩形位错环，位错线方向如图所示。刃型位错线 $\boldsymbol{t}$ 与柏氏矢量 $\boldsymbol{b}$ 垂直。对于 AB 段，以刃位错类型判断的右手法则，食指指向位错线方向，中指为柏氏矢量方向，大拇指方向是滑移面$(11\bar{1})$ 的外法线 $\boldsymbol{n}$ 的方向，故位错 AB 为正刃型位错，位错线方向 $\boldsymbol{t} = [112]$，CD 为负刃型位错，$\boldsymbol{t} = [\bar{1}\bar{1}\bar{2}]$。

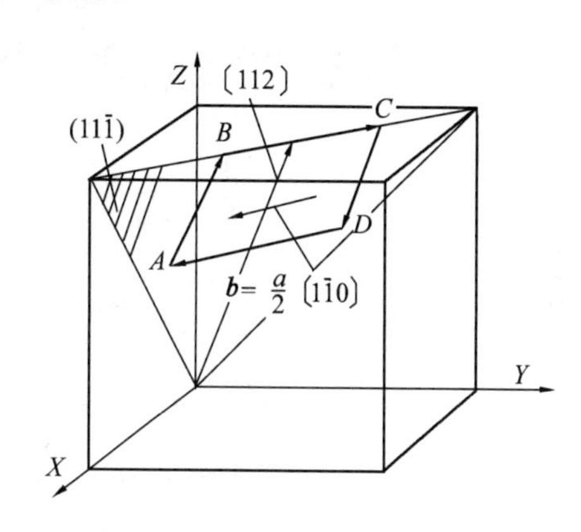

图(2.12)

(3) 对于螺位错，位错线与柏氏矢量平行，依同向为右、反向为左的原则，DA 段为右螺位错，位错线方向 $\boldsymbol{t} = [1\bar{1}0]$，$BC$ 段为左螺位错，位错线方向 $\boldsymbol{t} = [\bar{1}10]$。

(4) 对于刃、螺位错受力大小是相同的，若点阵常数为 a，则

$$f = \tau b = \frac{a}{\sqrt{2}}\tau = \frac{7\times 10^5}{\sqrt{2}}a = 4.95\times 10^5\, a \ (\text{N/m})$$

位错线受力的方向，可以由位错线受力后位错线的移动方向来决定。依右手法则，大拇指指向沿着柏氏矢量移动的晶体，食指为位错线方向，中指方向即为位错线移动方向。参考图(2.12)，正刃位错受力方向为$[1\bar{1}0]$，负刃位错受力方向为$[\bar{1}10]$。左螺位错受力方向$[112]$，右螺位错受力方向$[\bar{1}\bar{1}\bar{2}]$。

2.36 解 (1) 可以形成一个大的位错源。

(2) 要使大的位错源不断动作，所需要的临界切应力仍然与原位错源所需的切应力相同，此时大位错源才可以不断地放出大的位错环，如图(2.13)。此时临界切应力 $\tau_c = \frac{Gb}{x}$。

2.37 解 在满足 $\sum \boldsymbol{b}_{前} = \sum \boldsymbol{b}_{后}$ 的条件下，由汤普森记号可能存在的位错反应共有 24 种。

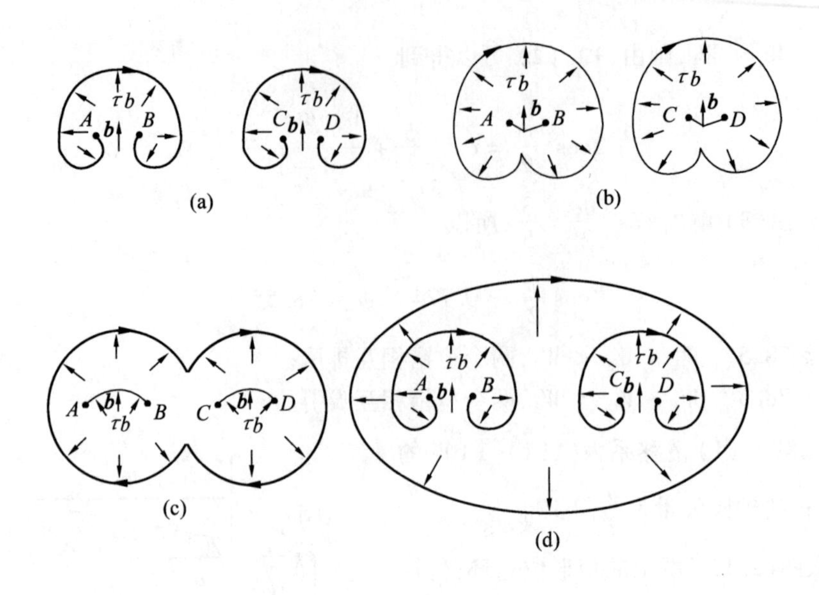

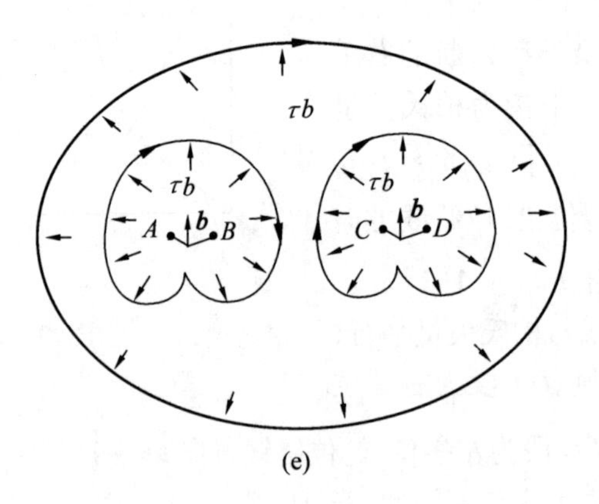

图(2.13)

(111) 面上：$\frac{1}{6}[\bar{1}2\bar{1}]+\frac{1}{6}[\bar{2}11]\rightarrow\frac{1}{2}[\bar{1}10]$

$\frac{1}{6}[\bar{1}\bar{1}2]+\frac{1}{6}[1\bar{2}1]\rightarrow\frac{1}{2}[0\bar{1}1]$

$\frac{1}{6}[\bar{1}\bar{1}2]+\frac{1}{6}[\bar{2}11]\rightarrow\frac{1}{2}[\bar{1}01]$

(11$\bar{1}$) 面上：$\frac{1}{6}[\bar{2}1\bar{1}]+\frac{1}{6}[\bar{1}21]\rightarrow\frac{1}{2}[\bar{1}10]$

$\frac{1}{6}[112]+\frac{1}{6}[2\bar{1}1]\rightarrow\frac{1}{2}[101]$

$\frac{1}{6}[112]+\frac{1}{6}[\bar{1}21]\rightarrow\frac{1}{2}[011]$

($\bar{1}$11) 面上：$\frac{1}{6}[\bar{1}\bar{2}1]+\frac{1}{6}[1\bar{1}2]\rightarrow\frac{1}{2}[0\bar{1}1]$

$$\frac{1}{6}[12\bar{1}]+\frac{1}{6}[211]\rightarrow\frac{1}{2}[110]$$

$$\frac{1}{6}[211]+\frac{1}{6}[1\bar{1}2]\rightarrow\frac{1}{2}[101]$$

$(1\bar{1}1)$ 面上：$\frac{1}{6}[\bar{2}\bar{1}1]+\frac{1}{6}[\bar{1}12]\rightarrow\frac{1}{2}[\bar{1}01]$

$$\frac{1}{6}[121]+\frac{1}{6}[21\bar{1}]\rightarrow\frac{1}{2}[110]$$

$$\frac{1}{6}[121]+\frac{1}{6}[\bar{1}12]\rightarrow\frac{1}{2}[011]$$

该 12 个反应不满足能量条件，不能自发进行，例如

$$\sum b_{前}^{2}=\frac{1}{36}(1^{2}+2^{2}+1^{2})+\frac{1}{36}(2^{2}+1^{2}+1^{2})=\frac{1}{3}<\sum b_{后}^{2}=\frac{1}{4}(1^{2}+1^{2})=\frac{1}{2}$$

不同(111) 面上的肖克莱不全位错可以反应生成$\frac{1}{6}[110]$ 压杆位错，由汤普森记号可生成$\boldsymbol{\beta\gamma},\boldsymbol{\gamma\delta},\boldsymbol{\beta\delta},\boldsymbol{\alpha\beta},\boldsymbol{\alpha\gamma},\boldsymbol{\alpha\delta}$ 共六个压杆位错的柏氏矢量，共有 12 个位错反应。该反应满足能量条件，例如

$$\sum b_{前}^{2}=\frac{1}{36}(1^{2}+2^{2}+1^{2})\times 2=\frac{1}{3}>\sum b_{后}^{2}=\frac{1}{36}(1+1)=\frac{1}{18}$$

故反应可以自发进行，其位错反应为

$$\frac{1}{6}[21\bar{1}]+\frac{1}{6}[\bar{1}\bar{2}1]\rightarrow\frac{1}{6}[1\bar{1}0]$$

$$\frac{1}{6}[\bar{1}\bar{2}\bar{1}]+\frac{1}{6}[211]\rightarrow\frac{1}{6}[1\bar{1}0]$$

$$\frac{1}{6}[12\bar{1}]+\frac{1}{6}[\bar{1}\bar{1}2]\rightarrow\frac{1}{6}[011]$$

$$\frac{1}{6}[\bar{1}2\bar{1}]+\frac{1}{6}[1\bar{1}2]\rightarrow\frac{1}{6}[011]$$

$$\frac{1}{6}[\bar{1}12]+\frac{1}{6}[2\bar{1}\bar{1}]\rightarrow\frac{1}{6}[101]$$

$$\frac{1}{6}[21\bar{1}]+\frac{1}{6}[\bar{1}\bar{1}2]\rightarrow\frac{1}{6}[101]$$

$$\frac{1}{6}[\bar{1}21]+\frac{1}{6}[1\bar{1}\bar{2}]\rightarrow\frac{1}{6}[01\bar{1}]$$

$$\frac{1}{6}[\bar{1}\bar{1}\bar{2}]+\frac{1}{6}[121]\rightarrow\frac{1}{6}[01\bar{1}]$$

$$\frac{1}{6}[2\bar{1}1]+\frac{1}{6}[\bar{1}1\bar{2}]\rightarrow\frac{1}{6}[10\bar{1}]$$

$$\frac{1}{6}[\bar{1}\bar{1}\bar{2}]+\frac{1}{6}[211]\rightarrow\frac{1}{6}[10\bar{1}]$$

$$\frac{1}{6}[\bar{1}21]+\frac{1}{6}[2\bar{1}\bar{1}]\rightarrow\frac{1}{6}[110]$$

$$\frac{1}{6}[2\bar{1}1]+\frac{1}{6}[\bar{1}2\bar{1}]\rightarrow\frac{1}{6}[110]$$

第3章　纯金属的凝固

3.1　解　(略)

3.2　解　根据自由能与晶胚半径的变化关系,可以知道半径 $r < r_c$ 的晶胚不能成核;$r > r_c$ 的晶胚才有可能成核;而 $r = r_c$ 的晶胚既可能消失,也可能稳定长大。因此,半径为 r_c 的晶胚称为临界晶核。其物理意义是,过冷液体中涌现出来的短程有序的原子团,当其尺寸 $r \geqslant r_c$ 时,这样的原子团便可成为晶核而长大。

临界晶核半径 r_c,其大小与过冷度有关

$$r_c = \frac{2\sigma T_m}{L_m}\frac{1}{\Delta T}$$

3.3　解　实际结晶温度与理论结晶温度之间的温度差,称为过冷度($\Delta T = T_m - T_n$)。它是相变热力学条件所要求的,只有 $\Delta T > 0$ 时,才能造成固相的自由能低于液相自由能的条件,液、固相间的自由能差便是结晶的驱动力。

过冷液体中,能够形成等于临界晶核半径的晶胚时的过冷度,称为临界过冷度(ΔT^*)。显然,当实际过冷度 $\Delta T < \Delta T^*$ 时,过冷液体中最大的晶胚尺寸也小于临界晶核半径,故难于成核;只有当 $\Delta T > \Delta T^*$ 时,才能均匀形核。所以,临界过冷度是形核时所要求的。

晶核长大时,要求液/固界面前沿液体中有一定的过冷,才能满足 $(\mathrm{d}N/\mathrm{d}t)_F > (\mathrm{d}N/\mathrm{d}t)_M$,这种过冷称为动态过冷度($\Delta T_c = T_m - T_i$),它是晶体长大的必要条件。

3.4　解　分析结晶相变时系统自由能的变化可知,结晶的热力学条件为 $\Delta G < 0$;由单位体积自由能的变化,$\Delta G_V = -\frac{L_m \Delta T}{T_m}$ 可知,只有 $\Delta T > 0$,才有 $\Delta G_V < 0$。即只有过冷,才能使 $\Delta G_V < 0$。动力学条件为液相的过冷度大于形核所需的临界过冷度,即 $\Delta T > \Delta T^*$。

由临界晶核形成功 $\Delta G_C = \frac{1}{3}\sigma A$ 可知,当形成一个临界晶核时,还有1/3的表面能必须由液体中的能量起伏来提供。

液体中存在的结构起伏,是结晶时产生晶核的基础,因此,结构起伏是结晶过程必须具备的结构条件。

3.5　证明　因为临界晶核半径 $r_c = -\frac{2\sigma}{\Delta G_V}$

临界晶核形成功　$\Delta G_c = \frac{16\pi}{3}\frac{\sigma^3}{(\Delta G_V)^2}$

故临界晶核的体积　$V_c = \frac{4}{3}\pi r_c^3 = \frac{2\Delta G_c}{\Delta G_V}$

所以 $$\Delta G_c = \frac{1}{2} V_C \Delta G_V$$

3.6 解 $\Delta H = \int C_p \mathrm{d}T$

即 $$13\ 290 = \int_T^{1\ 356} (22.6 + 6.27 \times 10^{-3} T) \mathrm{d}T =$$

$$(22.6 \times 1\ 356 - 22.6T) + \frac{1}{2}(6.27 \times 10^{-3} \times (1\ 356)^2 -$$

$$6.27 \times 10^{-3} T^2) = 30\ 645.6 - 22.6T +$$

$$5\ 764.4 - 3.135 \times 10^{-3} T^2$$

整理后得 $$3.135 \times 10^{-3} T^2 + 22.6T - 23\ 120 = 0$$

解方程后得 $$T \approx 908\ (\mathrm{K})$$

$$\Delta T = 1\ 356 - 908 = 448\ (\mathrm{K})$$

在一般情况下,纯金属发生均匀形核的最大过冷度约为 $0.2T_m$(K),铜约为 271 K,故在实际条件下不可能达到上述计算所得的过冷度。

3.7 解 (1) 临界晶核尺寸 $r^* = \frac{2\sigma T_m}{L_m \Delta T}$,因为 $\Delta T = T_m - T$ 是正值,所以 r^* 为正,将过冷度 $\Delta T = 1$ ℃ 代入,得

$$r^* = \frac{2 \times 93 \times 10^{-3} \times 933}{1.836 \times 10^9 \times 1} = 9.45 \times 10^{-8}(\mathrm{m}) = 94.5\ (\mathrm{nm})$$

(2) 半径为 r^* 的球状晶核中原子的个数

$$N_{r^*} = \frac{4}{3}\pi r^{*3} \times \frac{1}{V_0} = \frac{\frac{4}{3}\pi \times (94.5 \times 10^{-9})^3}{1.66 \times 10^{-29}} = 2.12 \times 10^8(\text{个})$$

(3) $\Delta G_V = \frac{-L_m \Delta T}{T_m} = \frac{1.836 \times 10^9 \times 1}{933} = -1.97 \times 10^6(\mathrm{J/m^3})$

(4) 处于临界尺寸 r^* 晶核的自由能 ΔG_{r^*}

$$\Delta G_{r^*} = \frac{16\pi a^3}{3(\Delta G_V)^2} = \frac{16\pi(93 \times 10^{-3})^3}{3(-1.97 \times 10^6)^2} = 3.47 \times 10^{-15}(\mathrm{J})$$

3.8 证明 设晶胚的原子个数为 n,体系自由能的变化为

$$\Delta G = n\Delta G_n + \xi n^{2/3}\sigma$$

当晶胚能作为长大的晶核时,必有

$$\frac{\partial \Delta G}{\partial n} = 0$$

即 $$\Delta G_n + \frac{2}{3}\xi n^{-1/3}\sigma = 0$$

所以 $$n^* = \left(\frac{-2\xi\sigma}{3\Delta G_n}\right)^3$$

把 n^* 代入后得

$$\Delta G_c = \left(\frac{-2\xi\sigma}{3\Delta G_n}\right)^3 \Delta G_n + \xi\sigma\left[\left(\frac{-2\xi\sigma}{3\Delta G_n}\right)^3\right]^{2/3} = \frac{4}{27}\frac{\xi^3\sigma^3}{\Delta G_n^2}$$

3.9 解 (1)$r^* = -\frac{2\sigma}{\Delta G_V} = \frac{2\sigma T_m V_s}{L_m \Delta T}$

$$\sigma = \frac{r^* \cdot L_m \cdot \Delta T}{2T_m V_s} = \frac{1 \times 10^{-7} \times 18\,075 \times 319}{2 \times 1\,726 \times 6.6} = 2.53 \times 10^{-5}(\text{J/cm}^2)$$

$$\Delta G^* = \frac{16\pi\sigma^3 T_m^2 V_s^2}{L_m^2 \Delta T^2} = \frac{16 \times 3.14 \times (2.53 \times 10^{-5})^3 \times 1\,726^2 \times 6.6^2}{3 \times 18\,075^2 \times 319^2} = 1.06 \times 10^{-18}(\text{J})$$

(2) 要在1 726 K发生均匀形核,就必须有319 ℃的过冷度,为此必须增加压力,才能使纯镍的凝固温度从1 726 K提高到2 045 K

$$\frac{dP}{dT} = \frac{L_m}{T\Delta V}$$

对上式积分

$$\int_{1.013\times10^5}^{P} dP = \int_{1\,726}^{2\,045} \frac{L_m}{T\Delta V} dT$$

$$P - 1.013 \times 10^5 = \frac{L_m}{\Delta V}\ln\frac{2\,045}{1\,726} = \frac{18\,075}{0.26} \times 9.8 \times 10^5 \times \ln\frac{2\,045}{1\,726} = 115\,540 \times 10^5(\text{Pa})$$

即$P = 115\,540 \times 10^5 + 1.013 \times 10^5 = 115\,541 \times 10^5$ Pa时,才能在2 045 K发生均匀形核。

3.10 解 $r^* = -\frac{2\sigma}{\Delta G_V}$,得球形核胚的临界形核功为

$$\Delta G_b^* = -\frac{4}{3}\pi\left(\frac{2\sigma}{\Delta G_V}\right)^3 \Delta G_V + 4\pi\left(\frac{2\sigma}{\Delta G_V}\right)^2 \sigma = \frac{16\pi\sigma^3}{3\Delta G_V^2}$$

边长为a的立方晶核的临界形核功为

$$\Delta G_t^* = \left(-\frac{2\sigma}{\Delta G_V}\right)^3 \Delta G_V + 6\left(-\frac{2\sigma}{\Delta G_V}\right)^2 \sigma = \frac{32\sigma^3}{\Delta G_V^2}$$

将两式相比可得

$$\frac{\Delta G_b^*}{\Delta G_t^*} = \frac{\frac{16\pi\sigma^3}{3\Delta G_V^2}}{\frac{32\sigma^3}{\Delta G_V^2}} = \frac{\pi}{6} \approx \frac{1}{2}$$

可见形成球形晶核的临界形核功仅为形成立方晶核的$\frac{1}{2}$。

3.11 解 纯金属生长形态是指晶体长大时界面的形貌。界面形貌取决于界面前沿液体中的温度分布。

(1) 平面状界面。当液体具有正温度梯度时,晶体以平界面方式推移长大。此时,界面上任何偶然的、小的凸起伸入液体时,都会使其过冷度减小,长大速率降低或停止长大,而被周围部分赶上,因而能保持平界面的推移。长大中晶体沿平行温度梯度的方向生长,或沿散热的反方向生长,而其他方向的生长则受到抑制。

(2) 树枝状界面。当液体具有负温度梯度时,在界面上若形成偶然的凸起伸入前沿液体时,由于前方液体有更大的过冷度,有利于晶体长大和凝固潜热的散失,从而形成枝晶的一次轴。一个枝晶的形成,其潜热使邻近液体温度升高,过冷度降低,因此,类似的枝

晶只在相邻一定间距的界面上形成,相互平行分布。在一次枝晶处的温度比枝晶间温度要高,如图(3.1)(a) 中所示的 bb 断面上 $T_A > T_B$,这种负温度梯度使一次轴上又长出二次轴分枝,如图(3.1)(b) 所示。同样,还会产生多次分枝的枝晶生长的最后阶段,由于凝固潜热放出,使枝晶周围的液体温度升高至熔点以上,液体中出现正温度梯度,此时晶体长大依靠平界面方式推进,直至枝晶间隙全部被填满为止。

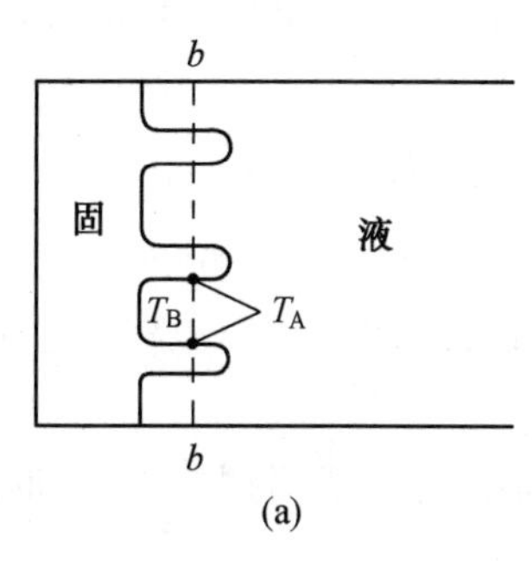

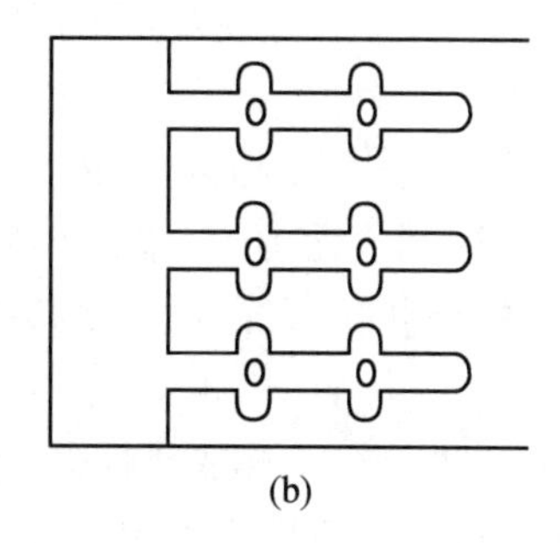

图(3.1)　晶体的树枝状长大

3.12　解　在相同的负温度梯度下,因为 Pb 是具有粗糙界面的金属元素。故以连续的垂直于液固界面方向长成树枝晶体。而 Si 为具有光滑界面的非金属元素,Si 以不连续的侧向生长成界面平整的晶体。

3.13　解　因为在习题图(3.1) 中的放大倍数不是 ×100,我们不能直接计算 0.064 5 mm^2 的试片面积来确定 N,然而,可以计算全部面积内晶粒的数目,并修正放大倍数。

G.S.# 的确定:

在$(59\ \text{mm}/250)^2$ 之面积内共有大约 17 个晶粒(参考说明),则

$$\frac{17}{(59\text{mm}/250)^2} = \frac{N}{0.064\ 5\ \text{mm}^2}$$

$$N \approx 20 \approx 2^{n-1}$$

所以

$$n = 5^{\#}$$

说明:某块面积内的晶数数目应包括 ① 完全位于此面积内的晶粒;② 位于边缘上的晶粒数的一半(因为这些位于边缘的晶粒应为邻接面积分享);③ 具有 4 个角落入该计算面积的晶粒数的 1/4。

3.14　解　固态金属熔化时不一定出现过热。如熔化时,液相若与气相接触,当有少量液体金属在固相表面形成时,就会很快覆盖在整个表面(因为液体金属总是润湿同一种固体金属),由图(3.2) 表面张力平衡可知

图(3.2)　熔化时表面能之间的关系

$$\gamma_{LV}\cos\theta + \gamma_{SL} = \gamma_{SV}$$

而实验指出

$$(\gamma_{LV} + \gamma_{SL}) < \gamma_{SV}$$

说明在熔化时,自由能的变化ΔG(表面) < 0,即不存在表面能障碍,也就不必过热。实际金属多属于这种情况。如果固体金属熔化时液相不与气相接触,则有可能使固体金属过热,然而,这在实际上是难以做到的。

3.15　解　晶体长大机制是指晶体微观长大方式,它与液/固界面结构有关。

具有粗糙界面的物质,因界面上约有50%的原子位置空着,这些空位都可接受原子,故液体原子可以单个进入空位,与晶体相连接,界面沿其法线方向垂直推移,呈连续式长大。

具有光滑界面的晶体长大,不是单个原子的附着,而是以均匀形核的方式,在晶体学小平面界面上形成一个原子层厚的二维晶核与原界面间形成台阶,单个原子可以在台阶上填充,使二维晶核侧向长大,当该层填满后,则在新的界面上形成新的二维晶核,继续填满,如此反复进行。

若晶体的光滑界面存在有螺型位错的露头,则该界面成为螺旋面,并形成永不消失的台阶,原子附着到台阶上使晶体长大。

3.16　解　形成单晶体的基本条件是使液体金属结晶时只产生一个核心(或只有一个核心能够长大)并长大成单晶体。

3.17　解　在铸锭组织中,一般有3层晶区。

(1) 最外层为细小等晶区。其形成是由于模壁的温度较低,液体的过冷度较大,因而形核率较高所致。

(2) 中间为柱状晶区。其形成主要是模壁的温度升高,晶核的成长率大于晶核的形成率,且沿垂直于模壁方向的散热较为有利。在细晶区中取向有利的晶粒优先生长为柱状晶。

(3) 中心为等轴晶区。其形成是由于模壁温度进一步升高,液体过冷度进一步降低,剩余液体的散热方向性已不明显,处于均匀冷却状态;同时,未熔杂质、破断枝晶等易集中于剩余液体中,这些都促使等轴晶的形成。

应该指出,铸锭的组织并不是都具有3层晶区。由于凝固条件的不同,也会形成在铸锭中只有某一种晶区,或只有某两种晶区。

3.18　解　由凝固理论可知,结晶时单位体积中的晶粒数目z取决于形核率N和晶体长大速率V_g两个因素,即$z \propto N/V_g$。基本途径:

(1) 增加过冷度ΔT。ΔT增加,N和V_g都随之增加,但是N的增长率大于V_g的增长率。因而,N/V_g的值增加,即z增多。

(2) 加入形核剂,即变质处理。加入形核剂后,可以促使过冷液体发生非均匀形核。它不但使非均匀形核所需要的基底增多,而且使临界晶核体积减小,这都将使晶核数目增加,从而细化晶粒。

(3) 振动结晶。振动,一方面提供了形核所需要的能量,另一方面可以使正在生长的晶体破断,可增加更多的结晶核心,从而使晶粒细化。

3.19　解　金属玻璃是通过超快速冷却的方法,抑制液-固结晶过程,获得性能异常的非晶态结构。

玻璃是过冷的液体。这种液体的黏度大,原子迁移性小,因而难于结晶,如高分子材料(硅酸盐、塑料等)在一般的冷却条件下,便可获得玻璃态。金属则不然。由于液态金属的黏度低,冷到液相线以下便迅速结晶,因而需要很大的冷却速度(估计 $>10^{10}$ ℃/s)才能获得玻璃态。为了在较低的冷速下获得金属玻璃,就应增加液态的稳定性,使其能在较宽的温度范围存在。实验证明,当液相线很陡从而有较低共晶温度时,就能增加液态的稳定性,故选用这样的二元系(如 Fe - B,Fe - C,Fe - P,Fe - Si 等)。为了改善性能,可以加入一些其他元素(如 Ni,Mo,Cr,Co 等)。这类金属玻璃可以在 $10^5 \sim 10^6$ ℃/s 的冷速下获得。

3.20 解 (1)……,在冷却曲线上出现的实际结晶温度与熔点之差;……,液/固界面前沿液体中的温度与熔点之差。

(2)……,使体系自由能减小,……

(3)在过冷液体中,液态金属中出现的……

(4)在一定过冷度($>\Delta T^*$)下,……

(5)……,就是体系自由能的减少能够补偿 2/3 表面自由能……

(6)……,……,即便是有足够的能量起伏提供,还是不能成核。

(7)测定某纯金属均匀形核时的有效过冷度,……

(8)……,那么总的形核率$N = N_2$。

(9)……,则结晶后就可能形成数万颗晶粒。

(10)……,非均匀形核的形核功最小。

(11)……,则只要在工艺上采取对厚处加快冷却(如加冷铁)就可以满足。

(12)……,因为前者是以外加质点为基底,形核功小,……

(13)……,主要寻找那些熔点高,且……

(14)……,若液/固界面呈粗糙型,则其液相原子……

(15)只有在负温度梯度条件下,常用纯金属……

(16)……结晶终了时的组织形态不同,前者呈树枝晶(枝间是水),后者呈一个个(块状)晶粒。

(17)……生长过程,但可以通过实验方法,如把正在结晶的金属剩余液体倒掉、或者整体淬火等进行观察,所以关于树枝状生长形态不是一种推理。

(18)……,其生长形态不会发生改变。

(19)……,其界面是粗糙型的。

(20)……,……,称为粗糙界面结构;……称为平滑界面结构。

(21)……,……,还与液/固界面的结构有关($\alpha = \xi \dfrac{\Delta S_m}{k}$),即与该金属的熔化熵有关。

(22)……,……,但金属的过冷能力小,故不会超过某一极大值……

(23)……,……动态过冷度比形核所需要的临界过冷度小。

第4章　二元相图

4.1　解　(略)

4.2　解　(1) 在合金成分线与液相线相交点作水平线,此水平线与固相线的交点处合金的成分即为刚开始凝固出来的固体成分 $w_B = 85\%$。

(2) 在 $w_B = 0.60$ 处的垂直线与 α 固相线交点处作水平线,此水平线与 L 液相线的交点处的成分即为合金成分 $w_B \approx 15\%$。

(3) 原理同上,液体成分 $w_B \approx 20\%$。

(4) 利用杠杆定律,液相的相对量为

$$L\% = \frac{80 - 50}{80 - 40} \times 100\% = 75\%$$

固相的相对量为　　$\alpha\% = 1 - 75\% = 25\%$

4.3　解　根据已知条件,由杠杆定律得先共晶相的质量分数为

$$w_{\alpha_{先}} = \frac{0.235 - w_B^{c_1}}{0.235}$$

$$w_{Mg_2Ni_{先}} = \frac{w_B^{c_2} - 0.235}{0.546 - 0.235}$$

由题意知,$\alpha_{先}\% = Mg_2Ni_{先}\%$,由上述两式得

$$w_B^{c_2} = 0.546 - 1.323\, w_B^{c_1} \tag{1}$$

令 c_1 中 α 总量为 $\alpha^1_{总}$,则　　$\alpha^1_{总} = \dfrac{0.546 - w_B^{c_1}}{0.546}$

令 c_2 中 α 总量为 $\alpha^2_{总}$,则　　$\alpha^2_{总} = \dfrac{0.546 - w_B^{c_2}}{0.546}$

由题意　　$\alpha^1_{总} = 2.5\, \alpha^2_{总}$

即
$$\frac{0.546 - w_B^{c_1}}{0.546} = \frac{0.546 - w_B^{c_2}}{0.546} \times 2.5 \tag{2}$$

将式(1) 代入式(2) 可求得

c_1 合金成分为　　87.3% Mg - 12.7% Ni;

c_2 合金成分为　　62.2% Mg - 37.8% Ni。

4.4　解　(1) 作相图,如图(4.1) 所示

$$A\text{原子数} = \frac{(100 - 63)}{28} \times 6.02 \times 10^{23}$$

$$B\text{原子数} = \frac{63}{24} \times 6.02 \times 10^{23}$$

$$\frac{A\text{原子数}}{B\text{原子数}} = \frac{37 \times 24}{28 \times 63} = 0.5$$

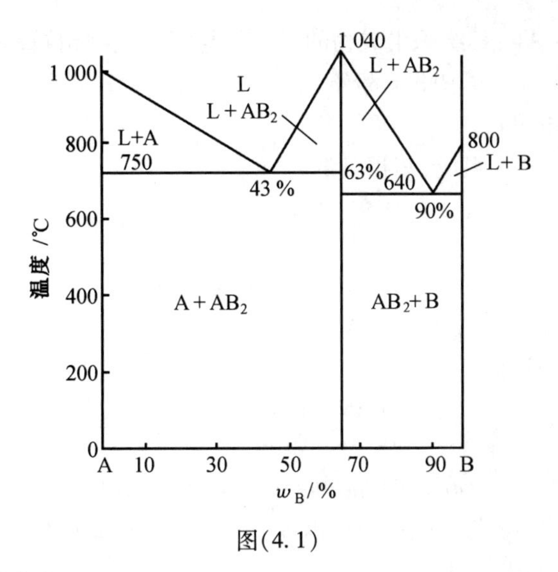

图(4.1)

得中间化合物的分子式为 AB_2。

(2) 由杠杆定律得

$$A = \frac{43 - 20}{43} \times 100 = 53.3\ \text{kg}(\text{纯 A})$$

4.5 解 按已知条件,A – B 合金相图如图(4.2)所示(各相区均用组织组成物标注)。

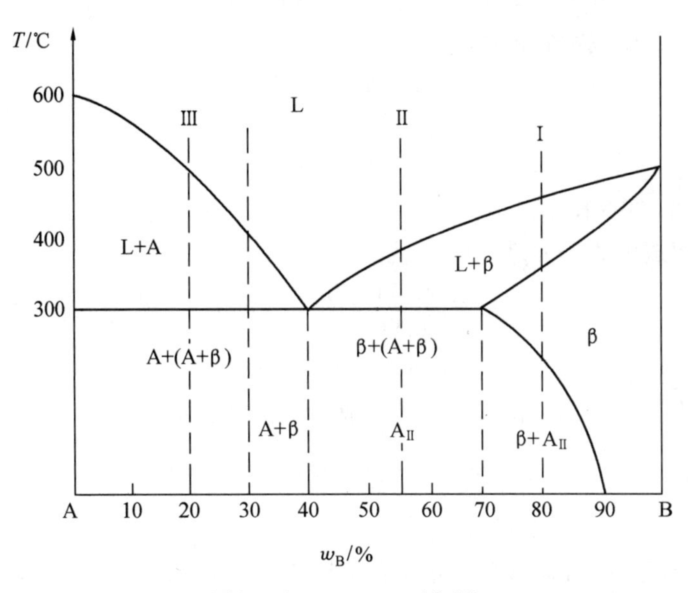

图(4.2) A – B 二元相图

Ⅰ 合金(A – 80% B):

室温下由 β 与 A 两相组成,其相对量为

$$\beta\% = \frac{0.8 - 0}{0.9 - 0} \times 100\% = 89\%$$

$$A\% = 1 - \beta\% = 11\%$$

室温下的组织为β + $A_{Ⅱ}$，其组织组成物的相对量与相组成物相同，即

$$\beta\% = 89\%, \qquad A_{Ⅱ}\% = 11\%$$

Ⅱ 合金(A - 55% B)：

室温下由 A 与 β 两相组成，其相对量为

$$A\% = \frac{0.9 - 0.55}{0.9} \times 100\% = 39\%$$

$$\beta\% = 1 - A\% = 61\%$$

室温下的组织为$\beta_{初} + (A + \beta)_{共晶} + A_{Ⅱ}$。

在共晶反应刚完成时

$$\beta_{初}\% = \frac{0.55 - 0.40}{0.70 - 0.40} \times 100\% = 50\%$$

$$(A + \beta)_{共晶}\% = 1 - \beta_{初}\% = 50\%$$

冷至室温时，将由$\beta_{初}$与共晶β中析出$A_{Ⅱ}$，但由于共晶β中析出的$A_{Ⅱ}$与共晶A连接在一起，不可分辨，故略去不计。

由$\beta_{初}$中析出$A_{Ⅱ}$的相对量为

$$A_{Ⅱ}\% = \frac{0.90 - 0.70}{0.90} \times 50\% = 11\%$$

所以，室温下$\beta_{初}$的相对量为

$$\beta_{初}\% = \beta_{初}\% - A_{Ⅱ}\% = 50\% - 11\% = 39\%$$

该合金室温下组织组成物的相对量为

$$\beta_{初}\% = 39\%$$

$$(A + B)_{共}\% = 50\%$$

$$A_{Ⅱ}\% = 11\%$$

Ⅲ 合金(A - 20% B)：

室温下相组成为 A 与β，其相对量为

$$A\% = \frac{0.90 - 0.20}{0.90} \times 100\% = 78\%$$

$$\beta\% = 1 - A\% = 22\%$$

室温时的组织为$A_{初} + (A + \beta)_{共晶}$，组织组成物的相对量为

$$A_{初}\% = \frac{0.40 - 0.20}{0.40} \times 100\% = 50\%$$

$$(A + \beta)_{共}\% = 1 - A_{初}\% = 50\%$$

4.6　解　(1) 由习题图4.2可直接得出，Al_2O_3 在液体中的质量分数为78%，在固体β中的固溶度为6%；

1 800 ℃ 时，β 相为3.5% Al_2O_3 - 96.5% ZrO_2；

α 相为98% Al_2O_3 - 2% ZrO_2。

(2) 利用杠杆定律可求得这种陶瓷的成分为75% Al_2O_3 - 25% ZrO_2。

4.7　解　由习题图4.4中(a)为共晶组织；(b)为过共晶组织；(c)为亚共晶组织。这是因为过共晶合金的初晶为Si，由于Al在Si中的固溶度(摩尔分数)极小，初始凝固的

晶体几乎为纯Si,因而不显示树枝晶偏析;Si的$\Delta S/R$较大,无论在正温度梯度或负温度梯度条件下都使晶体在宏观上具有平面状,即有较规则的外观,如习题图4.4(b)中的黑块状组织。

亚共晶合金的初始晶体为α固溶体,溶解了一定量的Si,凝固时固相有浓度变化。当冷速快、扩散不完全时,α固溶体呈树枝状晶体,在显微磨面上常呈椭圆形或不规则形状,如图4.4(c)中的大块白色组织。

可采用加入变质剂(钠剂)或增加冷却速率、震动等方法来细化此合金的铸态组织。

4.8 解 (1)参考习题图4.5(b)在不平衡凝固条件下,首先将形成树枝状的α晶体,随着凝固进行。当液体中溶质富集处达到包晶成分时,将产生包晶转变:$L+\alpha\rightarrow\beta$,从而在枝晶间形成β相;如果冷却不是特别快,可能断续冷却至586 ℃时发生共析反应:$\beta\rightarrow\alpha+\gamma$;甚至冷却至520 ℃时再次发生共析反应$\gamma\rightarrow\alpha+\delta$。因此,铸件的最后组织将是在枝晶间分布着$\beta$相,或者分布着$(\alpha+\gamma)$共析体,也可能为共析体$(\alpha+\delta)$。如果冷却速度比较快,可能抑制了包晶反应以及后续两个共析反应,室温金相组织为α固溶体。

(2)参考习题图4.5(a)Cu-30%Zn合金的凝固温度范围窄,不容易产生宽的成分过冷区,即以“壳状”方式凝固,液体的流动性好,易补缩,容易获得致密的铸件,铸件组织主要为平行排列的柱状晶。

Cu-10%Sn合金具有宽的凝固温度范围,容易形成宽的成分过冷区,即以“糊状”方式凝固,液体的流动性差,不易补缩,这是使铸件产生分散砂眼的主要原因,铸件的致密性差,铸件组织主要由树枝状柱状晶和中心等轴晶组成。

(3)参考习题图4.5(b)Cu-2%Sn合金为单相组织,塑性好,易于进行压力加工;Cu-11%Sn,Cu-15%Sn合金的铸态组织中含有硬而质脆的β,δ等中间相组织,不易塑性变形,适合用于铸造法来制造机件。

4.9 解 (1)合金的冷却曲线及凝固组织如图(4.3)所示,室温平衡组织

$$\alpha_{初}+(\alpha+\beta)_{共}+\beta_{\text{II}}$$

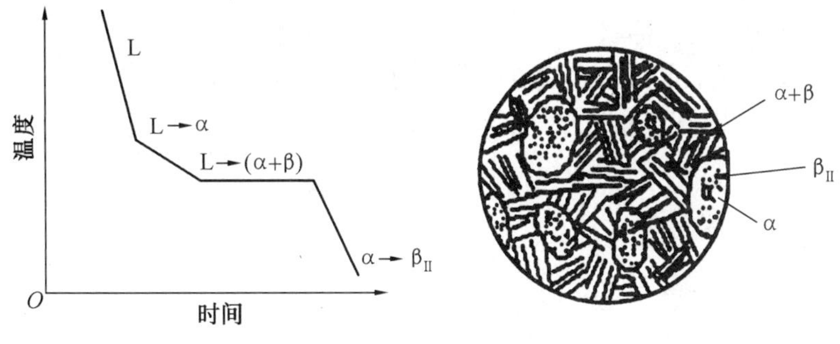

图(4.3)

(2)合金发生共晶反应后的组织组成物为$\alpha_{初}$和$(\alpha+\beta)_{共}$,各自的相对量为

$$\alpha_{初}\%=\frac{61.9-50}{61.9-19}\times100\%\approx28\%$$

$$(\alpha+\beta)_{共}\%=1-\alpha_{初}\%=72\%$$

合金发生共晶反应后的相组成为α相和β相,各自的相对量为

$$\alpha\% = \frac{97.5 - 50}{97.5 - 19} \times 100\% = 60.5\%$$

$$\beta\% = 1 - \alpha\% = 39.5\%$$

(3)α 相的晶胞体积为

$$V_1 = a_{pb}^3 = 0.390^3 = 0.0593(nm^3)$$

每个晶胞中有 4 个原子,每个原子占据的体积为

$$V = \frac{0.0593}{4} = 0.01483\ (nm^3)$$

β 相的晶胞体积

$$V_2 = a_{sn}^2 c_{sn} = 0.5832^2 \times 0.318 = 0.10808\ (nm^3)$$

每个晶胞 4 个原子,每个原子占据的体积为

$$V = \frac{0.10808}{4} = 0.02702\ (nm^3)$$

在共晶组织中,两相各自所占的质量分数分别为

$$\alpha_{共}\% = \frac{97.5 - 61.9}{97.5 - 19} \times 100\% = 45.35\%$$

$$\beta_{共}\% = 1 - \alpha_{共}\% = 54.65\%$$

设共晶组织共有 100 g,其中 $\alpha = 45.35$ g,$\beta = 54.65$ g

α 的体积为 $$V_\alpha = \frac{45.35}{207} \times N_A \times 0.01483 = 0.00325 N_A$$

β 的体积为 $$V_\beta = \frac{54.65}{119} \times N_A \times 0.02702 = 0.01241 N_A$$

$$\frac{V_\alpha}{V_\alpha + V_\beta} = \frac{0.00325 N_A}{(0.00325 + 0.01241) N_A} = 20.75\%$$

即 α 相占共晶体总体积的 20.75%。由于 α 相所占体积分数小于 27.6%,在不考虑层片的界面能时,该共晶组织应为棒状。

4.10 解 设共晶线上两端点成分分别为 $w_B^\alpha = x, w_B^\beta = y$,共晶点的成分为 $w_B = z$,根据已知条件,有

$$73.3\% = \frac{z - 0.25}{z - x}$$

$$40\% = \frac{z - 0.50}{z - x}$$

$$50\% = \frac{y - 0.50}{y - x}$$

由上式分别解得 $x = 5\%$B, $y = 95\%$B, $z = 80\%$B。画出的相图如图(4.4) 所示。

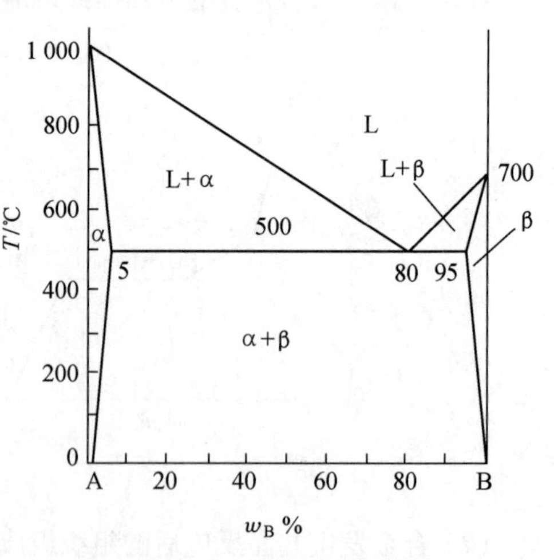

图(4.4) A－B 二元相图

4.11 解 (1),(2):Ⅰ 合金的冷却曲线如图(4.5) 所示,其结晶过程:

1 以上,合金处于液相;

1 ~ 2 时，L→α，L 和 α 的成分分别沿液相线和固相线变化，到达 2 时，全部凝固完毕；

2 时，为单相 α；

2 ~ 3 时，$\alpha \rightarrow \beta_{\mathrm{II}}$。

室温下，Ⅰ 合金由两个相组成，即 α 和 β 相，其相对量为

$$\alpha\% = \frac{0.90 - 0.20}{0.9 - 0.05} \times 100\% = 82\%$$

$$\beta\% = 1 - m_{\alpha} = 18\%$$

Ⅰ 合金的组织为 $\alpha + \beta_{\mathrm{II}}$，其相对量与相组成物相同。

Ⅱ 合金的冷却曲线如图(4.6) 所示，其结晶过程：

1 以上，处于均匀的液相 L；

1 ~ 2 时，进行匀晶转变 $L \rightarrow \beta_{初}$；

2 时，两相平衡共存，$L_{0.50} \rightleftharpoons \beta_{0.90}$；

2 ~ 2′ 时，剩余液相发生共晶反应

$$L_{0.50} \rightleftharpoons \alpha_{0.20} + \beta_{0.90}$$

2 ~ 3 时，发生脱溶转变，$\alpha \rightarrow \beta_{\mathrm{II}}$。

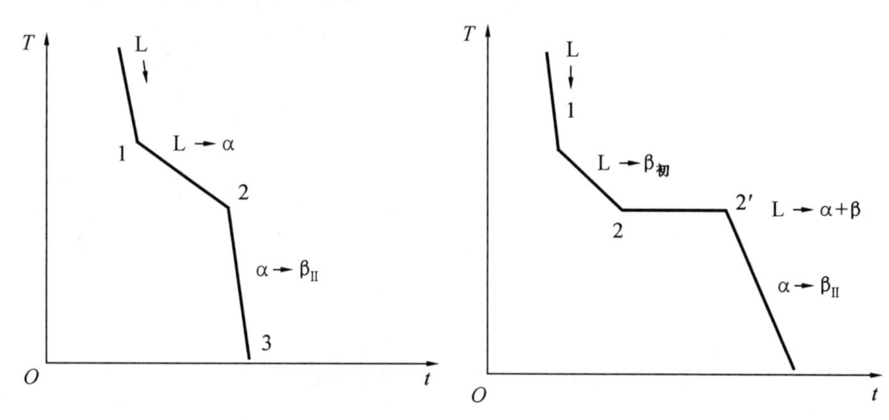

图(4.5)　Ⅰ 合金的冷却曲线　　　图(4.6)　Ⅱ 合金的冷却曲线

室温下，Ⅱ 合金由两个相组成，即 α 与 β 相，其相对量为

$$\alpha\% = \frac{0.90 - 0.80}{0.90 - 0.05} \times 100\% = 12\%$$

$$\beta\% = 1 - \alpha\% = 88\%$$

Ⅱ 合金的组织为：$\beta_{初} + (\alpha + \beta)_{共晶}$，组织组成物的相对量为

$$\beta_{初}\% = \frac{0.80 - 0.50}{0.90 - 0.50} \times 100\% = 75\%$$

$$(\alpha + \beta)_{共晶}\% = 1 - \beta_{初}\% = 25\%$$

(3) 设合金的成分为 $w_{\mathrm{B}} = x$，由题意知

$$\beta_{初}\% = \frac{x - 0.50}{0.90 - 0.50} \times 100\% = 5\%$$

所以 $x = 0.52$，即该合金成分为 $w_{\mathrm{B}} = 0.52$。

(4) 在快冷不平衡状态下结晶，Ⅰ 合金的组织中将不出现$\beta_{Ⅱ}$，而会出现少量非平衡共晶(即离异共晶)；Ⅱ 合金的组织中$\beta_{初}$将减少，且呈树枝状，而$(\alpha+\beta)_{共晶}$组织变细，相对量将增加。

4.12 解 (1) 高温区水平线为包晶线，包晶反应：$L_j+\delta_k \to \alpha_n$

中温区水平线为共晶线，共晶反应：$L_{d'} \to \alpha_g+\beta_h$；

(2) 各区域组织组成物如习题图 4.6 中所示；

(3) Ⅰ 合金的冷却曲线和结晶过程如图(4.7) 所示；

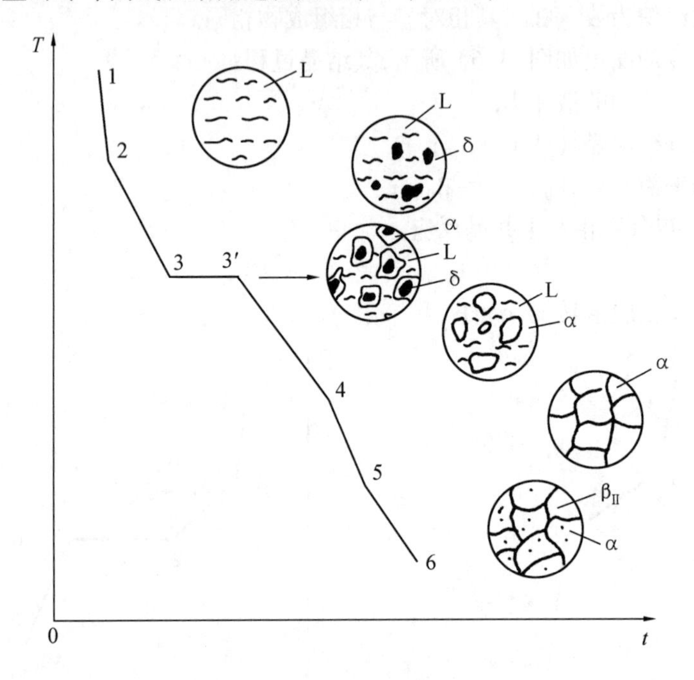

图(4.7) Ⅰ 合金的冷却曲线

1 ~ 2，均匀的液相 L

2 ~ 3，匀晶转变，$L \to \delta$，不断结晶出 δ 相

3 ~ 3′，发生包晶反应 $L+\delta \to \alpha$

3′ ~ 4，剩余液相继续结晶为 α，即 $L \to \alpha$

4，凝固完成，全部为 α

4 ~ 5，为单一 α 相，无变化

5 ~ 6，发生脱溶转变，$\alpha \to \beta_{Ⅱ}$，室温下的组织为 $\alpha+\beta_{Ⅱ}$

Ⅱ 合金的冷却曲线和结晶过程如图(4.8) 所示；

1 ~ 2，均匀的液相 L

2 ~ 3，结晶出 $\alpha_{初}$，随温度下降，α 相不断析出，液相不断减少

3 ~ 3′，剩余液相发生共晶转变 $L \to \alpha+\beta$

3′ ~ 4，$\alpha \to \beta_{Ⅱ}$，$\beta \to \alpha_{Ⅱ}$，室温下的组织为 $\alpha_{初}+(\alpha+\beta)_{共}+\beta_{Ⅱ}$

(4) 室温时，合金 Ⅰ、Ⅱ 组织组成物的相对量可由杠杆定律求得

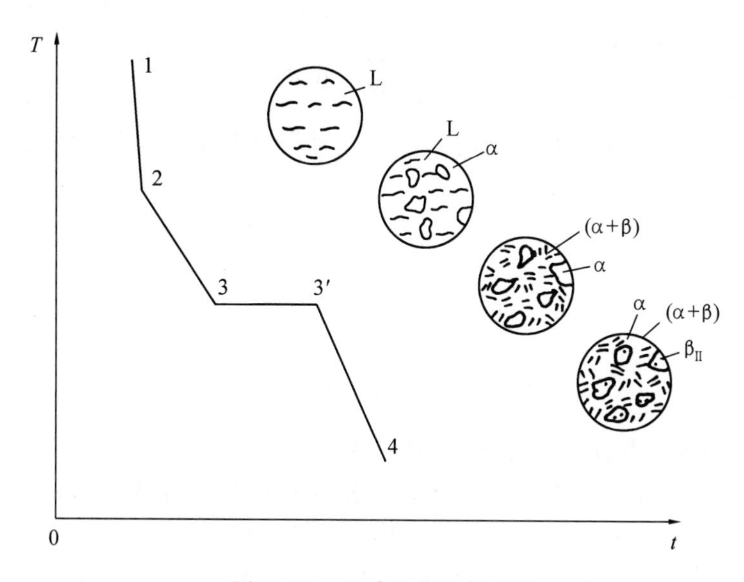

图(4.8)　Ⅱ 合金的冷却曲线

合金 Ⅰ　　$\alpha\% = \frac{ce}{be} \times 100\%$

$$\beta_{\text{II}}\% = \frac{bc}{be} \times 100\%$$

合金 Ⅱ　　$\alpha\% = \frac{d'i}{d'g} \times 100\% - \beta_{\text{II}}\%$

$$(\alpha + \beta)_{共}\% = \frac{ig}{d'g} \times 100\%$$

$$\beta_{\text{II}}\% = \frac{bg'}{be} \times \frac{d'i}{d'g} \times 100\%$$

4.13　解　由已知条件,β(Sb) 的相对量为 5%,则共晶体的相对量应为 95%。设合金成分为 $w_{\text{Sb}} = x$,则

$$\frac{x - 0.112}{1 - x} = \frac{5}{95}$$

所以　$x = 15.6\%$

即该合金成分为　$w_{\text{Sn}} = 15.6\%$

该合金室温下由 α(Pb) 与 β(Sb) 两相组成,其相的相对量为

$$\alpha\% = \frac{1 - 0.156}{1} \times 100\% \approx 84\%$$

$$\beta\% = 1 - \alpha\% = 16\%$$

所以该合金硬度为　$3 \times 84\% + 30 \times 16\% = 7(\text{HB})$

4.14　解　(1) 在不平衡凝固条件下,首先将形成树枝状的 α 晶体;随着凝固的进行,当液体中溶质富集处达到包晶成分时,将产生包晶转变:$L + \alpha \to \beta$,从而在枝晶间形成 β 相;继续冷却至 586 ℃ 时,发生共析反应:$\beta \to \alpha + \gamma$;冷却至 520 ℃ 时,再次发生共析反应:$\gamma \to \alpha + \delta$。因此,铸件的最后组织将是,在 α 相的枝晶间分布着块状 δ 或($\alpha + \delta$) 共析

组织。

(2) 由相图知 $$k_{10} = \frac{0.135}{0.255} = 0.53$$

试棒中固相浓度 $c_s < 0.135$ Sn 的部分，即为从液相直接凝固的 α 相。按正常凝固方程，则

$$0.135 = 0.53 \times 0.10 \times \left(1 - \frac{Z}{L}\right)^{0.53-1}$$

$$\ln\left(1 - \frac{Z}{L}\right) = -1.989$$

所以 $$\frac{Z}{L} = 0.864$$

即试棒全长的 86.4% 是从液相直接凝固的 α 相。

由相图可知，当固/液界面上 α 相的成分达到 $w_{Sn} = 0.135$ 时，液相成分为 $w_{Sn} = 0.255$。此时界面上应发生包晶反应，使固相成分突变为 $w_{Sn} = 0.22$，成为 β 相。包晶反应要能继续进行，则 Sn 原子从液相中必须通过 β 相进行扩散至 α 相，而 α 中的 Cu 原子则有相反的扩散过程。由于固相中的扩散难以进行，故包晶反应仅在 α 相的表层发生，生成物极少，其数量可以忽略不计。随后继续结晶时，应把 $w_{Sn} = 0.25$ 看做起始成分 c_0，这时从液相中直接结晶出 β 相。

液相中直接结晶出 γ 相的起点，正是液相中直接结晶出 β 相的终点，即固相 β 的成分达到 $w_{Sn} = 0.25$ 之点，这一位置可按正常凝固方程求得

$$k_{20} = \frac{0.25}{0.306} \approx 0.82$$

$$0.25 = 0.82 \times 0.255 \times \left(1 - \frac{Z}{L}\right)^{0.82-1}$$

所以 $$\frac{Z}{L} = 0.63$$

应该注意，这个位置是以 $\frac{Z}{L} = 0.864$ 处为 0（即起点）来计算的，故在合金圆棒中的实际位置是

$$0.864 + (1 - 0.864) \times 0.63 = 0.949$$

若试棒的末端以直接析出 γ 相而告终，则从液体中直接凝固为 γ 相的区域占试棒全长的百分数为 N_r，即

$$N_r = 100\% - 94.9\% = 5.1\%$$

4.15 解 既然颗粒间距为 5 nm，故 $(5\ \text{nm})^3$ 中约有一个 θ 颗粒；100 ℃ 时，基本上所有的 Cu 原子都分布在 θ 颗粒中。

(1) $\frac{1}{(5 \times 10^{-9}\ \text{m})^3} = 8 \times 10^{24}$ 个 $/\text{m}^3$

(2) 假定 Al－Cu 固溶体的晶格常数与纯铝相同则

$$(\text{Al 原子数} + \text{Cu 原子数})/\text{m}^3 = \frac{4}{a^3} = \frac{4}{[4 \times (0.143 \times 10^{-9}\text{m})/\sqrt{2}]^3} = 6 \times 10^{28}/\text{m}^3$$

Cu 原子数 /m^3 = $0.02 \times (6 \times 10^{28}/m^3) = 1.2 \times 10^{27}/m^3$

Cu 原子数 /θ 颗粒 $= \dfrac{1.2 \times 10^{27}/m^3}{8 \times 10^{24}/m^3} \approx 150/\theta$ 颗粒

4.16 解 Al – Cu 相图如图(4.9)所示,先求 620 ℃ 时熔液的成分与数量。在 620 ℃ 时的固体“没有机会参与反应”,所以,当液体冷却到 550 ℃,它就像是一单独的合金,并形成一对新的固体 – 液体对。于是问题就变成了在此第二代的固体 – 液体对中,液体的成分为多少?质量为多少?

在 620 ℃,由习题图 4.11 可知其平衡相的成分;

液体 L_1:0.88 Al – 0.12 Cu

固相 α:0.98 Al – 0.02 Cu

液体质量 $$W_{L_1} = 100 \times \frac{0.04 - 0.02}{0.12 - 0.02} = 20\ g$$

在 550 ℃ 时,只有 20 g 液体参与反应。

(1) 液体L_2:0.67Al – 0.33Cu;

α:0.944 Al – 0.056 Cu

(2) 液体质量:$W_{L_2} = 20 \times \dfrac{0.12 - 0.056}{0.33 - 0.056} \approx 4.7\ g$

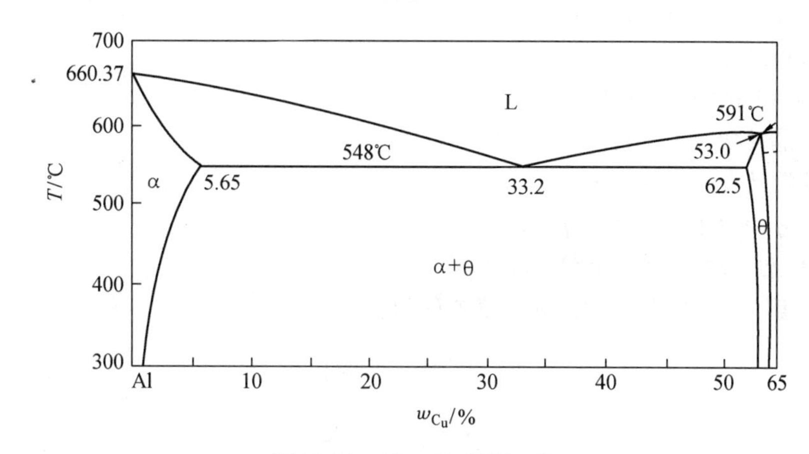

图(4.9) Al – Cu 相图一角

4.17 解 (1) 压力加工时,要求合金有良好的塑性变形能力,组织中不允许有过多的脆性第二相,所以要求铝合金中合金元素质量分数较低,一般不超过极限固溶度的成分。对 Al – Cu 合金,常选用 $w_{Cu} = 4\%$ 的合金。该成分合金加热后可处于完全单相 α 状态,塑性好,适于压力加工。

铸造合金要求其流动性好。合金的结晶温度范围愈宽,其流动性愈差。从相图上看,共晶成分的流动性最好,所以一般来说共晶成分的合金具有优良的铸造性能,适于铸造。但考虑到其他多方面因素,一般选用 $w_{Cu} = 10\%$ 的 Al – Cu 合金用于铸造。

(2) 要提高合金的强度,可采用以下方法。

① 固溶 + 时效处理 将 Al – Cu 合金($w_{Cu} < 5.6\%$)加热到单相 α 状态,然后快速冷却,获得过饱和的 α 固溶体,然后采用自然时效或重新加热到一定温度保温,便会析出

$CuAl_2$ 的过渡相 θ''，细小的 θ'' 与母相共格，从而提高合金的强度。

② 冷塑性变形　通过冷变形，产生加工硬化效应，从而提高合金的强度。

4.18　解　依据 Cu－Ag 相图可知

(1) 将 1 000 g 这种合金加热至 900 ℃ 以上时熔化，缓慢冷却至 850 ℃，倒去液态部分，剩下的固体 α_1 为 780 g，$w_{Cu} \approx 0.055 = 5.5\%$。

(2) 再加热(1)中的固体(α_1)至熔化，缓慢冷却至 900 ℃，倒去液体后剩固体 α_2，其质量为 390 g，$w_{Cu} \approx 0.03 = 3\%$。

(3) 再加热 α_2 至熔化，缓慢冷至 920 ℃，倒掉液体，仅剩 α_3，其质量为 260 g，$w_{Cu} \approx 0.02 = 2\%$。

(4) 再加热 α_3 至熔化，缓慢冷却至 935 ℃，倒掉液体，仅剩 α_4，其质量为 180 g，其 $w_{Cu} \approx 0.013 = 1.3\%$。

4.19　解　习题图 4.10 中的三相平衡如下：

(1) 包晶反应　$\alpha + L \rightarrow \beta$；

(2) 包晶反应　$\beta + L \rightarrow \gamma$；

(3) 包晶反应　$\gamma + L \rightarrow \delta$；

(4) 包晶反应　$\delta + L \rightarrow \varepsilon$；

(5) 包晶反应　$\varepsilon + L \rightarrow \eta$；

(6) 共析反应　$\delta \rightarrow \gamma + \varepsilon$。

$w_{Zn} = 0.40$ 的 Cu－Zn 合金：

(1) 匀晶转变　$L \rightarrow \beta$；

(2) 脱溶转变　$\beta \rightarrow \alpha_{II}$；

(3) 无序$\rightleftharpoons$有序转变　$\beta \rightarrow \beta'$。

室温下相组成物 α，β'；组织组成物 $\beta' + \alpha_{II}$。

4.20　解　设 C 在 γ 中的固溶度方程为

$$w_C^r = A\exp\left(-\frac{Q}{RT}\right)$$

两边取对数

$$\ln w_C^r = \ln A - \frac{Q}{RT}$$

由 Fe－Fe_3C 相图得

$$\ln 0.77 = \ln A - \frac{Q}{R \times 1\,000}$$

$$\ln 2.11 = \ln A - \frac{Q}{R \times 1\,421}$$

联立上述两式可得，$Q = 28$ (kJ/mol)，$A = 22.3$，故得

$$w_C^r = 22.3\exp\left(-\frac{28 \times 10^3}{RT}\right)$$

4.21　解　(1) 设该合金中 $w_C = x$，则由杠杆定律得

$$50\% = \frac{0.007\,7 - x}{0.007\,7}$$

所以 $x = w_C = 0.38\%$

(2) 其显微组织为 F + A;

(3) 全部奥氏体(A) 组织。

4.22 解 由于它们碳质量分数不同,使它们具有不同的特性。最显著的是硬度不同,前者硬度低,韧性好,后者硬度高,脆性大。若从这方面考虑,可以有多种方法,如 ① 用钢锉试锉,硬者为铸铁,易锉者应为低碳钢;② 用榔头敲砸,易破断者为铸铁,砸不断者为低碳钢,等等。

4.23 解 由碳质量分数对碳钢性能的影响可知,随着钢中碳质量分数的增加,钢中的渗碳体增多,硬度也随之升高,基本上呈直线上升。在 $w_C = 0.8\%$ 以前,强度也是呈直线上升的。在 $w_C = 0.8\%$ 时,组织全为珠光体,强度最高;但在 $w_C > 0.8\%$ 以后,随碳质量分数的继续增加,组织中将会出现网状渗碳体,致使强度很快下降;当 $w_C \geqslant 2.11\%$ 后,组织中出现共晶莱氏体,强度将很低。而塑性是随碳质量分数增加而单调下降的,在出现莱氏体后,塑性将几乎降为零。

所以,综上所述,T12 的硬度最高,45 钢的硬度最低;T12 的塑性最差,45 钢塑性最好;T8 钢均居中,而 T8 钢的强度最高。

4.24 解 组织中,P 相对质量分数为 10.6%,Fe_3C_{II} 相对质量分数为 3.10%,L'_d 相对质量分数为 86.3%。珠光体中,F 相对质量分数为 9.38%,$Fe_3C_{共析}$ 相对质量分数为 1.22%。

4.25 解 $w_C = 3.7\%$。

4.26 解 高碳钢。因为高碳钢强度高,能承受较大的冲击力而不致变形。相反地,低碳钢较软而易受力变形。

4.27 解 (1) α 相,γ 相。

(2) α:0.01% C − 99.99% Fe; γ:0.46% C − 99.54% Fe

(3) $\alpha = 58\%$,$\gamma = 42\%$

4.28 解 (1) $w_C = 2.11\%$ 时

$$Fe_3C_{II}\% = \frac{2.11 - 0.77}{6.69 - 0.77} = 22.6\%$$

由铁碳相图可知奥氏体的成分为 2.11%,可得到最大的 Fe_3C_{II} 析出量;$w_C = 4.30\%$ 时,共晶中奥氏体的量为

$$\gamma\% = \frac{6.69 - 4.30}{6.69 - 2.11} = 52.18\%$$

则共晶中奥氏体可析出 Fe_3C_{II} 的量为

$$Fe_3C_{II}\% = 0.5218 \times \frac{2.11 - 0.77}{6.69 - 0.77} = 11.8\%$$

或者先求 $w_C = 4.30\%$ 时,铁碳合金在共析反应前的渗碳体的总量为

$$Fe_3C\% = \frac{4.3 - 0.77}{6.69 - 0.77} = 60\%$$

然后从渗碳体总量中减去共晶中 Fe_3C 的量,即得 $Fe_3C_{II}\%$

$$Fe_3C_{II}\% = \frac{4.3 - 0.77}{6.69 - 0.77} - \frac{4.3 - 2.11}{6.69 - 2.11} = 11.8\%$$

(2)$w_C = 4.30\%$ 的冷却曲线如图(4.10)。

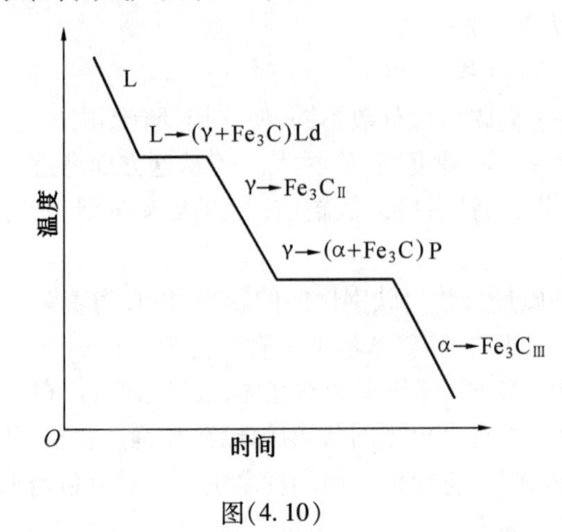

图(4.10)

4.29 解 (1)与平衡态比较,高温时包晶反应不完全,将有 δ 相保留下来;共析转变时,片层厚度减小,组织细化;室温下的组织中,P 的相对量略有增多,F 的相对量略有减少。

(2)不同点:铸态下结晶时①有共晶(或离异共晶)组织出现;②$Fe_3C_{Ⅱ}$ 减少,甚至不能析出;③P 组织变细。

(3)由相图与性能的关系可知,以固溶体为基的合金,塑性较好,强度、硬度较低,适于冷热变形成形。故 $w_C < 0.25\%$ 的铁碳合金,适于冷变形;$0.2\% < w_C < 1.7\%$ 的铁碳合金适于热变形。

铸造合金要求合金液态时的流动性好,流动性与相图中结晶温度范围有关,窄的结晶温度范围,有好的流动性。故从 $Fe-Fe_3C$ 相图上看,共晶点成分和点 B 以左成分的合金流动性较好,即铸铁的碳质量分数一般都在共晶点附近,而铸钢的碳质量分数 $w_C < 0.55\%$。

4.30 在图4.11(a)匀晶相图中某一温度下,只能是确定成分的液相与确定成分的固相相平衡。不可能在某一温度下,有两种不同成分的液相(或固相)平衡。

图4.11(b)纯组元 A 在 1 个温度范围内结晶,这是违反相律的。

图4.11(c)包晶水平线以下,α 固溶线走势错误,即违反了“相线相交时的曲率原则”。

图4.11(d)γ 与 α 相区间应有两相区,即相图中违反了“邻区原则”。

图4.11(e)二元系中三相平衡时,3 个相都必须有确定的成分。图中液相 L 的成分是在一定范围,这是错误的。

图4.11(f)二元系中不可能有四相平衡,即违反了“相律”。

4.31 (1)……,…… 但整个晶粒仍是一个相。

(2)……,……,在相界上,A、B 组元在液相与固相内的化学位都是相等的。

(3)……,液/固界面上液相成分沿着液相线变化;固相成分沿着固相线变化。

(4)……,……,但是杠杆定律仅适用于两相区,所以共晶体的相对量实际上是在两相区中计算出来的。

(5) ……,……,则棒中宏观偏析越小。

(6) ……,反复多次进行区域熔炼,并采用定向缓慢凝固的方法,……

(7) ……,……,成分过冷倾向越大,越易形成树枝状组织。

(8) ……,结晶后薄处易形成胞状组织,而厚处易形成树枝状组织。

(9) ……,靠近共晶线端点外侧的合金比内侧的合金 ……

(10) ……,……,其中 β 相应包括包晶反应的产物、匀晶转变形成的及次生的 β 相。

(11)……,不利于获得柱状晶区,……

(12) ……,根本区别在于晶体结构不同,前者为 bcc,而后者为 fcc。

(13) GS 线所处的温度是铁素体与奥氏体的 ……

(14) ……,只有当碳质量分数 $0.77\% < w_C < 4.3\%$ 的铁碳合金平衡结晶 ……

(15) ……,……,相反,对于铸铁则既有共晶转变,也有共析转变。

(16) 对于亚共析成分的碳钢,……

(17) ……,……,其中包括 Fe_3C_{II} 及 $Fe_3C_{共晶}$。

(18) ……,……,但是片层密集处的平均碳质量分数与疏稀处的平均碳质量分数相同。

(19) ……,往往薄处易白口化。……,……,必须多加碳,多加硅。

(20) ……,……,焊缝易出现树枝状组织,……,易于出现胞状。

4.32 (略)

4.33 (略)

4.34 (略)

4.35 (略)

第 5 章　三元相图

5.1　解　(略)

5.2　解　(1) 各点成分(%):

	C	D	E	F	G	H
w_A			10	30	50	50
w_B		40	80	40		40
w_C	100	60	10	30	50	10

(2) 点 E,F,G 的 $w_A : w_C = 1 : 1$

点 E,H 中,$w_C = 10\%$

点 H,F,D 中,$w_B = 40\%$

点 G,H 中,$w_A = 50\%$

5.3 解

	P	R	S	X	Y	Z
w_A	20	10	40	20	10	5
w_B	10	60	50	45	10	85
w_C	70	30	10	35	80	15

X,Y,Z 成分点,如图(5.1) 所示。

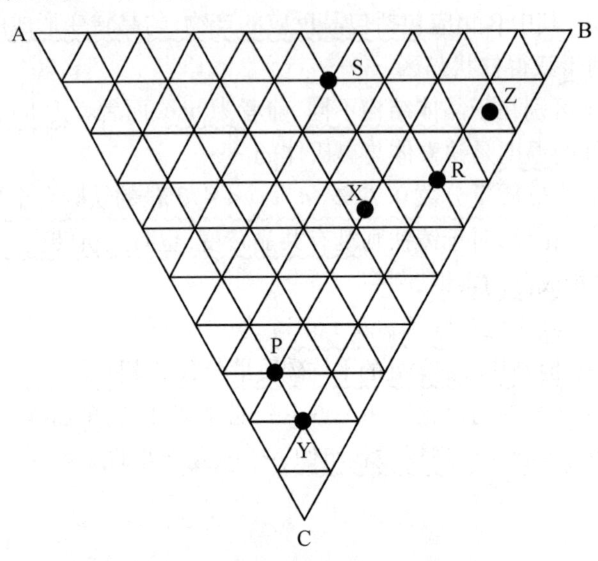

图(5.1) 在浓度三角形中表示合金的成分

5.4 **解** (1) 合金 X,Y,Z 的成分点如图(5.2) 所示。

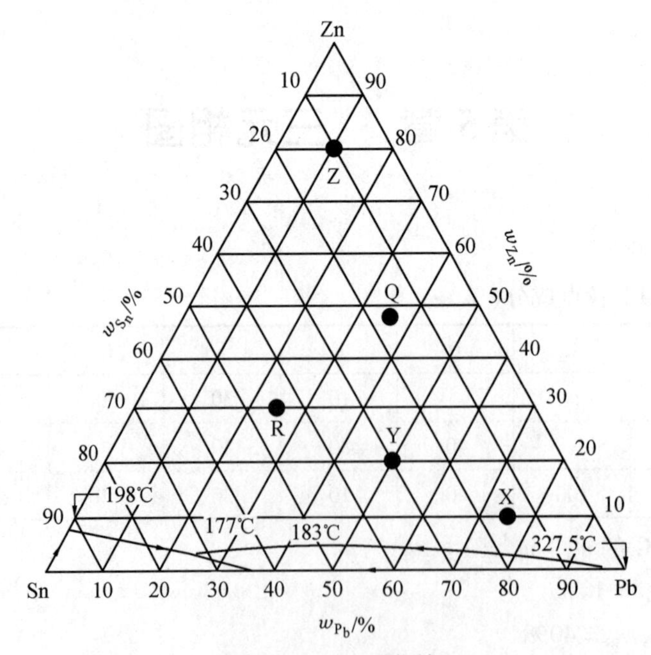

图(5.2) 5.4 题图解

(2) 令 W_Q, W_X, W_Y, W_Z 分别为合金 Q,X,Y,Z 的质量,(Q_{Pb}, Q_{Sn}, Q_{Zn}),(X_{Pb}, X_{Sn}, X_{Zn}),(Y_{Pb}, Y_{Sn}, Y_{Zn}),(Z_{Pb}, Z_{Sn}, Z_{Zn}) 分别为合金 Q,X,Y,Z 的成分。

根据题意 $$W_Q = W_X + W_Y + W_Z$$

根据质量守恒定律有

$$Q_{Pb}W_Q = X_{Pb}W_X + Y_{Pb}W_Y + Z_{Pb}W_Z$$

$$Q_{Sn}W_Q = X_{Sn}W_X + Y_{Sn}W_Y + Z_{Sn}W_Z$$

$$Q_{Zn}W_Q = X_{Zn}W_X + Y_{Zn}W_Y + Z_{Zn}W_Z$$

将本题数据代入上述方程组,即可求出 Q 成分

$$Q_{Pb} = 34.2\%; \quad Q_{Sn} = 17.5\%; \quad Q_{Zn} = 48.3\%$$

Q 的成分点如图(5.2) 所示。

(3) 令所需合金 R 的质量为 W_R,其成分为(R_{Pb}, R_{Sn}, R_{Zn})。

根据题意 $$W_R = W_Y - W_Z = 6 - 3 = 3\ \text{kg}$$

根据质量守恒定律

$$R_{Pb} = \frac{Y_{Pb}W_Y - X_{Pb}W_X}{W_R} = \frac{50\% \times 6 - 75\% \times 3}{3} = 25\%$$

$$R_{Sn} = \frac{Y_{Sn}W_Y - X_{Sn}W_X}{W_R} = \frac{30\% \times 6 - 15\% \times 3}{3} = 45\%$$

$$R_{Zn} = 1 - R_{Pb} - R_{Sb} = 30\%$$

合金 Q 和 R 的成分点也可用直线法则求得。

5.5 解 所谓杠杆定律与重心法则的基础都是质量守恒定律。在发生相转变的过程中,对于由反应相和生成相构成的封闭体系,质量守恒定律成立。杠杆定律和重心法则分别是在三元系发生两相平衡转变或三相(包括四相) 平衡转变时,质量守恒定律的具体体现,两者具有等价关系。

由于质量守恒定律本身并要求反应相一定处于平衡关系,而相图是合金体系相平衡关系的图解。三元相图的等温截面图反映了特定温度下的相平衡关系,在确定了相平衡转变时各平衡相成分点后即可在等温截面图上利用杠杆定律或重心法则计算参加反应的各相相对量。三元相图的垂直截面图只是某一特定垂直于浓度三角形的截面与三元相图的交线图。图中曲线并不反映相平衡转变时各平衡相的成分点的相互关系,因此不能用杠杆定律和重心法则进行定量分析。

5.6 解 由于多了一个组元,三元合金比二元合金多一个自由度。在压力恒定的情况下,对于匀晶转变二元合金的自由度数等于 1。因此,只有温度一个自由变量,二元匀晶转变过程中($L + \alpha$ 两相区内),任一给定温度下,液相与 α 相成分由液相线和固相线唯一确定。三元匀晶转变有两个自由度,因此在平衡转变过程 L 相与 α 相成分不能单纯用几何方法确定。只有 L,α 相中任何一相的平衡成分确定的情况下,才有可能确定另一相的平衡成分。平衡状态下 L 相与 α 相的平衡成分点分别构成液相面与固相面,给定的合金发生匀晶转变过程中,所有共轭线在浓度三角形上的投影形成“蝴蝶形” 花样。

对于二元合金的共晶转变,$L \rightarrow (\alpha + \beta)_E$ 自由度数为零,共晶平衡转变只能在确定的共晶转变 T_E 下进行,且转变过程中反应相 L 和生成相 α、β 相平衡成分是确定的。对于三

元合金，其两相共晶转变($L\rightarrow(\alpha+\beta)_E$，$L\rightarrow(\beta+\gamma)_E$，$L\rightarrow(\gamma+\alpha)_E$) 有一个自由度，因此，三元合金的两相共晶可在一定温度范围内进行。转变过程中参加反应的三个平衡相成分是确定的，且沿三条单变量线变化，三元系中的三相共晶转变 $L\rightarrow(\alpha+\beta+\gamma)_E$ 的自由度数为0，所以，平衡转变只能在确定的三相共晶转变温度下进行，且所有反应相成分也是确定的。

5.7 解 两者最本质的区别是，二元相图是二元系相平衡的图解，它直接反应二元系的相平衡关系，而三元相图的垂直截面只是特定截面与三元相图的交截图，它一般不反映三元系的相平衡关系，因此前者中可用杠杆定律计算二元系相平衡反应的各相相对量，后者则不能。但如果垂直截面正好通过纯组元 - 稳定化合物或稳定化合物 - 稳定化合物成分点的连续(如 SiO_2 - Al_2O_3 相图是 Si - Al - O 相图的一个垂直截面)，在这种垂直截面图上，稳定化合物相当于一个组元存在，垂直截面图反映三元系中的相平衡关系。在图上可以用杠杆定律计算相平衡转变时的各相相对量。

5.8 解 Ⅰ区：当液相冷却至液相面温度 T_L 以下，开始结晶出固溶体α相：$L\rightarrow\alpha$。当冷却至固相面温度 T_S，结晶完毕。室温组织为单相α固溶体。

Ⅱ区：在 $T_S<T<T_L$ 的温度范围内，$L\rightarrow\alpha$，直至结晶完毕，当温度降至单析溶解度曲面 a''_0a_0aa' 以下，发生单析反应，α 相中将析出二次 β 相(β 为以B为基体的固溶体)，室温组织为 $\alpha+\beta_{Ⅱ}$。

Ⅲ区：当 $T_S<T<T_L$ 发生结晶 $L\rightarrow\alpha$；当 $T<T_S$ 结晶完毕。当 T 降至双析熔解曲面温度 a_0abb_0 以下，发生双析反应 α 相中同时析出 $\beta_{Ⅱ}$ 和 $\gamma_{Ⅱ}$(γ 为以C为基体的固溶体)。室温组织为 $\alpha+\beta_{Ⅱ}+\gamma_{Ⅱ}$。

Ⅳ区：当 $T<T_L$，析出初晶 α；$L\rightarrow\alpha_{初}$。继续冷却至初晶 α 结晶终了面 $a''aEE_1$ 以下，剩余L相发生两相共晶转变：$L\rightarrow(\alpha+\beta)_E$。当温度降至固相面温度 T_S 结晶完毕。继续冷却 α、β 相中分别析出 $\beta_{Ⅱ}$ 和 $\alpha_{Ⅱ}$。室温组织为 $\alpha_{初}+(\alpha+\beta)_E+\alpha_{Ⅱ}+\beta_{Ⅱ}$。

Ⅴ区：至发生两相共晶转变时，结晶过程与Ⅵ区的合金相同，继续冷却发生双析反应，室温组织为 $\alpha_{初}+(\alpha+\beta)_E+\alpha_{Ⅱ}+\beta_{Ⅱ}+\gamma_{Ⅱ}$。

Ⅵ区：$T<T_L$ 析出初晶 α，$L\rightarrow\alpha_{初}$。继续冷却进入三相区 $L\rightarrow(\alpha+\beta)_E$。当温度降至 T_E 时，剩余液相发生四相平衡共晶转变 $L\rightarrow(\alpha+\beta+\gamma)_E$，直至结晶完毕，继续冷却发生双析反应，室温组织为 $\alpha_{面}+(\alpha+\beta)_E+(\alpha+\beta+\gamma)_E+\alpha_{Ⅱ}+\beta_{Ⅱ}+\gamma_{Ⅱ}$。

5.9 解 OMO 为液相成分变化轨迹；ONO 为固相成分变化轨迹。

5.10 解 (1)

E_1E_T：$L\rightarrow(\alpha+A_pC_q)_E$；

E_2E_T：$L\rightarrow(\alpha+A_mB_n)_E$；

E_3E_T：$L\rightarrow(A_mB_n+A_pC_q)_E$

(2) 若二次析出相不计

合金Ⅰ：$\alpha_{初晶}+(\alpha+A_mB_n)_E+(\alpha+A_mB_n+A_pC_q)_E$

合金Ⅱ：A_pC_q 初晶 $+(\alpha+A_pC_q)_E+(\alpha+A_mB_n+A_pC_q)_E$

(3) 根据杠杆定律，平衡凝固后生成等量 $\alpha_{初晶}$ 和 $(\alpha+A_mB_n+A_pC_q)_E$ 的合金在三相共晶点 E_T 处应有等量 $\alpha_{初晶}$ 与剩余L相，因此，此合金成分在图5.6中 a 与 E_T 连线的中点处。

(4) 平衡凝固后具有等量$(\alpha + A_mB_n)_E$和$(\alpha + A_mB_n + ApC_p)_E$的合金成分点应在$E_2E_T$沟线上一点$b$,$E_Tb$延长,交$AE_2$于$d$点,$db = bE_T$。

5.11 解 记$w_C = 0.2\%$处的垂线与相图中各线的交点由上到下依次为$T_1,\cdots,T_7$

$T_2 < T < T_1$	析出初晶	$L \to \alpha_{初}$
$T_3 < T < T_2$	包晶转变	$L + \alpha \to \gamma$
$T_4 < T < T_3$	固态相变	$\alpha \to \gamma$
$T_5 < T < T_4$	保持单相奥氏体	
$T_6 < T < T_5$	析出先共析碳化物	$\gamma \to C_2$
$T_7 < T < T_6$	共析转变形成珠光体	$\gamma \to (\alpha + C_2)_E$
$T < T_7$	析出三次C_3	$\alpha \to C_{3Ⅲ}$

$C_{3Ⅲ}$是在共析产物珠光体中析出且量少,可以忽略。室温组织组成物:$(\alpha + C_3)_E + C_2$。组织特征:先共析碳化物 + 珠光体。

5.12 (1) 4Cr13与题5.11中的2Cr13有相同的凝固顺序和室温组织组成物,只是先共析碳化物质量分数高得多。

(2) Cr13模具钢;

1 400 ~ 1 240 ℃,$L \to \gamma$。

1 240 ~ 1 220 ℃,剩余液相发生共晶反应直至液相消失,$L \to (\gamma + C_2)_E$ = Ld(莱氏体)。

1 220 ~ 790 ℃,γ相析出C_2,$\gamma \to C_2$。

790 ~ 780 ℃,发生共析反应,$\gamma \to (\alpha + C_2)_E$ = P(珠光体);$Ld \to Ld' = (P + C_2)_E$。室温组织组成物$Ld' + P + C_2$。

5.13 (1) P′:包共晶反应$L + Pb \to Sn + Pb_2Bi$;E:共晶反应$L \to Pb + Sn + Pb_2Bi$。

(2) 如图(5.3)所示。

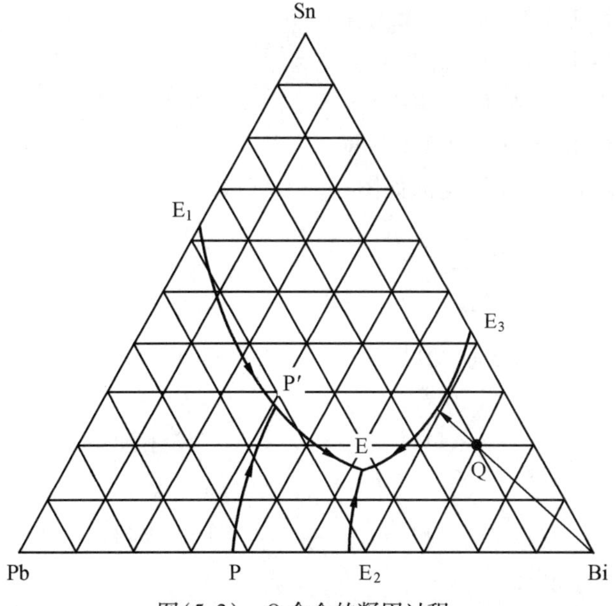

图(5.3) Q合金的凝固过程

① 至液相面温度以下析出初晶 Bi:L→$Bi_{初晶}$。

② 随温度降低,$Bi_{初晶}$ 不断增多,L 相成分沿 Bi - Q 的延长线向 E_3E 方向移动。

③ L 相成分到达 E_3E 线上后开始发生两相共晶反应:L→$(Sn + Bi)_E$:同时液相成分沿单变量线 E_3E 向点 E 移动。

④ 当液相成分到达点 E,剩余全部液相发生三相共晶反应:L→$(Bi + Sn + Pb_2Bi)_E$;继续冷却不再发生变化。

室温组织组成物:$Bi_{初晶} + (Bi + Sn)_E + (Bi + Sn + Pb_2Bi)_E$。

(3) $Bi_{初晶}\% = 28.8\%$,$(Bi + Sn)_E\% = 40.7\%$,$(Bi + Sn + Pb_2Bi)_E\% = 30.5\%$。

5.14 解 (1)

$$A_{初}\% = \frac{Oa}{Aa} = \frac{80-60}{100-60} = 50\%$$

$$L\% = \frac{AO}{Aa} = \frac{100-80}{100-60} = 50\%$$

$$(A+B)\% = 50\% \times \frac{40-20}{40-0} = 25\%$$

$$(A+B+C)\% = L\% \times \frac{20-0}{40-0} = 25\%$$

(2) I 合金:$B + (A + B + C)_{共晶}$

P 合金:$(B + C)_{共晶} + (A + B + C)_{共晶}$

5.15 解 液相成分变温线的温度走向如图(5.4)所示,四相反应如下:

2 755 ℃ 时:$L + W_5C_3 \rightarrow WC + W_2C$。

~2 400 ℃ 时:$L + W_2C \rightarrow WC + W$

~1 700 ℃ 时:$L + WC + W \rightarrow M_6C$

~1 500 ℃ 时:$L + W \rightarrow M_6C + Fe_3W_2$

1 380 ℃ 时:$L + Fe_3W_2 \rightarrow M_6C + \alpha$

1 335 ℃ 时:$L + \alpha \rightarrow + M_6C + \gamma$

~1 200 ℃ 时:$L + M_6C \rightarrow WC + \gamma$

1 085 ℃ 时:$L \rightarrow Fe_3C + WC + \gamma$

其液相成分变温线的温度走向如图(5.4)所示。

~2 755 ℃时　~2 400 ℃时　~1 700 ℃时　~1 500 ℃时

1 380 ℃时　1 335 ℃时　1 200 ℃时　1 085 ℃时

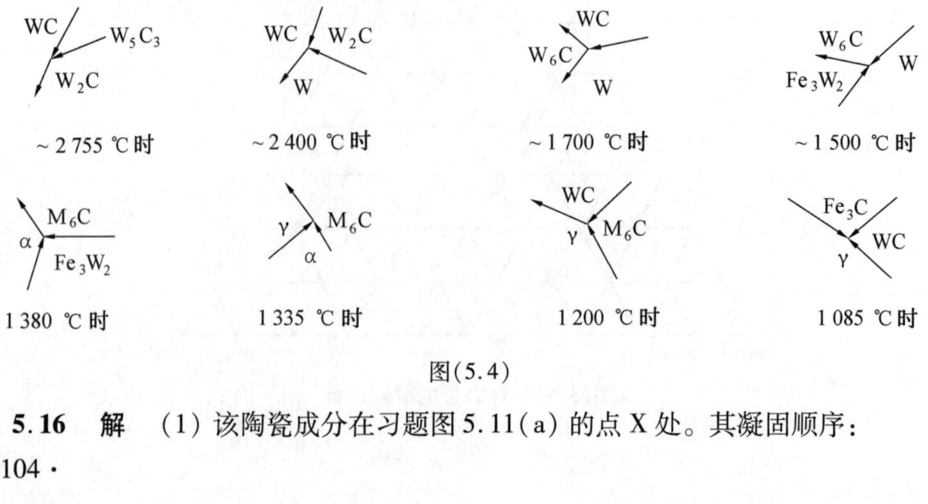

图(5.4)

5.16 解 (1) 该陶瓷成分在习题图 5.11(a) 的点 X 处。其凝固顺序:

① 在约1 450 ℃ 结晶开始 L→$CS_{初}$（CS—CaO·SiO_2）

② 随温度下降，$CS_{初}$ 量增加，液相成分沿 A－B 线移动，直至到达单变量线上点 B 处。

③ 液相成分到达点 B 处，开始发生两相共晶转变

$$L \to \{S(\text{鳞石英}) + CS\}_E$$

同时液相成分随温度下降沿单变量线向点 C 处移动。

④ 到了点 C，剩余液相发生三相共晶转变

$$L \to (S + CS + CA2S)_E$$

直至液相消失（CS2A—CaO·Al_2O_3·2SiO_2），继续冷却到室温不再有组织变化。

（2）室温组织　　$CS_{初} + (S + CS)_E + (S + CS + CA2S)_E$

（3）用相关元素的原子量可计算出 SiO_2，CaO，Al_2O_3 的摩尔质量依次为 60.09，58.08，101.96。据此可得陶瓷 X 及其组成物成分如下：

	S	CS	CA2S	X
w_S	1	0.508	0.432	0.57
w_C	0	0.492	0.202	0.38
w_A	0	0	0.366	0.50

用杠杆定律求解。

$CS_{初}\% = 7.2$ 格 /10 格 $= 72\%$

$S\% = 28\% \times 5.2$ 格 /10 格 $= 14.6\%$

$CA2S\% = 28\% \times 4.8$ 格 /10 格 $= 13.4\%$

第6章　固体材料的变形与断裂

6.1　解　略。

6.2　解　（1）由于拉拔前后体积不变，即 $F_0 \cdot L_0 = F \cdot L$，故

$$\frac{\pi(14.0)^2}{4} \cdot 20 \times 10^3 = \frac{\pi(12.7)^2}{4} \cdot L$$

所以 $$L = 24.3 \times 10^3 \text{ mm} = 24.3 \text{ m}$$

（2）工程应变 $$\varepsilon = \frac{L - L_0}{L_0} = 21.5\%$$

真应变 $$e = \ln \frac{L}{L_0} = \ln \frac{24.3}{20} = 19.47\%$$

6.3　解　（1）颈缩之前，由于加工硬化使得承载能力增加，故 $dP > 0$；颈缩后，由于局部截面急剧减小，使得承载能力下降，故 $dP < 0$。所以颈缩的条件为 $dP = 0$。在任一瞬时，载荷 P、真应力 S 与瞬时断面面积 F 的关系为

$$P = S \cdot F$$

对 P 全微分，并且令其等于零

$$dP = FdS + SdF = 0 \quad 所以 \quad \frac{dS}{S} = \frac{dF}{F} \qquad ①$$

由于拉伸过程中，体积不变，对于任一时刻，$F \cdot L$ 为常数，故

$$F \cdot dL + L \cdot dF = 0 \quad 所以 -\frac{dF}{F} = \frac{dL}{L} = de \qquad ②$$

将②代入①式中得到

$$\frac{dS}{S} = de$$

即

$$\frac{dS}{de} = S$$

（2）由 Hollomon 关系式 $\qquad S = Ke^n$

$$\frac{dS}{de} = nKe^{n-1} = Ke^n$$

所以

$$n = e$$

（3）将试样拉至颈缩的时候所做的功为

$$W = \int_0^n S de = \int_0^n Ke^n de = K \cdot \frac{1}{n+1} e^{n+1} \Big|_0^n = \frac{Kn^{n+1}}{n+1} \ (\mathrm{J/m^2})$$

6.4　解　拉伸前后，如图(6.1)所示，考查两相临滑移面由于滑移前后面间距为定值，故可由几何关系计算出延伸率 δ，即

$$\delta = \frac{A'B' - AB}{AB} \times 100\% = \frac{\dfrac{d}{\sin 30^\circ} - \dfrac{d}{\sin 45^\circ}}{\dfrac{d}{\sin 45^\circ}} \times 100\% = \frac{2 - \sqrt{2}}{\sqrt{2}} \times 100\% \approx 41.4\%$$

6.5　解　设原始厚度为 L_0，先压至 $L = 1$ cm，由 $\frac{L_0 - L}{L_0} = 25\%$，解得 $L_0 = \frac{4}{3}$ cm；接着再压至 0.6 cm，设总的工程应变为 ε，真实线应变为 e 则

$$\varepsilon = \frac{L - L_0}{L_0} = \frac{0.6 - \dfrac{4}{3}}{\dfrac{4}{3}} \approx -55\%$$

$$e = \ln \frac{L}{L_0} = \ln(1 + \varepsilon) = \ln(1 - 0.55) \approx -80\%$$

6.6　解　设由 L_0 拉伸至 L 时，工程应变为 ε，真实线应变为 e，则

$$\varepsilon = \frac{L - L_0}{L_0}; \quad e = \ln \frac{L}{L_0}$$

若再由 L 压缩至 L_0 时，其工程应变与真实线应变为

$$\varepsilon = \frac{L_0 - L}{L}; \quad e = \ln \frac{L_0}{L}$$

6.7　解　(1) 面心立方金属，相邻的{111}沿着密排方向 <110> 发生切变，如图

(6.2)。其中 b 为剪切方向的原子间距,x 为一个密排面对与相临密排面的剪切位移。

在切应力较小时

$$\tau = \tau_{\max}\sin\frac{2\pi x}{b} \approx \tau_{\max}\frac{2\pi x}{b} \qquad ①$$

由图(6.2),切应力 τ 与切应变 γ 关系为

$$\tau = \mu\cdot\gamma = \mu\cdot\frac{x}{d} \qquad ②$$

式中 μ 为切变模量;γ 为切应变;d 为{111} 面间距。由 ①、② 两式相等,可以解出

$$\tau_{\max} = \frac{\mu b}{2\pi d} \qquad ③$$

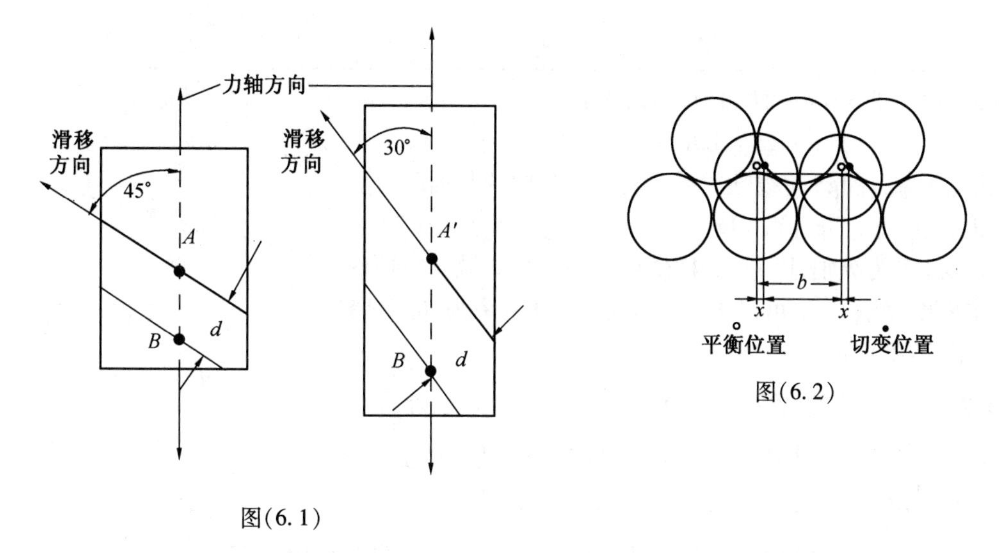

图(6.1)

图(6.2)

(2) 若泊松比近似取 $\nu = 1/3$,代入 $\mu = \dfrac{E}{2\times(1-\nu)}$ 之中,得到

$$\mu = \frac{E}{2\left(1-\frac{1}{3}\right)} = \frac{3}{8}E \qquad ④$$

将 $b = \dfrac{\sqrt{2}}{2}a$, $d = \dfrac{\sqrt{3}}{3}a$ 以及 ④ 式代入 ③ 之中,得到

$$\tau_{\max} = \frac{\frac{3E}{8}\cdot\frac{\sqrt{2}a}{2}}{2\pi\left(\frac{\sqrt{3}}{3}-a\right)} = \frac{3\sqrt{6}E}{32\pi} = 0.073E \qquad ⑤$$

将 $E_{Al} = 70\ 300$ MPa; $E_{Cu} = 129\ 800$ MPa; $E_{Ag} = 82\ 700$ MPa 分别代入 ⑤ 之中,得到

$$\tau_{\max}^{Al} = 5\ 131.9\ \text{MPa}$$

$$\tau_{\max}^{Cu} = 9\ 475.4\ \text{MPa}$$

$$\tau_{\max}^{Ag} = 6\ 037.1\ \text{MPa}$$

6.8* **解** (1) 加工标准拉伸试样进行拉伸试验,得到的实验数据见表6.1,其中每

组数据是5个试样的平均值。

表6.1

$\bar{\sigma}$	σ_1	σ_2	…	σ_n
$\bar{\varepsilon}$	ε_1	ε_2	…	ε_n

(2) 由真应力 S、真应变 e、工程应力 σ 和工程应变 ε 之间的关系为

$$S = (1+\varepsilon)\sigma \text{ 和 } e = \ln(1+\varepsilon)$$

可以得到表6.2。

表6.2

S	S_1	S_2	…	S_n
e	e_1	e_2	…	e_n

(3) 对公式 $S = Ke^n$ 两边取对数，得到

$$\lg S = \lg K + n\lg e$$

这说明 $\lg e - \lg S$ 呈线性关系。将表6.2中的数据取对数，可以得到点$(\lg e_1, \lg S_1)$，$(\lg e_2, \lg S_2)$，$(\lg e_3, \lg S_3)$，…，$(\lg e_n, \lg S_n)$。以 $\lg S$ 为纵轴，以 $\lg e$ 为横轴可以得到一些散点，将所得的数据按照直线拟和，可以求出直线方程，其斜率为加工硬指数 n，如图(6.3)所示。

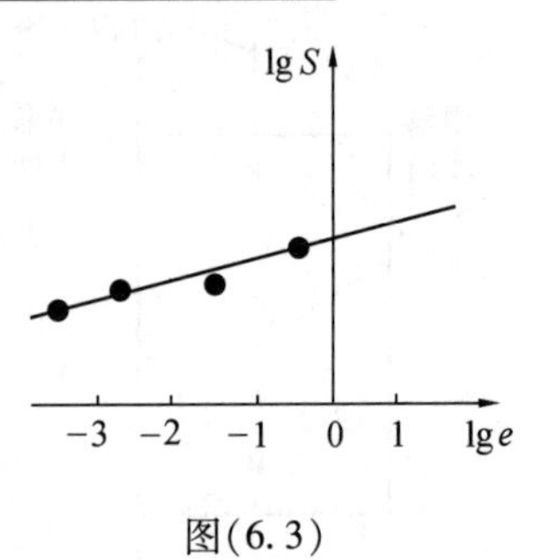

图(6.3)

6.9 解 镁的滑移系除$(0001)<11\bar{2}0>$以外，尚有$\{10\bar{1}1\}<11\bar{2}0>$，滑移方向均为$<11\bar{2}0>$，故可以交滑移。

6.10 解 $\{110\}<111>$共12个滑移系

$(110)[1\bar{1}1]$，$(110)[\bar{1}11]$；$(101)[\bar{1}11]$，$(101)[11\bar{1}]$

$(011)[1\bar{1}1]$，$(011)[11\bar{1}]$；$(1\bar{1}0)[111]$，$(1\bar{1}0)[11\bar{1}]$

$(10\bar{1})[111]$，$(10\bar{1})[1\bar{1}1]$；$(01\bar{1})[111]$，$(01\bar{1})[\bar{1}11]$

$\{112\}<111>$共12个滑移系

$(112)[11\bar{1}]$；$(121)[1\bar{1}1]$；$(211)[\bar{1}11]$

$(\bar{1}12)[1\bar{1}1]$；$(\bar{1}21)[11\bar{1}]$；$(\bar{2}11)[111]$

$(1\bar{1}2)[\bar{1}11]$；$(1\bar{2}1)[111]$；$(2\bar{1}1)[11\bar{1}]$

$(11\bar{2})[111]$；$(12\bar{1})[\bar{1}11]$；$(21\bar{1})[1\bar{1}1]$

$\{123\}<111>$共24个滑移系

$(123)[11\bar{1}]$；$(132)[1\bar{1}1]$；$(213)[11\bar{1}]$；$(231)[1\bar{1}1]$

$(312)[\bar{1}11]$；$(321)[\bar{1}11]$；$(\bar{1}23)[1\bar{1}1]$；$(\bar{1}32)[11\bar{1}]$

$(\bar{2}13)[1\bar{1}1]$；$(\bar{2}31)[11\bar{1}]$；$(\bar{3}12)[111]$；$(\bar{3}21)[111]$

$(1\bar{2}3)[\bar{1}11]$；$(1\bar{3}2)[111]$；$(2\bar{1}3)[\bar{1}11]$；$(2\bar{3}1)[111]$

$$(3\bar{1}2)[11\bar{1}];(3\bar{2}1)[11\bar{1}];(12\bar{3})[111];(13\bar{2})[\bar{1}11]$$

$$(21\bar{3})[111];(23\bar{1})[\bar{1}11];(31\bar{2})[1\bar{1}1];(32\bar{1})[1\bar{1}1]$$

体心立方滑移面不稳定，可以是{110}，{112}，{123}，但是滑移方向很稳定，为 < 111 >，故可以产生交滑移，例如[111]滑移方向在$(1\bar{1}0)$，$(11\bar{2})$，$(12\bar{3})$晶面上，故在$(1\bar{1}0)$上的柏氏矢量为$\frac{a}{2}[111]$的螺位错，可以交滑移到$(11\bar{2})$或者$(12\bar{3})$晶面上去。

6.11 解 铜的滑移面为{111}，发生滑移的时候，与外表面{100}的交线为 < 110 >。相同滑移系开动时，产生相互平行的滑移线；不同滑移系开动时，滑移线互相垂直。

外表面为{111}时，如图(6.4)所示，$AB=[0\bar{1}\bar{1}]$，$AC=[10\bar{1}]$，外表面ABC为$(1\bar{1}1)$。AB与AC的夹角为φ，$\cos\varphi=\frac{1}{\sqrt{2}\times\sqrt{2}}=\frac{1}{2}$，$\varphi=60°$，故相同滑移系开动的时候产生相互平行的滑移线，不同滑移系开动时，在外表面{111}上滑移线交角是60°。

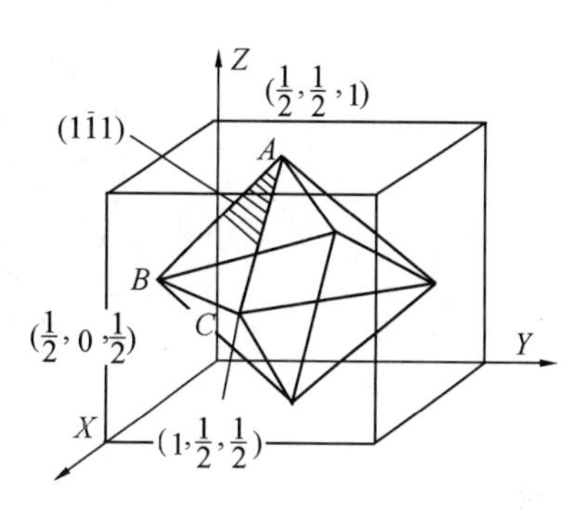

图(6.4)

6.12 解 对于晶粒Ⅱ，力轴方向为[010]，滑移面与力轴不是垂直，就是平行，故均为硬位向，此时$\cos\lambda\cos\phi=0$，不能滑移。

对于晶粒Ⅰ，可由[100]与$[0\bar{1}1]$矢量积求出力轴方向，即

$$\begin{vmatrix} i & j & k \\ 0 & \bar{1} & 1 \\ 1 & 0 & 0 \end{vmatrix}=j+k$$

故力轴方向为[011]。

力轴[011]与(100)垂直，但与(010)，(001)的夹角$\phi=\arccos\frac{1}{\sqrt{2}}=45°$，故(010)，(001)是滑移面。在(010)滑移面上，力轴[011]与[100]垂直，但与[001]的夹角$\lambda=\arccos\frac{1}{\sqrt{2}}=45°$，故(010)滑移面上可开动的滑移系为(010)[001]。同理，在(001)滑移面上可开动的滑移系为：(001)[010]。所以在应力σ作用下，晶粒Ⅰ有两个等效滑移(010)[001]与(001)[010]可开动，此时$\lambda=\phi=45°$。

6.13 解 设P为拉力轴方向，位于三角形[100]－[101]－[111]中，C为压力轴方向位于与之正交的[010]－$[01\bar{1}]$－$[11\bar{1}]$三角形，拉力轴与压力轴夹角为90°，如图(6.5)。冷轧时，拉力轴P向初始滑移系的滑移方向[110]极点转动，越过[100]与[111]连线，并产生超越现象，到达P'点，共轭滑移系开动，力轴又向共轭滑移系的滑移方向[101]方向转动，然后同样产生超越现象，一直达到[211]极点，此时两滑移系的转动互相抵消，力轴不再转动。由于冷轧时，拉力轴与压力轴夹角一直保持90°，故拉力轴P转动

时，压力轴 C 也随之转动，其转动过程如图(6.5)所示，直到$[01\bar{1}]$极点。此时拉力轴方向为[211]，压力轴方向为$[01\bar{1}]$，即冷轧板的板面为$(01\bar{1})$，属于$\{110\}\langle 1\bar{1}2\rangle$型织构。

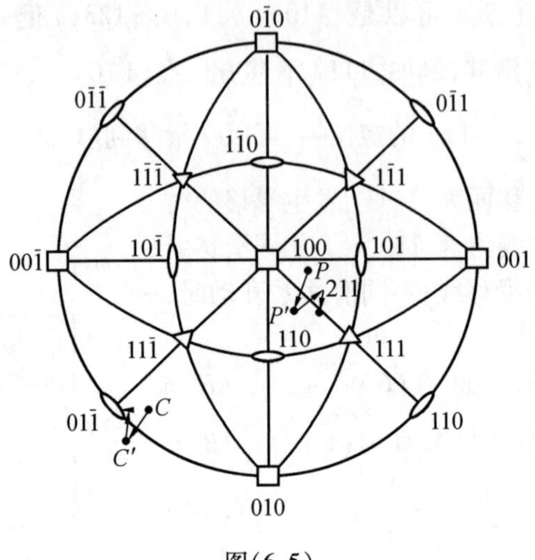

图(6.5)

6.14　解　具体的滑移系为$(110)[1\bar{1}1]$；$(\bar{1}12)[1\bar{1}1]$和$(132)[1\bar{1}1]$

6.15　解　设力轴的晶向指数为$[u\ v\ w]$，与 X,Y,Z 轴的夹角分别为 $\theta_1,\theta_2,\theta_3$，则

$$\cos\theta_1=\frac{u}{\sqrt{u^2+v^2+w^2}}\approx 0.408\,2$$

$$\cos\theta_2=\frac{v}{\sqrt{u^2+v^2+w^2}}\approx 0.816\,5$$

$$\cos\theta_3=\frac{w}{\sqrt{u^2+v^2+w^2}}\approx 0.408\,2$$

所以 $u:v:w=\cos\theta_1:\cos\theta_2:\cos\theta_3=1:2:1$，即拉力轴方向为[121]，参考(001)标准极图可找出2个等效滑移系，其中之一为$[110](\bar{1}11)$，故

$$\cos\lambda=\frac{[110]\cdot[121]}{\sqrt{1^2+1^2}\sqrt{1^2+2^2+1^2}}=\frac{3}{\sqrt{2}\sqrt{6}};\quad \cos\phi=\frac{(\bar{1}11)\cdot[121]}{\sqrt{1^2+1^2+1^2}\sqrt{1^2+2^2+1^2}}=\frac{2}{\sqrt{3}\sqrt{6}}$$

所以　$$\sigma_S=\frac{\tau_c}{\cos\lambda\cos\phi}=\frac{0.82}{\frac{3}{\sqrt{2}\sqrt{6}}\cdot\frac{2}{\sqrt{3}\sqrt{6}}}=0.82\times\sqrt{6}\approx 2.01\ \text{MPa}$$

6.16　解　力轴方向[001]，处于软位向的等效滑移系有8个，取其中之一，$(111)[\bar{1}01]$。

$$\cos\lambda=\frac{1}{\sqrt{2}};\quad \cos\varphi=\frac{1}{\sqrt{3}}$$

$$\sigma_S=\frac{\tau_c}{\cos\lambda\cdot\cos\varphi}=\frac{0.7}{\frac{1}{\sqrt{2}}\cdot\frac{1}{\sqrt{3}}}=1.715\ \text{MPa}$$

6.17　解　(1) 晶体开始滑移所需要的最小拉应力为 σ_S，σ_S 与 τ_C，关系为

$$\sigma_S = \frac{\tau_c}{\cos\phi \cdot \cos\lambda}$$

当取向因子取得极大时，$\cos\phi \cdot \cos\lambda = 1/2$，$\sigma_S$ 为最小。$\sigma_{S_{\min}} = \frac{1}{1/2} = 2\ \text{MPa}$，此时力轴位于图(6.6) 中 P 点。

(2) 由屈服应力与取向因子的关系为

$$\sigma_S = \frac{\tau_c}{\cos\lambda \cdot \cos\phi}$$

当 ϕ 角偏离 45° 越大，$\cos\lambda\cos\phi$ 越小，σ_S 越大。由图(6.6)，在阴影三角形中，当力轴位于[$\bar{1}11$] 取向时，ϕ 角偏离 45° 最大，$\cos\phi = \frac{2-1}{\sqrt{3}\times\sqrt{3}} = 1/3$，$\cos\lambda = \frac{2}{\sqrt{6}} = \frac{\sqrt{6}}{3}$。此时

$$\sigma_S = \frac{\tau_c}{\frac{1}{3}\cdot\frac{\sqrt{6}}{3}} = \frac{1}{\frac{\sqrt{6}}{9}} = 3.67\ \text{MPa}$$

因此，力轴位于[$\bar{1}11$] 点时，晶体开始滑移所需要的拉应力最大。

6.18　解　力轴位于图(6.7) 中 P 点的时候，初始滑移系($\bar{1}\ \bar{1}1$)[011]，共轭滑移系($\bar{1}11$)[110]。

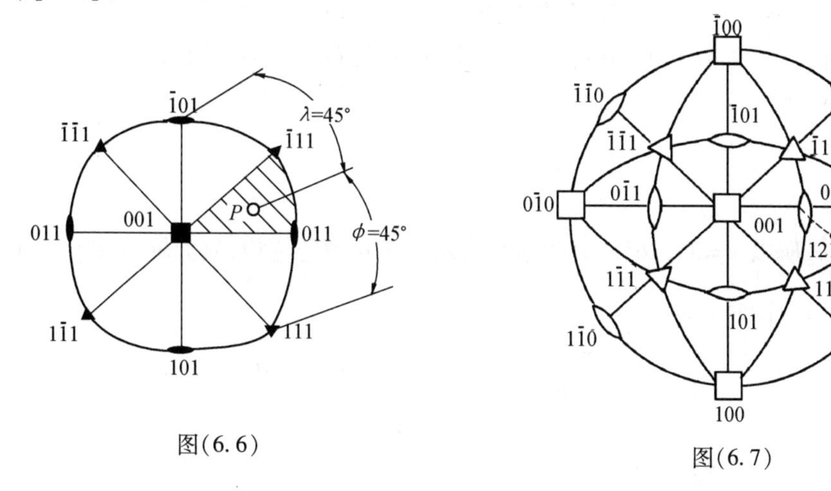

图(6.6)　　图(6.7)

当外力在初始滑移系上的分切应力达到临界值时，初始滑移系开动。力轴向初始滑移系的滑移方向[011] 靠近，如图虚线所示，到达[111] 与[010] 连线的时候，两个滑移系同等有利，但共轭滑移系开动要与初始滑移系产生的滑移带交割，使滑移阻力比初始滑移系大，所以初始滑移系将继续动作到 P' 点，此时共轭滑移系才开始启动，使力轴又向共轭滑移系的滑移方向[110] 移动。如图所示，同样也产生超越现象，然后初始滑移系再动作。如此反复交替多次，力轴最后达到[121] 极点。此后两个滑移系引起的转动互相抵消，力轴不再移动。塑变开始是单滑移阶段，而后进入双滑移阶段。

当力轴位于[$\bar{1}11$] 极点的时候，共有 6 个等效滑移系

$$(111)[\bar{1}01];(111)[\bar{1}10];(1\bar{1}1)[011];$$
$$(1\bar{1}1)[\bar{1}01];(\bar{1}\bar{1}1)[\bar{1}10];(\bar{1}\bar{1}1)[011]$$

塑变一开始就要进行多滑移,无单滑移阶段,应力 - 应变曲线如图(6.8) 所示。

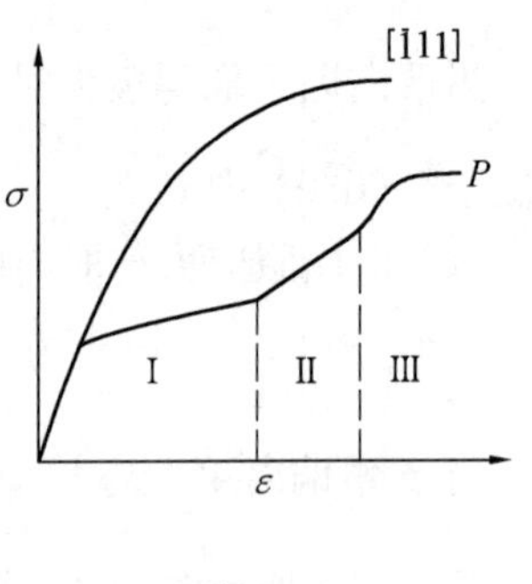

图(6.8)

力轴位于 P 点 λ、ϕ 均接近 45°,为软位向,屈服后,首先进行单滑移,加工硬化系数$\frac{d\sigma}{d\varepsilon}$很小,$\sigma-\varepsilon$ 曲线进入第 Ⅰ 阶段也叫易滑移阶段。随着滑移的进行将发生"超越"现象和双滑移,造成滑移带的交割,使位错密度急剧升高并且缠结,加工硬化率明显增高,从而进入第 Ⅱ 阶段,叫做"线性硬化" 阶段。在此之后,由于位错可以通过交滑移越过障碍,使加工硬化率有所下降,此时应力 - 应变关系呈现抛物线关系,故第 Ⅲ 阶段叫做"抛物线型" 硬化阶段。力轴在P点,$\sigma-\varepsilon$ 曲线有典型的三阶段,如图(6.8) 所示。

力轴位于$[\bar{1}11]$ 有六个等效滑移系,一开始塑变就进入多系滑移,加工硬化率很高,与 P 点的曲线相比,无易滑移阶段,加工硬化率更高。

6.19 解 已知 α - Fe 的$\{110\}$ $<111>$ 滑移系的 $\tau_c = 33.8$ MPa, 参考图(6.7)(001) 标准极图。可以看出,当力轴为$[011]$时,有四个滑移面与$[011]$所成的ϕ角相同, 力轴与滑移方向夹角也相同。它们是$(\bar{1}10)[111]$; $(\bar{1}01)[111]$; $(101)[\bar{1}11]$; $(110)[\bar{1}11]$,其中

$$\cos\phi = \frac{1}{2},\phi = 60°$$

$\cos\lambda = \frac{\sqrt{6}}{3}$,所以$\lambda = 35.26°$。其他滑移系均属于较硬的位相,故力轴$[110]$方向有四组等效滑移系可以同时开动。

$$\sigma_S = \frac{\tau_C}{\cos\lambda\cdot\cos\phi} = \frac{33.8}{\frac{1}{2}\cdot\frac{\sqrt{6}}{3}} \approx 82.8 \text{ MPa}$$

故使材料屈服的应力为 82.8 MPa。

6.20 解 (1) 由题意,力轴方向$[001]$,滑移面法线方向 $n = [\bar{1}11]$,滑移方向为$[101]$,故

$$\cos\phi = \frac{1}{\sqrt{3}};\quad \cos\lambda = \frac{1}{\sqrt{2}}$$

施加的应力
$$\sigma_S = \frac{\tau_C}{\cos\lambda\cdot\cos\phi} = \frac{0.79}{\frac{1}{\sqrt{3}}\cdot\frac{1}{\sqrt{2}}} \approx 1.94 \text{ MPa}$$

(2) 滑移面改为$(\bar{1}11)$,滑移方向为$[110]$,力轴仍然是$[001]$,则

$$\cos\phi = \frac{1}{\sqrt{3}};\quad \cos\lambda = \frac{0}{\sqrt{2}} = 0$$

由于 $\lambda = 90°$， 所以 $\cos\phi \cdot \cos\lambda = 0$

$$\sigma_S = \frac{\tau_c}{\cos\lambda \cdot \cos\phi} = \infty$$

故在力轴方向为[001] 的时候，$(\bar{1}11)[110]$ 滑移系不会开动。

6.21 解 由公式 $\tau = \sigma \cdot \cos\lambda\cos\phi$ 可以计算出，各滑移系上的分切应力。

对于 $(111)[0\bar{1}1]$ 滑移系

$$\cos\phi = \frac{1+1+3}{\sqrt{3}\cdot\sqrt{11}} = \frac{5\sqrt{33}}{33};\quad \cos\lambda = \frac{-2}{\sqrt{2}\sqrt{11}} = -\frac{\sqrt{22}}{11}$$

故

$$\tau_1 = 1\times10^7 \times \frac{5\sqrt{33}}{33} \times \left(\frac{\sqrt{22}}{11}\right) = 3.7\times10^6\ \text{Pa}$$

对于 $(111)[10\bar{1}]$ 滑移系，由于 $\cos\lambda = 0$，故 $\tau_2 = 0$

对于 $(111)[1\bar{1}0]$ 滑移系

$$\cos\phi = \frac{5\sqrt{33}}{33};\quad \cos\lambda = \frac{-\sqrt{22}}{11}$$

故 $\tau_3 = 3.7\times10^6$ Pa。

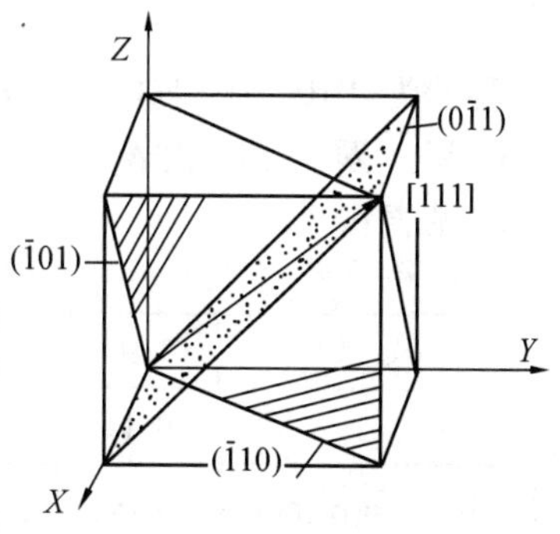

图(6.9)

6.22 解 $(\bar{1}10)$，$(\bar{1}01)$，$(0\bar{1}1)$ 属于同一个晶带，其晶带轴为[111]，如图(6.9) 所示。故滑移方向为[111] 的交滑移系为 $(\bar{1}10)[111](\bar{1}01)$；$(\bar{1}10)[111](0\bar{1}1)$；$(\bar{1}01)[111](0\bar{1}1)$。同理滑移方向为 $[\bar{1}11]$ 的交滑移系为 $(110)[\bar{1}11](101)$；$(110)[\bar{1}11](0\bar{1}1)$；$(101)[\bar{1}11](0\bar{1}1)$。滑移方向为 $[11\bar{1}]$ 的交滑移系为 $(\bar{1}10)[11\bar{1}](101)$；$(\bar{1}10)[11\bar{1}](011)$；$(101)[11\bar{1}](011)$。滑移方向为 $[1\bar{1}1]$ 的交滑移系为 $(110)[1\bar{1}1](\bar{1}01)$；$(110)[1\bar{1}1](011)$；$(\bar{1}01)[1\bar{1}1](011)$。

此题在标准(001) 投影图上可以方便找出交滑移系，对于[111] 滑移方向，与之相差 90° 的{110} 极点为：$(\bar{1}10)$，$(\bar{1}01)$，$(0\bar{1}1)$，故可以写出滑移方向为[111] 的交滑移系为：$(\bar{1}10)[111](\bar{1}01)$；$(\bar{1}10)[111](0\bar{1}1)$；$(\bar{1}01)[111](0\bar{1}1)$。

6.23 解 (111) 面上的扩展位错在滑移的时候受阻，可以发生束集形成螺型全位错，其位错反应为

$$\frac{a}{6}[\bar{1}2\bar{1}] + \frac{a}{6}[\bar{2}11] \rightarrow \frac{a}{2}[\bar{1}10]$$

形成的螺位错 $\boldsymbol{b} = \frac{a}{2}[\bar{1}10]$，位错线 $\boldsymbol{t} = [\bar{1}10]$，可以交滑移到 $(11\bar{1})$ 面上，并且扩展

开,在$(11\bar{1})$面上形成扩展位错,即$\frac{a}{2}[\bar{1}10] \rightarrow \frac{a}{6}[\bar{2}1\bar{1}] + \frac{a}{6}[\bar{1}21]$。

该扩展位错可以在$(11\bar{1})$面上继续运动,也可以发生束集,再交滑移到(111)面上,再扩展开。

6.24　解　新生成的位错的柏氏矢量$\boldsymbol{b} = \frac{a}{2}[1\bar{1}\bar{1}] + \frac{a}{2}[\bar{1}11] = [001]a$,新生位错的位错线是$(011)$与$(0\bar{1}1)$的交线,可以如下求得

$$\begin{bmatrix} i & j & k \\ 0 & 1 & 1 \\ 0 & \bar{1} & 1 \end{bmatrix} = 2i$$

故新生的位错线$\boldsymbol{t} = [100]$。

由于$\boldsymbol{b} \cdot \boldsymbol{t} = [001][100] = 0$,所以$b \perp t$为纯刃型位错。

其滑移面可以如下求得

$$\begin{bmatrix} i & j & k \\ 0 & 0 & 1 \\ 1 & 0 & 0 \end{bmatrix} = j$$

故滑移面为(010),不是体心立方的密排面,而是固定位错。

6.25　解　(1) 由表6.3的数据,可以计算出不同方位拉伸时的σ_S与$\cos\lambda \cdot \cos\phi$的关系见表6.3。

表6.3

σ_S/MPa	7.90	3.18	2.34	1.89	2.22	3.48	6.69
$\cos\lambda \cdot \cos\phi$	0.11	0.27	0.37	0.46	0.39	0.25	0.13

由$\tau_K = \sigma_S \cos\lambda\cos\phi$,可以求出$\tau_K$

$$\tau_K = \frac{1}{7}(7.90 \times 0.11 + 3.18 \times 0.27 + 2.34 \times 0.37 + 1.89 \times 0.46 + 2.22 \times 0.39 + 3.48 \times 0.25 + 6.69 \times 0.13) \approx 0.867\ \text{MPa}$$

(2) 由上表的数据可以做出取向因子与屈服强度的关系曲线,如图(6.10)。当取向因子$\cos\lambda \cdot \cos\phi$取得极大值0.5时,$\sigma$取得极小值时

$$\sigma_S = \frac{\sigma_C}{\cos\lambda\cos\phi} = \frac{0.867}{0.5} = 1.734\ \text{MPa}$$

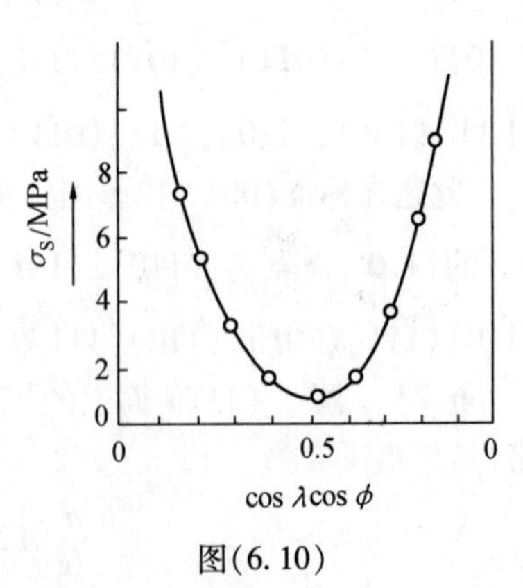

图(6.10)

6.26　解　外加拉应力的力轴为$[001]$,在(111)滑移面上,沿着$[\bar{1}01]$晶向的分切应力为

$$\tau = \sigma\cos\phi\cos\lambda$$

其中　$\cos\phi = \frac{1}{\sqrt{3}}$,　$\cos\lambda = \frac{1}{\sqrt{2}}$,　$\sigma = 10^6$ Pa

$$\tau = 10^6 \frac{1}{\sqrt{3}} \cdot \frac{1}{\sqrt{2}} \approx 4.08 \times 10^5\ \text{Pa}$$

设单位位错线上受的力

$$F_d = \tau b = 4.08 \times 10^5 \times \frac{\sqrt{2}}{2} \times 0.36 \times 10^{-9} \approx 1.04 \times 10^{-4}\ \mathrm{N/m}$$

对于螺位错与刃位错，只要 $\boldsymbol{b}$ 相同，位错线受力也相同。

6.27 解 若压缩轴与[0001]方向重合，由于镁的不同滑移系的滑移方向相同，均为 $<11\bar{2}0>$ 方向。滑移方向均与[0001]方向垂直，故 $\cos\lambda = 0$。所以 $\sigma_S = \dfrac{\sigma_C}{\cos\lambda\cos\phi} = \infty$。无论多大的压力都不能产生滑移。

但孪晶面为 $\{10\bar{1}2\}$，孪生方向 $<\bar{1}011>$，[0001]方向压缩的时候，有分切应力，当外力达到一定的数值的时候，将沿着 $\{10\bar{1}2\}<\bar{1}011>$ 产生孪晶。本例子中产生孪晶的分切应力已达到 τ_C 的 10 倍，故可发生孪生变形。

6.28 解 滑移与孪生的相同点，两者都是晶体塑变的基本方式，都是在切应力作用下，沿着一定晶面、晶向发生的切变。变形前后，晶体结构类型不变。

不同点，孪生使一部分晶体发生了均匀切变，而滑移只是集中在一些滑移面上。滑移时，晶体的已滑移与未滑移部分晶体位相相同，而孪生部分与基体位相不同，是具有特殊的镜面对称关系。孪生变形原子变形位移小于孪生方向原子间距，为其原子间距的分数倍；滑移变形时，原子移动的距离是滑移方向上原子间距的整数倍。与滑移类似，孪生要素也与晶体结构有关，但是同一结构的孪晶面、孪生方向可以与滑移面、滑移方向不同。孪生的临界分切应力比滑移的临界分切应力大很多。孪生变形的应力 - 应变曲线与滑移不同，呈现锯齿状的波动，主要是孪晶"形核"时，所需要的切应力大于孪晶界面扩展的应力所至。一般情况下，先发生滑移，当滑移难以进行的时候，才发生孪生变形。孪生对于塑变的直接贡献比滑移小得多，但是孪生改变了晶体位相，使硬位向的滑移系转到软位向，激发了晶体的进一步滑移。

6.29 解 证明：由孪生几何学，如图(6.11)，孪生变形时，相临(111)面，切动的距离为

$$\frac{1}{3}AC_1 = a\sqrt{\left(\frac{1}{2}\right)^2 + \left(\frac{1}{2}\right)^2 + 1^2}\Big/3 = \frac{\sqrt{6}}{6}a$$

由剪应变定义，参考图(6.10)，剪应变为

$$\gamma = \frac{\frac{1}{3}AC_1}{d_{(111)}} = \frac{\sqrt{6}}{6}a\Big/\frac{\sqrt{3}}{3}a = \frac{\sqrt{2}}{2} \approx 0.707$$

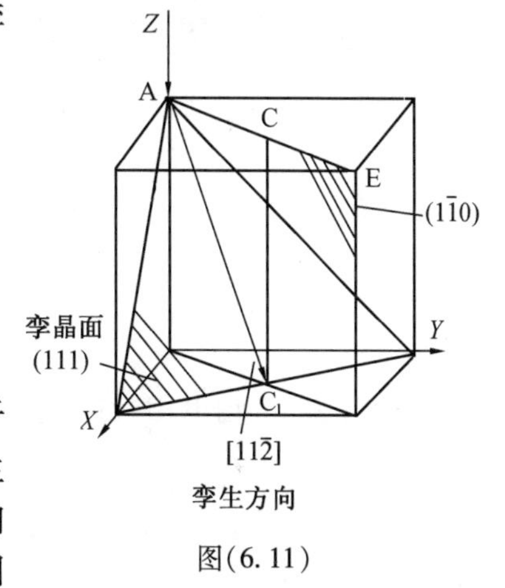

图(6.11)

6.30 解 当位错 3 扫过滑移面，该面上的原子由 A 位置变到 B 位置，其上的各层原子的位置也发生相应的改变，如图(6.12)(a)所示。另外两个位错扫过也引起相应的层错，如图(6.12)(b)所示。由图(6.12)(c)可知，以图中所示的 C 层为对称面，层错区与好区呈镜面对称的位向关系，即形成了孪晶。

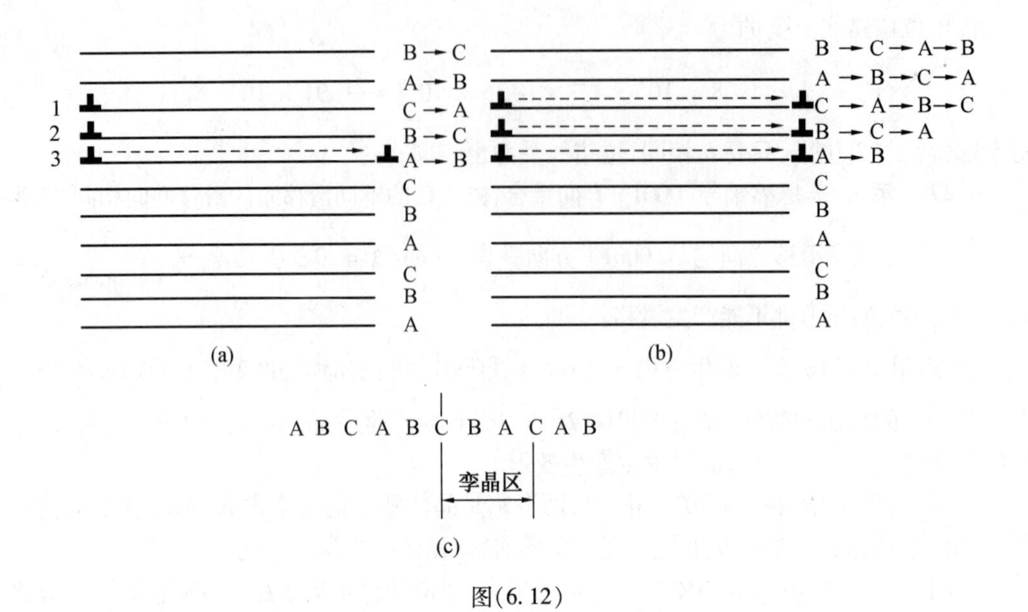

图(6.12)

6.31 解 由汤姆孙四面体,面心立方晶体的单位错可分解为弗兰克不全位错和肖克莱不全位错,例如:$\frac{a}{2}[110] \rightarrow \frac{a}{3}[111] + \frac{a}{6}[11\bar{2}]$,其中$\boldsymbol{b}_1 = \frac{a}{3}[111]$为垂直(111)面的纯螺位错,是极轴位错,$b_1 = d_{111}$,使(111)面扭曲成螺旋面。$\boldsymbol{b}_2 = \frac{a}{6}[11\bar{2}]$是位于(111)面上的肖克莱不全位错为扫动位错,每扫动一周就产生一层堆垛层错,如图(6.13),参考上题可知能形成孪晶。

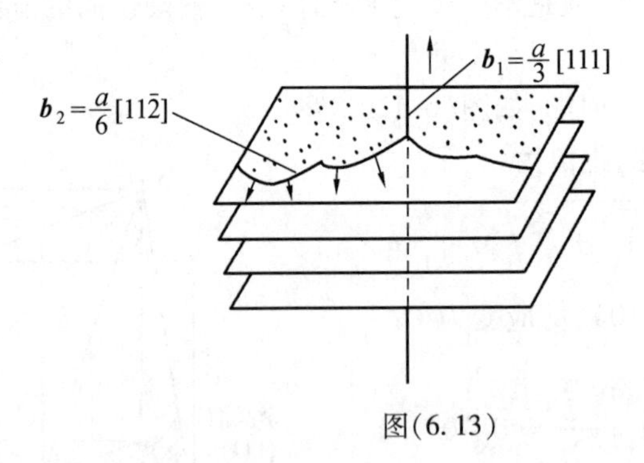

图(6.13)

6.32 解 由 Hall-Petch 公式 $\sigma_S = \sigma_0 + kd^{-\frac{1}{2}}$ 得到方程组,即

$$\begin{cases} 86 = \sigma_0 + k(400 \times 10^{-6})^{-\frac{1}{2}} \\ 242 = \sigma_0 + k(5 \times 10^{-6})^{-\frac{1}{2}} \end{cases}$$

解得 $k = 0.393;\sigma_0 = 66.25\ \text{MPa}$

将 $d = 50 \times 10^{-6}(\text{m})$ 代入 Hall-Petch 公式得到

$$\sigma_S = 66.25 + 0.393(50 \times 10^{-6})^{-\frac{1}{2}} \approx 121.83\ \text{MPa}$$

6.33　解　K_{IC} 是 I 型裂纹的应力场强度因子的临界值，线弹性状态下，以应力场强度因子形式表示的断裂韧性，单位 $MPa \cdot m^{1/2}$。

$Y\sigma\sqrt{a} \geq K_{IC}$ 被称作断裂的 K 判据，即当应力场强度因子大于等于 K_{IC} 的时候，裂纹失稳，材料发生断裂，已知工作应力 σ 和材料的断裂韧度 K_{IC} 可以估算出工件中允许存在的最大裂纹尺寸 a_c。已知裂纹尺寸 a 和工作应力 σ，可以求出工作时候的应力场强度因子 K_I 为合理选材做出理论依据。已知 K_{IC} 和存在的裂纹尺寸 a，可以求出最大许用应力 σ，若工作应力小于此应力，裂纹不扩展，反之，裂纹失稳。

6.34　解　P - N 力公式

$$\tau_P = \frac{2G}{1-\nu} e^{-\frac{2\pi a}{b(1-\nu)}}$$

其中 G 表示切变模量，ν 表示泊松比，a 表示晶面间距，b 表示滑移方向原子间距。

由公式可知，a 最大、b 最小的时候 τ_P 最小，因此为了减少滑移阻力，滑移方向一定是最密排方向，滑移面一定是面间距 a 最大的密排晶面。由图(6.14) 可以看出，密排程度越高的晶面，晶面间距也就越大，结合力也就越弱，滑移阻力小；同理最密排方向的两列原子结合力也最小，因此滑移方向一定是最密排方向，滑移面一定是最密排面。

6.35　解　交割后如图(6.15) 所示，$\boldsymbol{AB}$ 刃位错增长了位错线段 $\boldsymbol{PP'}$，其中 $\boldsymbol{PP'} = \boldsymbol{b}_2$，由于 $\boldsymbol{PP'} \perp \boldsymbol{b}_1$，故 $\boldsymbol{PP'}$ 为纯刃型，其滑移面由 $\boldsymbol{b}_1 \times \boldsymbol{b}_2$ 所决定，如图(6.15) 阴影所示。当 $\boldsymbol{AB}$ 位错继续运动的时候，割阶 $\boldsymbol{PP'}$ 可以在自己的滑移面上，跟着一起滑移，故 $\boldsymbol{PP'}$ 是可动割阶。

交割后，$\boldsymbol{CD}$ 增长了位错线段 $\boldsymbol{QQ'}$，$\boldsymbol{QQ'} = \boldsymbol{b}_1$，由于 $\boldsymbol{QQ'} \perp \boldsymbol{b}_2$，故 $\boldsymbol{QQ'}$ 也是刃型割阶，割阶的滑移面也由 $\boldsymbol{b}_2 \times \boldsymbol{b}_1$ 所决定，$\boldsymbol{QQ}$ 只能在此面上滑移，而螺位错在滑移或者交滑移时，运动方向垂直于位错线，显然当螺位错运动的时候，$\boldsymbol{QQ'}$ 要被拖着走，在其后留下一串空位或者间隙原子，此时 $\boldsymbol{QQ'}$ 刃型割阶对于原螺位错运动有了阻碍作用。

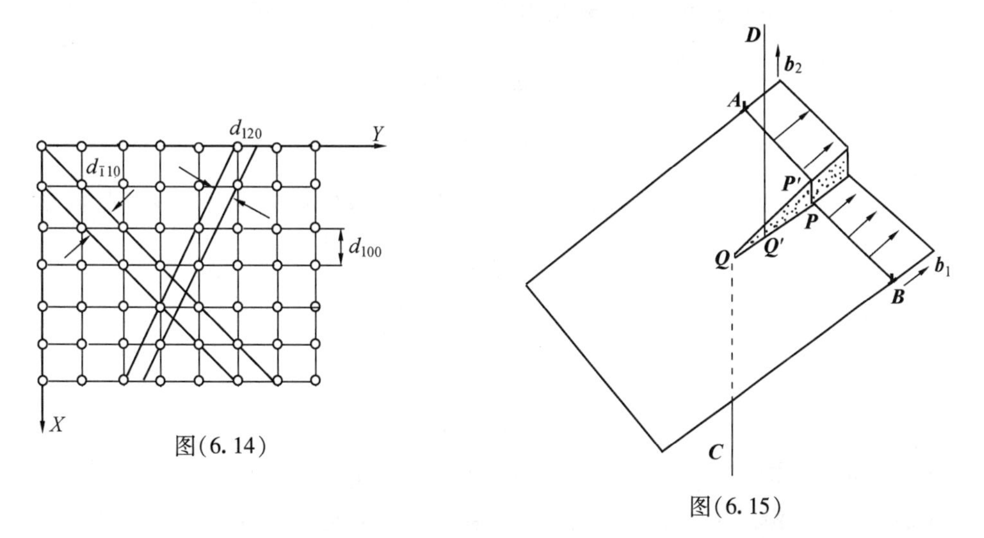

图(6.14)

图(6.15)

6.36　解　室温变形的时候，由于晶界强度高于晶内，所以晶粒越细，单位体积所包含的晶界越多，其强化效果也就越好。由 Hall - Petch 公式，$\sigma_S = \sigma_0 + kd^{-\frac{1}{2}}$，晶粒直径 d 越小,σ_s 就越高,这就是细晶强化。多晶体的每个晶粒都处在其他晶粒的包围之中,变形不是孤立的,要求邻近晶粒互相配合,协调已经发生塑变的晶粒的形状的改变。塑变一开始就必须是多系滑移。晶粒越细小,变形协调性越好,塑性也就越好。此外,晶粒越细小,位错塞积所引起的应力集中越不严重,可以减缓裂纹的萌生,曲折的晶界不利于裂纹扩展,有利于提高强度与塑性。

6.37 解 位错的绕过机制如图(6.16)(a) 所示,设位错线所受的力为 f_d,则 $f_d = \tau b$,由图(6.16)(b) 可知

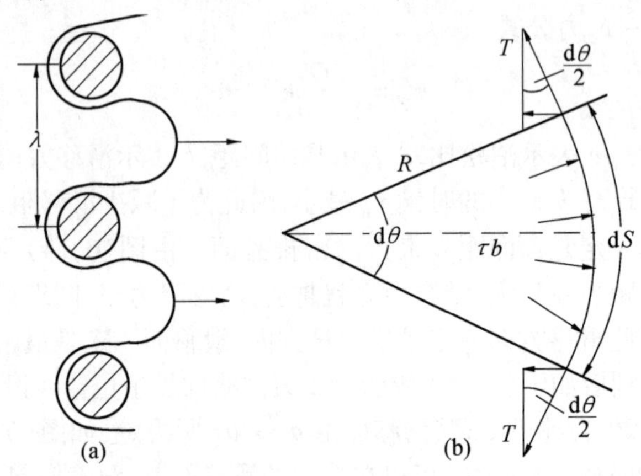

图(6.16)

$$\tau b \cdot dS = 2T\sin\frac{d\theta}{2}$$

式中 τ 为切应力,位错线张力 $T \approx \frac{Gb^2}{2}$,b 为柏氏矢量模。

当 $d\theta$ 很小时,$\sin\frac{d\theta}{2} \approx \frac{d\theta}{2}$,上式变为

$$\tau b \cdot R d\theta = 2T\frac{d\theta}{2}$$

所以

$$\tau b = T/R$$

其中位错线张力 $T \approx \frac{1}{2}Gb^2$,$b$ 是柏氏矢量模,当弯曲成半圆时,即 $R = \lambda/2$ 时,阻力最大。

所以

$$\tau_{\max} b = \frac{\frac{1}{2}Gb^2}{\frac{\lambda}{2}} = \frac{Gb^2}{\lambda}$$

所以

$$\tau_{\max} = \frac{Gb}{\lambda}$$

此式说明,粒子间距越小,饶过粒子所需要的切应力越大。

6.38 解 滑动位错绕过间距为 λ 的粒子所需的切应力为

$$\tau = \frac{T}{b \cdot \frac{\lambda}{2}} = \frac{2T}{b\lambda}$$

将 $T = \alpha Gb^2 \approx \frac{Gb^2}{2}$ 代入 τ 中,得到 $\tau = Gb/\lambda$。

对于半径为 r 的散布粒子,每颗粒子的平均截面积为 $\bar{A}$,根据体视学,$\bar{A} = V/\bar{H}'$,其中 $V = \frac{4}{3}\pi r^3$,$\bar{H}'$ 为粒子投影高度等于 $2r$,此外面积分数等于体积分数,所以单位面积上的颗粒数为

$$f \cdot (1/\bar{A}) = 3f/2\pi r^2$$

假定颗粒等距离排列,相距为 λ,则单位面积上的颗粒数为 $1/\lambda^2$,故有

$$1/\lambda^2 = 3f/2\pi r^2$$

解得 $\lambda = (2\pi/3)^{\frac{1}{2}} f^{-\frac{1}{2}} \cdot r$ 代入 τ 表达式中得到

$$\tau = \frac{\sqrt{3}\,Gb}{\sqrt{2\pi}} \cdot f^{\frac{1}{2}} \cdot r^{-1} = \frac{\sqrt{3}\,Gbf^{\frac{1}{2}}}{\sqrt{2\pi} \cdot r}$$

6.39 解 $c/a = 1.586 < 1.633$,(0001)面密排程度有所下降,滑移系除$\{0001\} < 11\bar{2}0 >$以外,尚有$\{10\bar{1}1\} < 11\bar{2}0 >$;$\{10\bar{1}0\} < 11\bar{2}0 >$。沿着轧制方向取样,板状试样有$\{0001\} < 11\bar{2}0 >$织构,故力轴方向与$\{0001\}$面夹角为90°,$\{0001\} < 11\bar{2}0 >$滑移系处在硬位向不能开动,但是其他两类滑移系,$\cos\phi \cdot \cos\lambda \neq 0$,可以开动。塑变可以滑移方式进行,故屈服强度较低。

当合金中固溶碳原子的时候,c/a 增大,当 $c/a > 1.633$ 的时候,最密排面为(0001),滑移只能沿着基面进行,此滑移系 $\cos\varphi = 0$,处于硬位向,故不能滑移,只能以孪晶方式变形。由于孪晶变形的临界分切应力比滑移大将近 10 倍,故塑变以孪晶方式进行,变形抗力明显增高。

第7章 回复与再结晶

7.1 解 略

7.2* 解 设位错中心区的半径为 $r_0 = b \approx 10^{-8}$ cm,位错应力场作用半径 $R = 10^{-4}$ cm,因为形成亚晶前后位错总长度不变,所以形成亚晶前后,单位位错线能量之比即为晶体多边化前后能量之比。

单位位错线能量

$$W_E = \frac{Gb^2}{4\pi(1-\nu)} \ln\frac{R}{r_0} = \frac{Gb^2}{4\pi(1-\nu)} \ln 10^4$$

多边化后,刃位错垂直滑移面排列,位错间距为 D,故位错作用半径 R 变成 D,由公式 $R = D = \frac{b}{\theta} = \frac{10^{-8}}{10^{-3}} = 10^{-5}$,得多边化后单位位错线能量为

$$W'_E = \frac{Gb^2}{4\pi(1-\nu)} \cdot \ln\frac{10^{-5}}{10^{-8}} = \frac{Gb^2}{4\pi(1-\nu)} \cdot \ln 10^3$$

$$\frac{W'_E}{W_E}=\frac{\ln 10^3}{\ln 10^4}=\frac{3}{4}$$

由此说明多边化后，位错能量降低，减少了储存能，也减少了再结晶的驱动力。

7.3 解 冷变型金属在不同温度下，回复到相同程度所需要的时间 t 与回复温度 T 的关系为

$$\ln t=C+\frac{Q_R}{R}\cdot\frac{1}{T} \tag{1}$$

其中 C 为常数，Q_R 为回复激活能，R 为气体常数。则

$$\ln t_1-\ln t_2=\frac{Q_R}{R}\left(\frac{1}{T_1}-\frac{1}{T_2}\right)$$

$$\ln\frac{t_1}{t_2}=\frac{Q_R}{R}\left(\frac{1}{T_1}-\frac{1}{T_2}\right)$$

$$Q_R=\frac{R\cdot\ln\frac{t_1}{t_2}}{\left(\frac{1}{T_1}-\frac{1}{T_2}\right)}$$

令 $T_1=273+20=293\ \text{K}$，$t_1=7\times24\times60=10\ 080\ \text{min}$；$T_2=273+100=373\ \text{K}$，$t_2=50\ \text{min}$；则

$$Q_R=\frac{8.31\ln\frac{10\ 080}{50}}{\frac{1}{293}-\frac{1}{373}}\approx 6.04\times10^4\quad(\text{J/mol})$$

7.4 解 冷变形金属再结晶也是一种热激活过程，再结晶速度符合阿累尼乌斯公式，即

$$V_{再}=A'\cdot e^{-Q/RT}$$

由于 $V_{再}$ 与产生某一体积分数 x_v 所需要的时间 t 成反比，即 $V_{再}\propto 1/t$，于是

$$\frac{1}{t_1}=Ae^{-\frac{Q}{RT_1}};\quad \frac{1}{t_2}=Ae^{-\frac{Q}{RT_2}};\quad \frac{1}{t_3}=Ae^{-\frac{Q}{RT_3}}$$

由上面3个式子，两两相除得到

$$\frac{t_2}{t_1}=e^{-\frac{Q}{R}\left(\frac{1}{T_1}-\frac{1}{T_2}\right)}\ ;\quad \frac{t_3}{t_1}=e^{-\frac{Q}{R}\left(\frac{1}{T_1}-\frac{1}{T_3}\right)}$$

对其取自然对数，然后相除得

$$\frac{\ln(t_2/t_1)}{\ln(t_3/t_1)}=\frac{1/T_1-1/T_2}{1/T_1-1/T_3}$$

将 $T_1=673\ \text{K}$，$t_1=1\ \text{h}$；$T_2=663\ \text{K}$，$t_2=2\ \text{h}$；$T_3=693\ \text{K}$ 代入上式，解得 $t_3=0.27\ \text{h}$。

7.5 解 由习题图7.1，求出不同等温温度下产生50%再结晶所需要的时间 t，由于

$$V_{再}\propto\frac{1}{t}=A'e^{-\frac{Q_R}{RT_1}}$$

两边取对数，整理得到

$$\ln t = \frac{Q_R}{R} \cdot \frac{1}{T} - \ln A'$$

由习题图 7.1,计算 $1/T$ 与 $\ln t$,结果见表 7.1 列出。

表 7.1

$1/T$	0.002 45	0.002 55	0.002 59	0.002 67	0.002 77	0.003 16
$\ln t$	2.20	3.14	3.58	4.39	5.52	10.12

由表 7.1 作出图(7.1) 散点图,采用最小二乘法可以拟合出直线方程,即

$$\ln t = 1.113 \times 10^4 \frac{1}{T} - 25.45$$

直线斜率为 m,则

$$Q_R = m \cdot R = 1.113 \times 10^4 \times 8.31 = 92.49 \text{ kJ/mol}$$

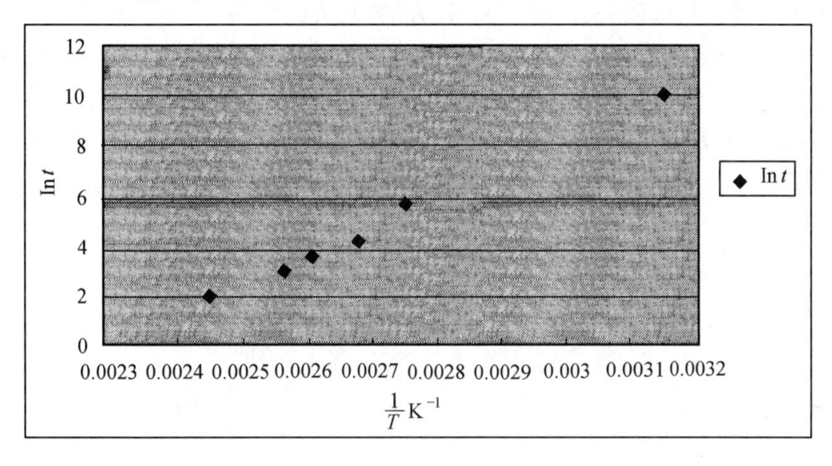

图(7.1)

7.6 解 合并公式 $R = A \cdot \exp(-B/T)$,$R = 1/t_{0.5}$,得到

$$\frac{1}{t_{0.5}} = A e^{-B/T}$$

$$A t_{0.5} e^{-B/T} = 1$$

两边取以 10 为底的对数为

$$\lg(A t_{0.5}) = -\frac{B}{T} \lg e$$

即

$$\lg A = -B \frac{\lg e}{T} - \lg t_{0.5}$$

由上式可以知道,测出两个不同温度的 $t_{0.5}$,即可决定出 A,B。

7.7 解 (1) 设退火状态的屈服应力为 σ_0,加工硬化状态的屈服应力为 $4\sigma_0$,许用应力$[\sigma] = 2\sigma_0$,再结晶将使材料的强度下降。假定发生 50% 再结晶,材料的强度降至此值,由 7.5 题,$Ate^{-B/T} = 1$,两边取自然对数得到

$$\ln A + \ln t - B/T = \ln 1$$

$$\ln t = B/T - \ln A + \ln 1 = \frac{1.5 \times 10^4}{273 + 130} - 12 \ln 10 = 37.22 - 27.63 = 9.59$$

则元件使用寿命为 $t = 14\ 618\ \text{min} \approx 243.6\ \text{h}$

(2) 由聚合型两相合金塑变理论,得

$$\sigma_a = \varphi_1\sigma_1 + \varphi_2\sigma_2$$

其中 σ_a 为合金的屈服强度,σ_1 为冷塑变后组织的屈服强度,σ_2 为再结晶后屈服强度,φ_2 为再结晶体积分数。

未再结晶体积分数 $\varphi_1 = 1 - \varphi_2$。依题意正常服役后,$\sigma_a = 2\sigma_0$,由

$$2\sigma_0 = (1 - \varphi_2)4\sigma_0 + \varphi_2\sigma_0$$

解出 $\varphi_2 = 66.7\%$。即再结晶体积分数小于 66.7%,能满足性能要求,但是考虑到回复使未再结晶部分的屈服强度稍有下降,故若取 $\varphi_2 = 66.7\%$,将不能满足强度要求,故近似取 $\varphi_2 = 50\%$。

(3) 因为 50% 再结晶,大部分晶粒尚未接触,再结晶晶粒较细小。又因为强度的下降,主要决定于再结晶体积分数,故无需考虑晶粒长大的影响。

7.8 解 分散相微粒与晶界的交互作用阻碍了晶界的移动,假定分散相粒子为球状,半径为 r。当位于图(7.2)(a)的位置时,由于粒子存在,减少了 $\pi r^2\gamma_b$ 的晶界能,此时粒子与晶界是处于力学平衡的位置。当晶界右移,如图(7.2)(b),晶界面积增大,界面能增高,与粒子相接触处,晶界发生弯曲,使晶界与粒子表面相垂直。

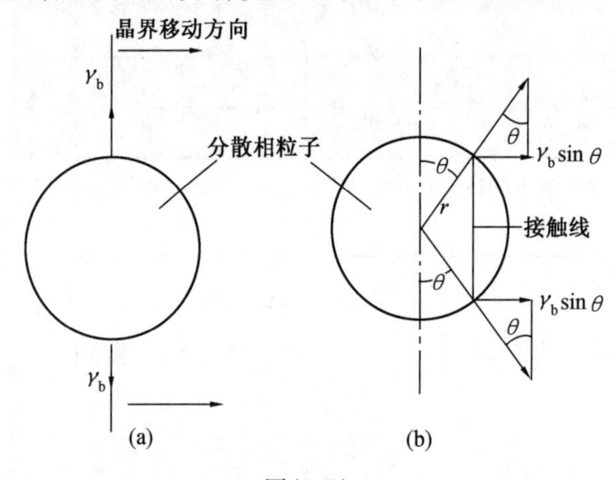

图(7.2)

晶界移动的时候,对第二相粒子施加的拉力为

$$F = 2\pi r(\cos\theta)\cdot\gamma_b(\sin\theta) = \pi r\gamma_b\sin 2\theta$$

当 $\theta = 45°$ 时 $F_{max} = \pi r\gamma_b$

F_{max} 等于粒子对于界面移动所施加的最大的约束力。若分散相粒子呈现均匀分布,单位体积中存在 N 个粒子,设单位面积有 N_S 个粒子,则 $N_S\cdot(1/2r) = N$,所以 $N_S = 2rN$。因此单位面积晶界各粒子对于晶界移动所施加的总约束力为

$$F'_{max} = F_{max}\cdot 2rN = 2\pi r^2N\gamma_b$$

由于单位体积的金属中,分散相粒子所占的体积分数 $\varphi = \dfrac{4}{3}\pi r^3N$,所以 $N = \dfrac{3\varphi}{4\pi r^3}$

$$F'_{max} = 2\pi r^2N\gamma_b = 2\pi r^2\frac{3\varphi}{4\pi r^3}\gamma_b = \frac{3}{2}\frac{\varphi\gamma_b}{r}$$

由于晶界驱动力为 $$P=\frac{2\gamma_b}{R}=\frac{2\gamma_b}{\overline{D}}$$

当驱动力等于阻力，晶粒长大停止，即

$$\frac{2\gamma_b}{\overline{D}_{min}}=\frac{3}{2}\frac{\varphi\gamma_b}{r}$$

$\overline{D}_{min}=\frac{4r}{3\varphi}$，当 $r\downarrow$，$\varphi\uparrow$，$\overline{D}_{min}$ 越小。当分散相所占的体积分数 φ 一定，r 越小，极限平均晶粒尺寸也就越小。

7.9　解　由极限平均晶粒尺寸计算公式，即

$$\overline{D}_{lim}=\frac{4r}{3\varphi}=\frac{4\times0.05}{3\times0.01}=6.7\ \mu m$$

分散相粒子对于晶界迁移有阻碍作用。当晶界能所提供的晶界迁移驱动力正好等于分散相对于晶界迁移的阻力的时候，达到了晶粒长大的极限尺寸，继续保温，晶粒尺寸不再增加，由计算 $\overline{D}_{lim}=6.7\ \mu m$。退火时，基体平均直径为6 μm，已经接近 $\overline{D}_{lim}$，故晶粒长大极缓慢，接近停止。

7.10　解　由习题图7.2查得

$$T=273\ K,\quad t=95\ min,\quad \ln\frac{\rho(95)-\rho(\infty)}{\rho(0)-\rho(\infty)}=-0.08$$

$$T=295\ K,\quad t=100\ min,\quad \ln\frac{\rho(100)-\rho(\infty)}{\rho(0)-\rho(\infty)}=-0.14$$

$$95Ae^{-Q/273R}=-0.08$$

$$100Ae^{-Q/295R}=-0.14$$

将以上两个式子相除得

$$\frac{95}{100}\exp\left[-\frac{Q}{R}\left(\frac{1}{273}-\frac{1}{295}\right)\right]=\frac{0.08}{0.14}$$

$$\exp\left[-\frac{Q}{R}\left(\frac{1}{273}-\frac{1}{295}\right)\right]=\frac{0.08\times100}{0.14\times95}$$

两边取对数得

$$-\frac{Q}{R}\left(\frac{1}{273}-\frac{1}{295}\right)=\ln\left(\frac{0.08\times100}{0.14\times95}\right)$$

将 $R=8.31$ J/mol·K 代入，解出 $Q=15.69\times10^3$ J/mol

7.11　解　证明：将 $\varphi=0.95$ 代入 Johnson - mehl 方程得

$$1-0.95=\exp\left[-\left(\frac{\pi}{3}\dot{N}G^3t^4\right)\right]$$

$$\ln(1-0.95)=-\left(\frac{\pi}{3}\dot{N}G^3t^4\right)$$

则 $$t_{0.95}=\left(\frac{2.86}{\dot{N}G^3}\right)^{1/4}$$

7.12　解　将 G，$\dot{N}$ 代入 $t_{0.95}$ 表达式中

$$t_{0.95}=\left(\frac{2.86}{\dot{N}G^3}\right)^{1/4}=\left[\frac{2.86}{\dot{N}_0G_0^3\mathrm{e}^{-Q_n/KT}\mathrm{e}^{-3Q_R/KT}}\right]^{1/4}$$

$$(t_{0.95})^4=\frac{2.86}{\dot{N}_0G_0^3\exp\left[-\frac{1}{KT}(Q_n+3Q_R)\right]}$$

$$\exp\left[-\frac{1}{KT}(Q_n+3Q_R)\right]=\frac{2.86}{\dot{N}_0G_0^3t_{0.95}^4}$$

两边取对数

$$-\frac{1}{KT}(Q_n+3Q_R)=\ln\frac{2.86}{\dot{N}_0G_0^3t_{0.95}^4}$$

$$T=-\frac{(Q_n+3Q_R)}{K\ln\frac{2.86}{\dot{N}_0G_0^3t_{0.95}^4}}$$

将 $t_{0.95}=1$ h，$T=T_R$ 代入，解得

$$T_R=\frac{Q_n+3Q_R}{K\ln\frac{2.86}{\dot{N}_0G_0^3}}$$

7.13 解 当部分晶界弓出一球面时，当曲率半径再变化一微量时，所扫过的体积为 δV，所增加的面积为 δA，晶界移动的条件为

$$\Delta G=-\Delta E_V\cdot\delta V+\sigma\cdot\delta A=\delta V\left(\sigma\cdot\frac{\delta A}{\delta V}-\Delta E_V\right)<0$$

由于

$$\frac{\delta A}{\delta V}=\frac{\mathrm{d}(4\pi R^2)}{\mathrm{d}\left(\frac{4}{3}\pi R^3\right)}=\frac{2}{R}$$

故

$$\sigma\cdot\frac{\delta A}{\delta V}-\Delta E=\frac{2\sigma}{R}-\Delta E_V>0$$

即

$$\Delta E_V>\frac{2\sigma}{R}$$

由习题图 7.3，$R=L/\sin\alpha$，当 $\sin\alpha=1$，而 $\alpha=\frac{\pi}{2}$ 时，$R_{\min}=L$，即$\frac{2\sigma}{L}$为凸出形核的最大阻力。只要弓出形核的动力 ΔE_V 大于阻力$\frac{2\sigma}{L}$即可弓出形核，弓出形核的条件为

$$\Delta E_V>\frac{2\sigma}{L}$$

7.14 解 设1摩尔 Ag 的体积为 V cm^3，由 $\rho=10.49$ g/cm^3，得到 $\rho=10.49=\frac{107.9}{V}$

解得

$$V=10.286\ \text{cm}^3$$

$$\Delta E=16.7/10.286\approx1.624\ (\text{J/cm}^3)$$

由公式

$$\Delta E_V>\frac{2\sigma}{L}$$

得到

$$L>\frac{2\sigma}{\Delta E_V}=\frac{2\times4\times10^{-5}}{1.624}\approx4.93\times10^{-5}\ \text{cm}$$

故弓出形核时的 L 应大于 4.93×10^{-5} cm 才可形核。

7.15 解 大量冷变形工业纯铝 100 ℃ 放置 12 天,其低温强度明显下降的原因是,发生了再结晶。查得 $T_{再}=150$ ℃,是指 1 小时完成再结晶的温度,故充足保温能够发生再结晶的温度一定比 150 ℃ 低。再者大量冷变形储存能多,再结晶驱动力大,故 100 ℃ 放置 12 天,大量冷变形纯铝完全可以发生再结晶。用以下方法可以证明上述设想:

① 观察薄片试样,看有无等轴的晶粒生成,来确定是否发生再结晶,或者是否已经完成再结晶。

② 将 t_1,t_2 代入 $V_{再}=\dfrac{1}{t}=A'\mathrm{e}^{-Q/RT}$ 式中

$$\frac{1}{t_1}=A'\mathrm{e}^{-Q/RT_1},\ \frac{1}{t_2}=A'\mathrm{e}^{-Q/RT_2}$$

将两个式子相除

$$\frac{t_2}{t_1}=\exp\left[-\frac{Q}{R}\left(\frac{1}{T_1}-\frac{1}{T_2}\right)\right]$$

两边取对数

$$\ln\frac{t_2}{t_1}=-\frac{Q}{R}\left(\frac{1}{T_1}-\frac{1}{T_2}\right)$$

查得纯铝再结晶激活能 Q,将 $T_1=423$ K,$t_1=1$ h,$t=12\times24$ h,代入上式,解出 T_2,将之与 100 ℃ 比较,若低于 100 ℃,说明发生再结晶。

7.16 解 (1) 完全再结晶之后,晶粒沿着片长方向变化如图(7.3) 所示。最窄处无形变或者是变形度极小,不能发生再结晶,退火时晶粒尺寸不变。在较窄处处于临界变形度,变形量约为 2% ~ 10%,储存能少,可以发生再结晶,但是生核率很低,故再结晶后晶粒特别粗大;超过临界变形度,随着变形度增加,再结晶驱动力逐渐增大,故再结晶形核率增大,使晶粒变细。当变形量很大时,要产生再结晶织构,如果再结晶温度较高时,会产生晶粒异常长大,退火后形成异常大的晶粒。

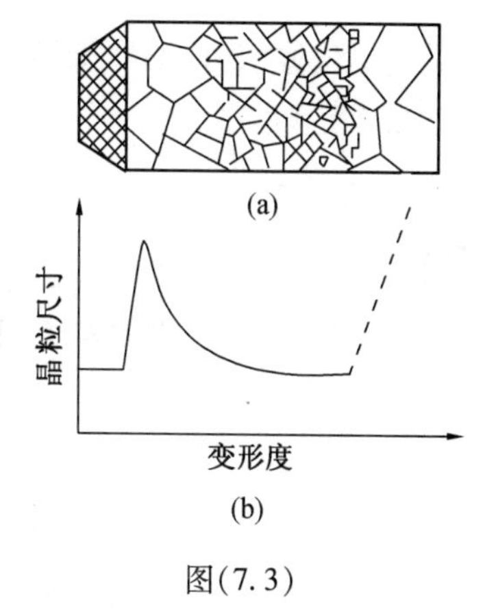

图(7.3)

(2) 变形量越大,储存能越高,再结晶驱动力越大,再结晶温度越低。故在较宽处变形度最大,可以首先发生再结晶。

7.17 解 由回复阶段的储存能的释放谱可以见到有明显的 3 个小峰,说明回复阶段加热的温度不同,回复机理也不同。

$0.1\sim0.3T_{\mathrm{m}}$ 低温回复,主要涉及到点缺陷的运动,空位及间隙原子移动到晶界或位错处消失,空位及间隙原子的复合,空位集结形成空位对或空位片,使点缺陷密度大大下降。

$0.3\sim0.5T_{\mathrm{m}}$ 中温回复,位错在滑移面上滑移,使异号位错相遇相消,使位错密度下降,使位错缠结内部重新排列组合,使亚晶规整化。

$0.5T_{\mathrm{m}}$ 以上高温回复,除了位错滑移外,尚可攀移,主要机制多边化,形成小角度晶

界。多边化后,尚存在亚晶的合并长大。亚晶合并可以通过 Y 结点的移动实现。需要靠位错攀移、滑移与交滑移来完成。

7.18　解　由公式 $\dfrac{d\overline{D}}{dt} = K_1 \dfrac{1}{D} = K_0 \cdot \dfrac{1}{D} \cdot e^{-Q_m/RT}$

将上式积分　$\overline{D}_t^2 - \overline{D}_0^2 = K_2 e^{-Q_m/RT} \cdot t$

由于 $\overline{D}_t >> \overline{D}_0$,所以　$\dfrac{\overline{D}_t^2}{t} \approx K_2 \cdot e^{-Q_m/RT}$

将 900 ℃,1 100 ℃ 及已知数据分别代入上式,得到

$$\begin{cases} \dfrac{0.05^2}{10} = K_2 \cdot e^{-Q_m/8.31 \times 1\,173} & (1) \\ \dfrac{0.15^2}{10} = K_2 \cdot e^{-Q_m/8.31 \times 1\,373} & (2) \end{cases}$$

由方程组解得　$Q \approx 147\ \text{kJ/mol}$

7.19　解　由 $Fe - Fe_3C$ 相图计算出 Fe_3C 所占的质量分数

$$w_{(Fe_3C)} = \frac{0.77 - 0.005\,7}{6.69 - 0.005\,7} \times 100\% \approx 11.5\%$$

设 Fe_3C 所占体积分数为 f_{Fe_3C},则有

$$f_{Fe_3C} \cdot 7.66 = 7.85 \times 11.5\%$$

解得　$f_{Fe_3C} \approx 11.79\%$

设单位体积($1\ cm^3$)有 N_V 个 Fe_3C 粒子,则

$$\frac{4}{3}\pi r^3 N_V = f_{Fe_3C}$$

所以　$N_V = \dfrac{3f_{Fe_3C}}{4\pi r^3}$

由于粒子均布,设两粒子间距为 λ,单位体积包含的粒子取 N_V,则

$$N_V = \frac{1}{\lambda^3}$$

故　$\dfrac{3f_{Fe_3C}}{4\pi r^3} = \dfrac{1}{\lambda^3}$

所以　$\lambda = \left(\dfrac{4\pi r^3}{3f_{Fe_3C}}\right)^{\frac{1}{3}} = \left[\dfrac{4\pi(10 \times 10^{-6})^3}{3 \times 0.118}\right]^{\frac{1}{3}} \approx 3.286 \times 10^{-5}(\text{m})$

由公式　$\tau = \dfrac{Gb}{\lambda} = \dfrac{7.9 \times 10^4 \cdot \dfrac{\sqrt{3}}{2} \times 0.28 \times 10^{-9}}{3.286 \times 10^{-5}} \approx 0.58\ \text{MPa}$

7.20　解　$\dfrac{1}{t} = A \cdot e^{-Q/RT}$

$$\lg t = \frac{Q}{R} \times 0.434\,2 \cdot \frac{1}{T} - \lg A$$

将 $\lg t = 1, \dfrac{1}{T} = 1.99 \times 10^{-3}$;$\lg t = -1,\ \dfrac{1}{T} = 1.82 \times 10^{-3}$

代入上式，解得

$$Q = 225.16\ (\text{kJ/mol}),\quad \lg A = 22.41$$

该直线方程为

$$\lg t = 11.76 \times 10^3 \frac{1}{T} - 22.41$$

将 200 ℃ 即$\frac{1}{T} = 0.0021$代入 $\lg t$ 表达式中　　$\lg t \approx 2.286$

即 $t \approx 169$ h，故 200 ℃ 温度下使用可以发生再结晶。

7.21　解　再结晶后晶粒的长大又分为正常长大与异常长大。晶粒的异常长大又称为不连续长大或者二次再结晶。

二次再结晶是一种特殊的晶粒长大方式，基体中大多数晶粒长大受到抑制，少数晶粒迅速长大，使晶粒之间尺寸差异显著增大，直到这些迅速长大的晶粒完全接触为止。

发生异常长大的条件是，正常晶粒长大被分散相粒子、织构、表面热能沟等强烈阻碍，能够长大的晶粒数目较少，使得晶粒大小相差悬殊，才会发生异常长大。

7.22　解　高层错能金属材料，扩展位错宽度 d 小，不全位错易束集，故易交滑移。热变形时，动态回复是其主要或者唯一的软化机制，其真应力 - 真应变曲线如题中图(7.4)(a) 所示。热加工开始，随着真应变的增加，位错密度不断增加，变形抗力增高，当变形进行到了一定程度，位错密度增加速率减小，直到进入稳定态，这时因为热变形产生的加工硬化与动态回复同步进行。稳定态的时候，增殖的位错与回复消失的位错呈现动态平衡，随着变形的进行，流变应力保持恒定。增加应变速率 $\dot{\varepsilon}$，稳态流变应力将增高。

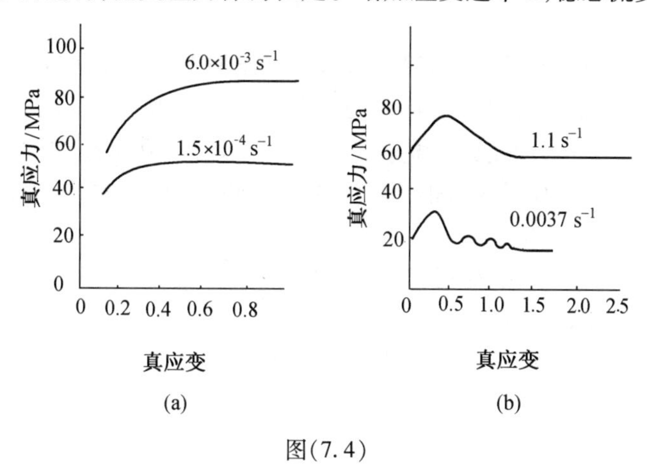

图(7.4)

低层错能金属材料，不全位错不易束集，不易交滑移，热加工时，可以积累很高的位错密度，再结晶驱动力大，从而出现动态再结晶。其真应力 - 真应变如图(7.4)(b)。高应变速率下，应力随着应变不断增大，直到峰值后，又随着应变的增加而下降，最后达到稳定态。峰值之前加工硬化占主导，金属中只发生部分动态再结晶。随着变形量增加，位错密度不断增高，使得动态再结晶加快，软化作用增强。当软化作用开始大于加工硬化的时候，曲线开始下降；当变形造成的硬化与再结晶造成的软化达到动态平衡的时候，曲线进入稳定态。低应变速率的时候，其对应的稳定态阶段曲线呈现波浪变化，这是由于低的应变速率或者是高的变形温度，使位错增加速率小，动态再结晶之后，必须进一步加工硬化，积累位错，才能再一次进行再结晶的形核，此种情况下，动态再结晶与加工硬化交替进行，使得曲线呈现波浪式。

7.23　解　由两相合金的再结晶理论，如果第二相颗粒很细（小于0.3 μm），间距又很小（小于1 μm），第二相粒子将抑制再结晶晶核的形成。本题所加第二相粒子尺寸小于0.3 μm，故加入一定体积分数氧化钍，可以提高高温性能。这是因为再结晶晶核形成之前，亚晶核长大的过程中就遇到了第二相颗粒的阻碍，抑制了再结晶晶核的形成，阻碍了再结晶的发生，使之熔化之前也不发生再结晶。故高温工作时，位错密度较高，变形抗力高。此外，氧化钍粒子阻碍位错的运动，增加了塑变阻力，故增高了高温性能。

7.24　解　冷拔钢丝由于有加工硬化，故其强度较高，承载能力较强，当其被红热的鄂板加热的时候，当温度上升到了 $T_{再}$ 以上，会发生再结晶，使得强度下降，不能承受鄂板重量，故会发生断裂。

7.25　解　可以在钨丝中加入弥散分布的高熔点的细颗粒状的第二相。第二相可以有效阻碍晶粒的长大，晶粒的极限尺寸 $D_{\lim}=\frac{4r}{3f}$，当粒子 r 越小，加入的体积分数 f 越大，极限晶粒尺寸越小，不至于形成横跨灯丝的大晶粒。高温时的晶界弱化作用可以得到减轻，从而防止了脆断。

也有人认为加入钾、铝、硅等的氧化物，烧结时候气化，形成气泡，加工时沿着加工方向被拉长，这些沿着轴线方向分布的小气泡，也可以作为晶界迁移的障碍，只允许晶粒平行于钨丝轴线方向长大，成为沿着轴线伸长了的大晶粒，不会形成横跨钨丝截面的大晶粒，从而使得高温性能变好。

7.26　解　金属材料在一定条件下拉伸，其延伸率可以高达200%以上，甚至大于1 000%。这种性能称作超塑性。超塑性变形时，真应力－真应变符合：$\sigma_T(\varepsilon_T,T)=C\cdot\dot{\varepsilon}_T^m$ 关系式，其中 m 叫做应变速率敏感常数，当 $m=0.3\sim0.8$ 的时候，可以具有超塑性。

超塑性可以分成组织超塑性、相变超塑性和其他超塑性三大类，其中组织超塑性应该具备三个条件：

（1）晶粒超细化、等轴化、稳定化，晶粒尺寸一般不超过10 μm；

（2）变形温度一般在 $(0.5\sim0.7)T_m$；

（3）一定的应变速率，超塑性变形最佳的速率为 $10^{-4}\sim10^{-2}\,s^{-1}$ 或者 $10^{-3}\sim10^{-2}\,min^{-1}$。

第8章　扩　散

8.1　解　（略）

8.2　解　此时通过管子中铁膜的氮气通量为

$$J=\frac{2.8\times10^{-8}}{\frac{\pi}{4}\times(0.03)^2}=4.0\times10^{-5}\ mol/(m^2\cdot s)$$

膜片两侧的氮浓度梯度为

$$-\frac{\Delta c}{\Delta x}=\frac{1\ 200-100}{0.000\ 1}=1.1\times 10^{7}\ \mathrm{mol/m}$$

根据菲克第一定律

$$J=-D\frac{\partial c}{\partial x}$$

$$D=-\frac{J}{\Delta c/\Delta x}=3.6\times 10^{-12}\ \mathrm{m^2/s}$$

8.3 解 不适用。其主要原因为

(1) 纯铅与铁浸润性不好。

(2) 纯铅熔点比 Sn - Pb 合金高。

8.4 解 $D^{\gamma}_{c1\ 050}=0.12\exp\left(\frac{-32\ 000}{1.987\times 1\ 323}\right)=6\times 10^{-7}\ \mathrm{cm^2\cdot s^{-1}}$

查 Fe - C 相图,1 050 ℃ 碳在 γ 铁中的溶解度为 1.5%。由此可取 $c_S=1.5$,$c_0=0.1$,$t=2.4\times 3\ 600=8\ 640\ \mathrm{s}$,代入方程式

$$c=c_S\left[1-\left(1-\frac{c_0}{c_s}\right)\mathrm{erf}\left(\frac{z}{2\sqrt{Dt}}\right)\right]$$

$$c=1.5\left[1-\frac{1.5-0.1}{1.5}\mathrm{erf}\left(\frac{z}{2\sqrt{6\times 10^{-7}\times 8\ 640}}\right)\right]=1.5-1.4\mathrm{erf}\frac{z}{0.144}$$

$z=0.02\ \mathrm{cm}$ $\quad \mathrm{erf}\frac{0.02}{0.144}=\mathrm{erf}\,0.139=0.155\ 8$

$c_{0.02}=1.5-1.4\times 0.158\ 8=1.28$ $\quad$ HRC 59

$z=0.04\ \mathrm{cm}$ $\quad \mathrm{erf}\frac{0.04}{0.144}=0.307\ 9$

$c_{0.04}=1.5-1.4\times 0.307\ 9=1.07$ $\quad$ HRC 64

$z=0.06\ \mathrm{cm}$ $\quad \mathrm{erf}\frac{0.06}{0.144}=0.444\ 7$

$c_{0.06}=1.5-1.4\times 0.444\ 7=0.877$ $\quad$ HRC 65

$z=0.08\ \mathrm{cm}$ $\quad \mathrm{erf}\frac{0.08}{0.144}=0.568\ 3$

$c_{0.08}=1.5-1.4\times 0.568\ 3=0.704$ $\quad$ HRC 64

$z=0.1\ \mathrm{cm}$ $\quad \mathrm{erf}\frac{0.1}{0.144}=0.673\ 6$

$c_{0.1}=1.5-1.4\times 0.673\ 6=0.557$ $\quad$ HRC 62

根据计算所得数据,可绘出硬度 - 距离曲线如图(8.1) 所示(表面硬度为 HRC54)。

8.5 解 已知:$c_S=1.0$,$c_0=0.1$。为保证 $z=0.1$ cm 处硬度不低于 HRC60,令此处碳质量分数 $w_{C_{0.1}}=0.5$。选定渗碳温度为 912 ℃,$T=1\ 185$ K。

$$D^{\gamma}_{C1\ 185}=0.12\exp\left(\frac{-3\ 200}{1.987\times 1\ 185}\right)=$$

$$1.5\times 10^{-7}\ \mathrm{cm^2\cdot s^{-1}}$$

将上述数据代入方程式

$$c_{0.1} = c_S\left[1 - \left(1 - \frac{c_0}{c_S}\right)\mathrm{erf}\left(\frac{z}{2\sqrt{Dt}}\right)\right]$$

$$0.5 = 1.0\left[1 - \frac{1.0 - 0.1}{1.0}\mathrm{erf}\left(\frac{0.1}{2\sqrt{1.5 \times 10^{-7}t}}\right)\right]$$

$$0.5 = 0.9\ \mathrm{erf}\frac{0.1}{2\sqrt{1.5 \times 10^{-7}t}}$$

$$0.55 = \mathrm{erf}\frac{0.1}{2\sqrt{1.5 \times 10^{-7}t}}$$

$$\frac{0.1}{2\sqrt{1.5 \times 10^{-7}t}} = 0.535$$

$$t = \frac{1}{1.5 \times 10^{-7} \times (5.35 \times 2)^2} = 58\ 230\ \mathrm{s} \approx 16\ \mathrm{h}$$

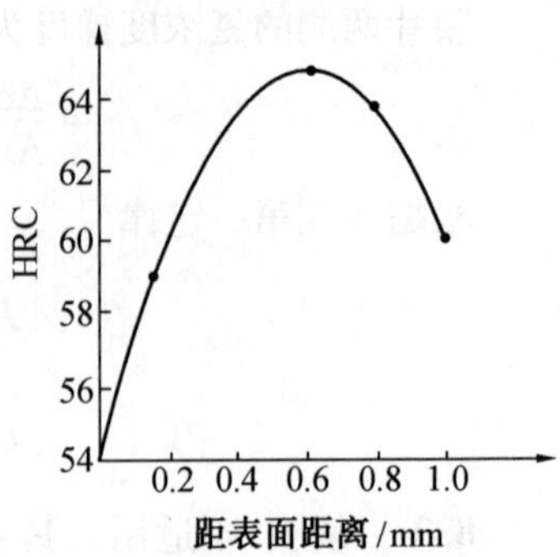

图(8.1)

8.6 解 当渗碳温度在912 ~ 727 ℃之间时,渗层将分为γ及α两层。此时边界条件及初始条件均与半无限长棒的情况不同,因而题8.16中引用的公式不能在这里应用。

渗碳温度低于727 ℃时,钢中的铁素体早已被碳饱和。在这个温度下渗碳时,只能在碳势极高(> 6.67%)的情况下,在表面形成一个渗碳体层,当碳势不够高时,实际无法渗碳。

8.7 解 (1) 740 ℃渗碳时,渗层应分为γ,α两层。查Fe - C相图,740 ℃奥氏体最多能溶解0.85%碳,最少能溶解0.75%碳。铁素体的溶解度为0.02%。由此可绘出曲线大致如图(8.2)(a)所示。

(2) 重新加热至740 ℃不渗碳又不脱碳时,碳原子应继续由表层向内扩散。表面碳质量分数逐渐下降,达到平衡时接近0.75%,与$\gamma - \alpha$界面处的碳质量分数基本相同,内部α相碳质量分数在达到平衡后趋于一致,均为0.02%,绘成曲线大致如图(8.2)(b)所示。

(3) 800 ℃γ溶碳的低限为0.3%。在800 ℃加热长期保温时,表面碳质量分数不断下降,最后接近低限。同时γ层不断内移,当钢板很薄时可能使整个钢板为γ相,当钢板较厚时,心部保留一部分α,碳质量分数小于0.02%,表层γ相碳质量分数在平衡后基本上均为0.3%。图(8.2)(c)表明后一情况下的碳浓度分布。

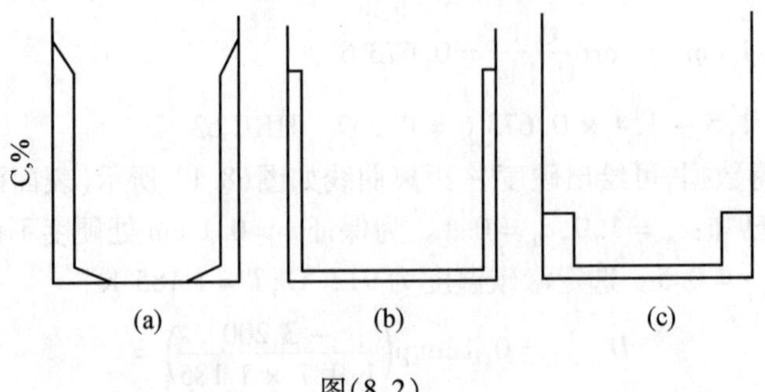

图(8.2)

8.8 解 此说法不正确。固体中的宏观扩散流不是单个原子定向跳动的结果，扩散激活能也不是单个原子迁移时每一次跳动需越过的能垒，固体中原子的跳动具有随机性质，扩散流是固体中扩散物质质点（如原子、离子）随机跳动的统计结果的宏观体现，当晶体中的扩散以空位机制进行时，晶体中任何一个原子在两个平衡位置之间发生跳动必须同时满足两个条件：

(1) 该原子具有的能量必须高于某一临界值 ΔG_f，即原子跳动激活能，以克服阻碍跳动的阻力；

(2) 该原子相邻平衡位置上存在空位。

根据统计热力学理论，在给定温度 T 下，晶体中任一原子的能量高于 ΔG_f 的概率 P_f，即晶体中能量高于 ΔG_f 的原子所占原子百分数为

$$P_f = \exp\left(\frac{-\Delta G_f}{kT}\right)$$

而晶体中的平衡空位浓度 c_v，即任一原子平衡位置出现空位的概率 P_v 为

$$P_v = \exp\left(\frac{-\Delta G_v}{kT}\right)$$

显然，某一瞬间晶体中原子发生一次跳动的概率为

$$P = P_f P_v = \exp\left(-\frac{\Delta G_f + \Delta G_v}{kT}\right) = \exp\left(-\frac{Q}{RT}\right)$$

P 也等于该瞬间发生跳动原子所占的原子百分数，其中 $Q = \Delta G_f + \Delta G_v$ 就是空位扩散机制的扩散激活能。

8.9 解 因 $\alpha-\mathrm{Fe}$ 中的最大碳溶解度（质量分数）只有 0.021 8%，对于碳质量分数大于 0.021 8% 的钢铁，在渗碳时零件中的碳浓度梯度为零，渗碳无法进行，即使是纯铁，在 α 相区渗碳时铁中浓度梯度很小，在表面也不能获得高含碳层；由于温度低，扩散系数也很小，渗碳过程极慢，没有实际意义。$\gamma-\mathrm{Fe}$ 中的碳溶解度高，渗碳时在表层可获得较高的碳浓度梯度使渗碳顺利进行。此外，$\gamma-\mathrm{Fe}$ 区温度高，加速了扩散过程。

8.10 解 (1) 根据题意已知 $c_S = 1.2\%\mathrm{C}$，$c_0 = 0.1\%\mathrm{C}$，$c_x = 0.45\%\mathrm{C}$，$x = 2\ \mathrm{mm}$，根据恒定平面源问题菲克第二定律的解，有

$$\frac{c_S - c_x}{c_S - c_0} = 0.68 = \mathrm{erf}\left(\frac{x}{2\sqrt{Dt}}\right) = \mathrm{erf}\left(\frac{224}{\sqrt{t}}\right) \tag{1}$$

根据表 8.1 可得

$$\frac{224}{\sqrt{t}} = 0.70$$

$$t = 102\ 400\ \mathrm{s} = 28.4\ \mathrm{h}$$

(2) 因 c_x，c_S，c_0 不变，根据式(1) 有

$$\frac{x'}{\sqrt{D't'}} = \frac{x}{\sqrt{Dt}} = \mathrm{const}$$

因温度不变，$D' = D$，由 $x' = 2x$，可得 $t' = 4t$。渗碳时间要延长到原来的 4 倍。

8.11 解 转折点向低温方向移动。

8.12 解 原因是 N 在 $\alpha-\mathrm{Fe}$ 中的扩散系数较 $\gamma-\mathrm{Fe}$ 中的扩散系数高。

8.13 解 三元系扩散层内不可能存在三相共存区,但可以存在两相共存区。原因如下,三元系中若出现三相平衡共存,其三相中成分一定且不同相中同一组分的化学位相等,化学位梯度为零,扩散不可能发生。三元系在两相共存时,由于自由度数为2,在温度一定时,其组成相的成分可以发生变化,使两相中相同组元的原子化学位平衡受到破坏,引起扩散。

8.14 解 根据Fe－O相图,当1 000 ℃时表面氧质量分数达到31% 时,则由表面向内依次出现 Fe_2O_3,Fe_3O_4,FeO 氧化层,最内侧是 γ－Fe,如图(8.3) 所示。随扩散进行,氧化层逐渐增厚并向内部推进。

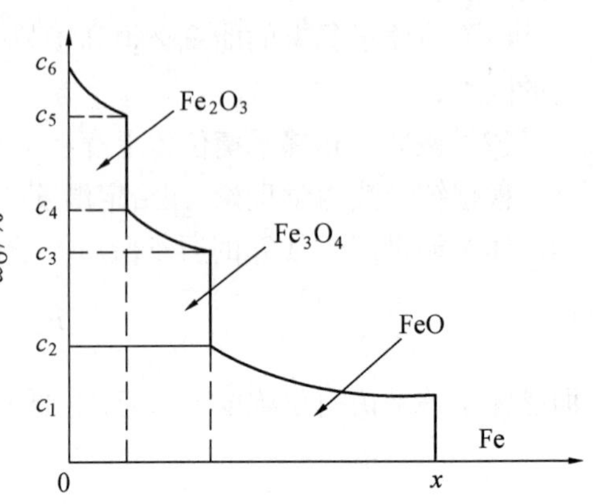

图(8.3) 氧化层成分变化

8.15 解 (1) 固体中即使不存在宏观扩散流,但由于原子热振动的迁移跳跃,扩散仍然存在。纯物质中的自扩散即是一个典型例证。

(2) 原子每次跳动方向是随机的。只有当系统处于热平衡状态,原子在任一跳动方向上的跳动几率才是相等的。此时虽存在原子的迁移(即扩散),但没有宏观扩散流。如果系统处于非平衡状态,系统中必须存在热力学势的梯度(具体可表示为浓度梯度、化学位梯度、应变能梯度等)。原子在热力学势减少的方向上的跳动几率将大于在热力学势增大方向上的跳动几率。于是就出现了宏观扩散流。

(3) 晶界上原子排列混乱,与非晶体相类似,其原子堆积密集程度远不及晶粒内部,因而对原子的约束能力较弱,晶界原子的能量及振动频率 ν 明显高于晶内原子。所以晶界处原子具有更高的迁移能力。晶界扩散系数也明显高于晶内扩散系数。

(4) 事实上这种情况不可能出现。间隙固溶体的溶质原子固溶度十分有限,即使是达到过饱合状态,溶质原子数目要比晶体中的间隙总数要小几个数量级,因此,在间隙原子周围的间隙位置可看成都是空的。即对于给定晶体结构,z 为一个常数。

(5) 虽然体心立方晶体的配位数小,但其属于非密堆结构。与密堆结构的面心立方晶体相比较,f 值相差不大(0.72 和 0.78),但原子间距大,原子因约束力小而振动频率 ν 高,其作用远大于配位数的影响。而且原子迁移所要克服的阻力也小,具体表现为扩散激活能低,扩散常数较大,实际情况是在同一温度,α－Fe 有更高的自扩散系数,而且溶质原子在 α－Fe 中的扩散系数要比 γ－Fe 高。

第9章 金属固态相变

9.1 解 略。

9.2 解

固态相变的分类	相　　变　　特　　征
纯金属的同素异构转变	温度或压力改变时，由一种晶体结构转变为另一种晶体结构，是重新形核和生长过程
固溶体中多形性转变	类似于同素异构转变，如 Fe - Ni 合金中 γ
脱溶转变	过饱和固溶体的脱溶分解，析出亚稳定或稳定的第二相
共析转变	一相经过共析转变分解成结构不同的二相，如 Fe - C 合金中 $\gamma \to \alpha + Fe_3C$
包析转变	不同结构的两相，经包析转变为另一相，如 Ag - Al 合金中 $\alpha + \gamma \to \beta$，转变一般不能进行到底，组织中有 α 相残余
马氏体转变	相变时，新、旧相成分不发生变化，原子只作有规则的重排（切变）而不进行扩散，新、旧相之间保持严格的位向关系，并呈共格，在磨光表面上可看到浮凸效应
块状转变	金属或合金发生晶体结构改变时，新旧相的成分不改变，相变具有形核和生长特点，只进行少量扩散，其生长速度甚快，借非共格界面的迁移而生成不规则的块状产物，如纯铁、低碳钢、Cu - Al 合金、Cu - Ga 合金等有这种转变
贝氏体转变	发生于钢及许多有色合金中，兼具马氏体转变及扩散型转变的特点，产物成分改变，钢中贝氏体转变通常认为借铁原子的共格切变和碳原子的扩散而进行
调幅分解	为非形核分解过程，固溶体分解成晶体结构相同但成分不同（在一定范围内连续变化）的两相
有序化转变	合金元素从无规则排列到有规则排列，但结构不发生变化

相变阻力为应变能及界面能。

9.3　解　金属固态相变时，新、旧两相之间界面按其结构特点可分为共格、半共格、非共格界面三类。界面结构对固态相变形核和生长以及相变后的组织形态等都有很大影响。相变阻力主要是应变能和界面能，对于共格、半共格界面的新相，晶核形成时的相变阻力主要是应变能。对于非共格的界面新相，晶核形成时的相变阻力主要是界面能。

相变应变能与新相形状的影响见图：

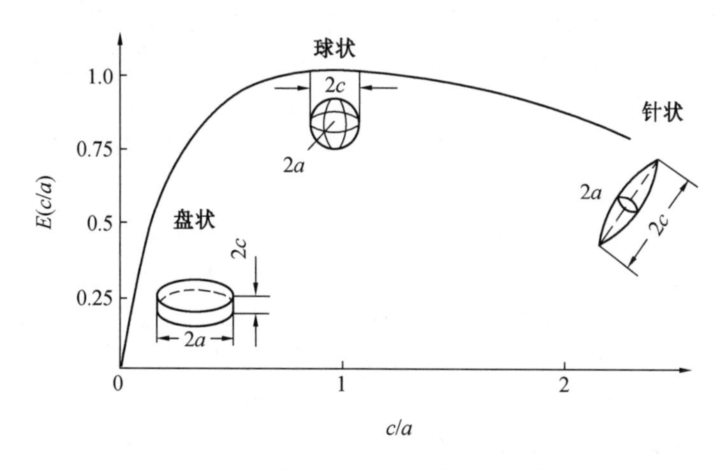

图(9.1)　新相粒子几何形状对相变应变能的影响

9.4 解 固态相变过程中往往先形成亚稳相以减少表面能,因而常形成过渡相。例如,在过冷度很大时,生成新相的临界尺寸很小,单位体积新相有较大的表面积,因此,界面能对成核的阻碍作用很大。在这种情况下,多形成界面能较低的共格界面的过渡相,以降低形核功,使形核容易进行。如钢中下贝氏体的 ε 碳化物与基体共格即属于这种情况。钢中马氏体回火时,为了降低碳化物形成所产生的界面能,在较低温度下回火,先形成与马氏体共格的 ε 碳化物作为过渡相,随着回火温度升高,ΔG_B 值增大,才逐步形成与基体不共格的渗碳体。

9.5 解 固态相变时,母体中存在的各种晶体缺陷,如晶界、位错和空位等对相变有显著的促进作用,新相往往在缺陷处优先成核,而且晶体缺陷对晶核的生长及组元扩散等过程有很大的影响。

9.6 解 在过饱和固溶体脱溶分解的情况下,当从固溶体高温快速冷却下来,与溶质原子被过饱和地保留在固溶体内的同时,大量的过饱和空位也被保留下来。它们一方面促进溶质原子扩散,同时又作为沉淀相的成核位置而促进非均匀成核,使沉淀相弥散分布于整个基体中。在观察时效合金的沉淀相分布时,常看到晶界附近有“无析出带”,无析出带中看不到沉淀相,这是因为靠近晶界附近的过饱和空位因为扩散到晶界上消失了,所以这里未发生非均匀成核和析出过程。

9.7 解 无扩散型相变的特点:①存在由于均匀切变引起的形状改变,因为相变过程中原子为集体的协同运动,所以使晶体发生外形变化。如果预先制备一个抛光的试样表面,则在发生这种转变后,会在抛光的样品表面上出现浮凸效应。在金相显微镜下可观察到浮凸的存在。② 相变不需要通过扩散,新相和母相的化学成分相同。③ 新相和母相之间存在一定的晶体学位向关系。④ 相界面移动极快,可接近声速。钢和一些合金(Fe-Ni、Cu-Al、Ni-Ti)中的马氏体转变为无扩散型相变。某些纯金属(如锆、钛、锂、钴)在低温下进行的同素异构转变亦为无扩散型相变。

扩散型相变的基本特点是:① 相变过程中有原子扩散运动,转变速率受扩散控制,即决定于扩散速度。② 在合金的相变中,新相和母相的成分往往不同。③ 只有因新相和母相比体积不同引起的体积变化,没有形状的改变。纯金属的同素异构转变、固溶体中的多形性转变、脱溶转变、共析转变、调幅分解和有序化转变等均属于扩散型相变。

9.8 解 $u=\delta V_0\exp(-\Delta G/kT)$,对于非共格界面,$\Delta G$ 值等于晶界扩散激活能;而对于半共格界面,则可认为大致等于原子在 β 相中的激活能(实际上稍小一些)。所以,原子越过非共格界面的激活能远小于越过半共格界面的激活能。

9.9 解 扩散型转变的新相长大速度随转变温度变化而改变。由上述讨论可知,界面迁移速度受相变驱动力 ΔG 控制;当然,扩散型相变的迁移速度也要受扩散系数 D 控制,可表示为两者的乘积。但是 ΔG 和 D 都是过冷度的函数,当过冷度增大时,ΔG 增加,D 降低。因此,新相长大速度的过冷速度的关系呈现为具有极大值的曲线。随转变温度的下降(过冷度增大),新相长大速度先增加,表明这时热力学因素(ΔG)起主导作用,但当转变温度降低太多时,由于 D 值显著减小,扩散变得困难,则动力学因素占主导地位,新相长大速度减慢,在过冷度很大时甚至接近于零,如图(9.2)所示。

固态相变的转变速度决定于新相的成核率和长大速度,因此转变速度也随过冷度增大而变化,如图(9.3) 所示。当转变温度高时,因相变驱动力较小,而使转变速度很慢;在中间温度时,转变速度达到最大,因为这时相变驱动力足够大,而且原子扩散也足够快;当转变温度很低时,因扩散缓慢而使转变速度显著下降。

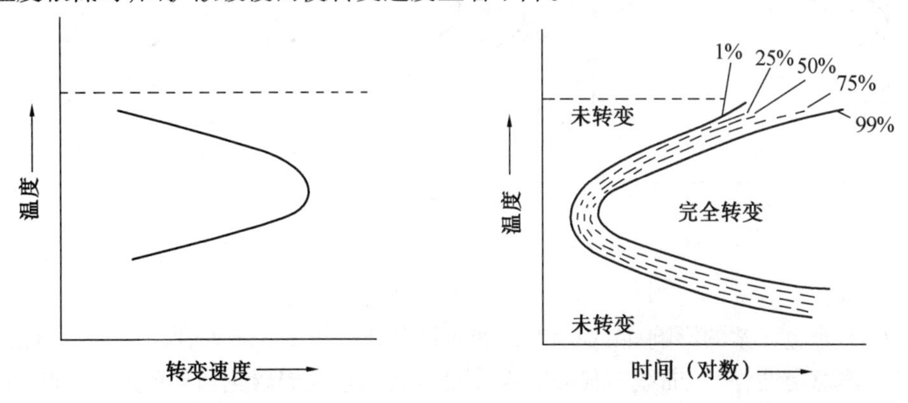

图(9.2) 转变速度与温度的关系　　　　图(9.3) 扩散型相变的等温转变曲线

在实际工作中,人们通常是测出不同温度下从转变开始到结束,以及达到不同转变量所需的时间,作为"温度 - 时间 - 转变量" 曲线,称之为等温转变曲线,简写为 TTT 曲线,如图所示。这是扩散型相变的典型的等温转变曲线,转变的开始阶段决定于成核,它需要一段孕育期,在转变温度高时,成核孕育期很长,转变延续的时间亦长;随温度下降,孕育期缩短,转变加速,至某一中间温度时,孕育期最短,转变速度最快;温度再降低,孕育期又逐渐加长,转变过程持续的时间也加长;当温度很低时,转变基本上被抑制而不能发生。

9.10　解　设球状颗粒半径为 r

$$0.01 \times \frac{4}{3}\pi r^2 \times 10^8 = 4\pi r^2$$

$$10^6 r = 3$$

$$r = 3 \times 10^{-6}\ \text{m} = 3 \times 10^3\ \text{nm}$$

9.11　解　奥氏体形成过程:(a) 奥氏体晶核的形成;(b) 奥氏体晶核的长大;(c) 残留渗碳体的溶解;(d) 奥氏体成分均匀化。

控制奥氏体晶粒大小的方法:(a) 制定合适的加热规范,包括控制加热温度及保温时间、快速短时加热;(b) 碳质量分数控制在一定范围内,并在钢中加入一定量阻碍奥氏体晶粒长大的合金元素,如:Al,V,Ti,Zr,Nb 等;(c) 考虑原始组织的影响,如片状球光体比球状珠光体加热组织易粗化。

9.12　解　按原国家冶金部标准,把钢加热到930 ±10 ℃ 保温8 h,冷却后测得的晶粒度称为本质晶粒度。该晶粒度用来表示加热时奥氏体晶粒长大倾向,通常把在某一具体热处理条件下获得的奥氏体晶粒大小称为实际晶粒度。在加热转变中,当珠光体向奥氏体的转变刚已完成时,奥氏体晶粒的大小称为奥氏体的起始晶粒度。

9.13　解　亚共析、共析及过共析钢的 TTT 曲线分别如图(9.4)(a),(b),(c) 所示。

影响 TTT 图的因素:① 奥氏体成分的影响:(a) 碳浓度的影响(如上图):由图可知,共析碳钢($w_C = 0.77\%$) 的"C" 曲线位置距纵坐标较远;然后随碳的质量分数增加(或减少) 均使"C" 曲线左移;这是由于先共析相形成后,促进了共析组织的形成,故"C" 曲线

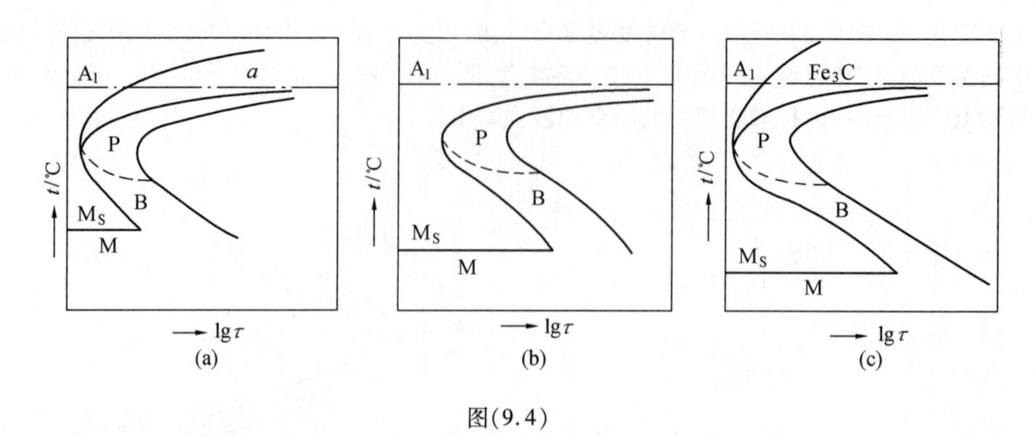

图(9.4)

左移。(b) 合金元素的影响;除 Co 和 Al 的质量分数大于 2.5% 外,所有合金元素都增大过冷奥氏体稳定性,使 C 曲线右移。非碳化物形成元素及弱碳化物形成元素(如 Mn),只使"C" 曲线位置右移,碳化物元素(Cr,Mo,W,V,Ti) 不但使"C" 曲线右移,而且使"C" 曲线形状产生变化,产生珠光体和贝氏体转变分离,即产生"双鼻子" 现象。② 奥氏体状态的影响:奥氏体晶粒越细小,成分越不均匀,未溶第二相越多,越有利新相形核和原子扩散,使 C 曲线左移。③ 应力和塑性变形的影响:在奥氏体状态下施以拉应力会加速其转变,使 C 曲线左移,而压应力使 C 曲线右移;对于奥氏体进行塑性变形,也有加速奥氏体转变的作用,使 C 曲线左移。

9.14 解 共析碳钢的CCT图只有高温的珠光体转变区和低温的马氏体转变区,而无中温的贝氏体转变区。CCT 图中的 P_s 曲线(珠光体开始转变线) 和 P_f 曲线(珠光体终止转变线) 向右下方移动。等温转变 C 曲线(TTT 曲线) 可以确定钢在等温热处理时工艺参数,即等温温度、等温时间及热处理后的组织。CCT 曲线可以确定钢在连续冷却时的热处理工艺参数,如淬火临界冷却速度、淬火介质及热处理后的组织。

9.15 解 (见图 9.5)。

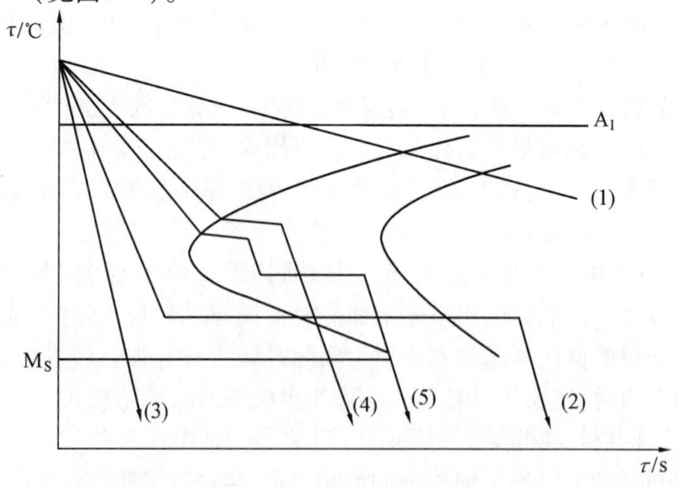

(1) S+P; (2) B_F; (3) $M+A_R$; (4) $T+M+A_R$; (5) $T+B+M+A_R$

图(9.5)

9.16 解 片状珠光体中相邻两片渗碳体(或铁素体)中心之间的距离或一对铁素体和渗碳体片的总厚度,称为珠光体片间距,用 S_o 表示。在片状珠光体中,铁素体与渗碳体交替排列成层片状,其层片方向大致相同的区域称为珠光体领域或珠光体团。

它们主要受珠光体形成温度影响,温度越低,珠光体团尺寸越小,珠光体片间距越小,如 $S_o = 8.02/\Delta GT \times 10^3$(nm)。

形成温度越低,珠光体团及片间距尺寸越小,珠光体组织越细,强度越高。

9.17 解 奥氏体化温度较高,保温时间较长,奥氏体成分均匀,冷却速度较快时易形成片状珠光体。

奥氏体化温度较低,保温时间较短,加热转变未充分进行,奥氏体成分不均匀,随后冷却时珠光体转变等温温度较高,等温时间足够长或冷却速度极慢易形成粒状珠光体。

9.18 解 碳在 $\alpha-\mathrm{Fe}$ 中形成的过饱和固溶体称为马氏体。马氏体转变的主要特征(要点):① 相变具有无扩散性。依据有二:(a) 转变前后无成分变化,即奥氏体与马氏体的化学成分一致;(b) 马氏体可在很低的温度下以高速形成。② 相变具有切变性,表面浮凸现象。③ 具有一定的晶体学位向关系及惯习面。④ 转变是在一个温度范围内完成。⑤ 高速长大。⑥ 相变具有不完全性。

9.19 解 马氏体组织有两种基本类型,即板条马氏体(低碳马氏体、位错马氏体)与片状马氏体(高碳马氏体、孪晶马氏体)。它们的形成条件,组织形态,晶体结构,力学性能见表(9.1)。

表(9.1) 两种马氏体类比表

	板条状马氏体	片状马氏体
碳的质量分数	$< 0.2\%$	$> 1.0\%$
形成温度	> 200 ℃	< 200 ℃
金相形态	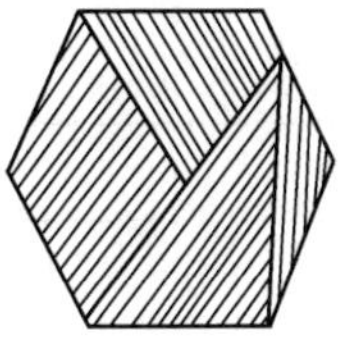 板条状平行成束分布	($w_C = 1\% \sim 1.4\%$)  马氏体片满而长无中脊,片呈一定角度分布；($w_C > 1.4\%$)  马氏体片短而厚有脊呈之形分布
立体形态	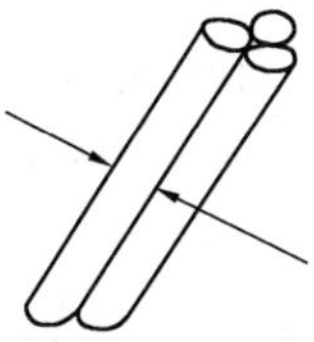 细长条状 0.1 ~ 0.2 μm	 扁的双透镜状

续表(9.1)

	板条状马氏体	片状马氏体
亚结构	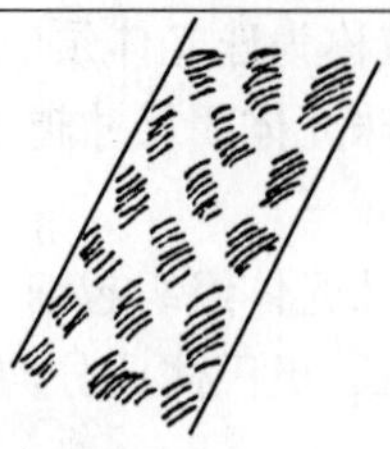 条内不均匀分布着高密度的错位,形成位错胞	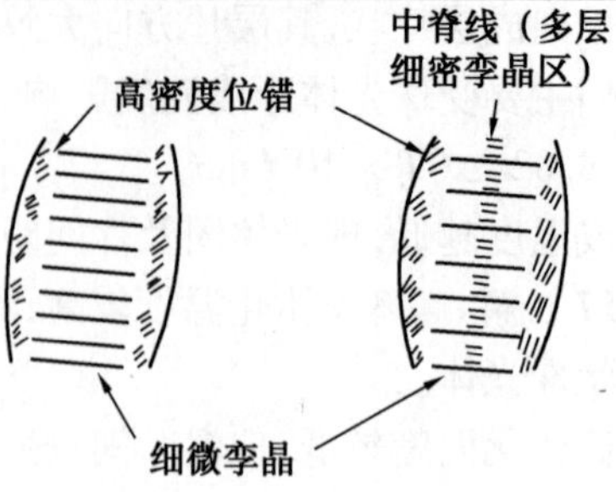 中脊线（多层细密孪晶区） 高密度位错 细微孪晶
性能特点及产生原因	高的强韧性：碳浓度低 形成温度高有自回火现象 无显微裂纹	硬度高 脆性大：碳浓度高 存在大量显微裂纹 微细孪晶破坏滑移系

9.20 解 不对。正确的说法是:马氏体的硬度主要取决于碳质量分数。马氏体的塑性与韧性主要取决其亚结构。原因是:马氏体的强度不但取决于马氏体的硬度,也取决于马氏体形态及马氏体板条(或片)的大小。

9.21 解 组织形态:

a) 上贝氏体:羽毛状

b) 下贝氏体:针叶状

异同点:ⓐ 相同点:均为贝氏体、均为铁素与碳化物的两相混合物

ⓑ 不同点:见表(9.2)

表(9.2) 贝氏体比较

	上贝氏体	下贝氏体
形成温度不同	550 ~ 350 ℃	350 ~ 230 ℃
组织形态不同	羽毛状	针叶状
组成物不完全相同	铁素体 + 碳化物(Fe_3C)	碳素体(过饱和) + 碳化物(Fe_xC)
组成物形态不同	铁素体呈条状、碳化物在铁素体条间呈断续的断杆状	铁素体呈针叶状,碳化物与铁素体的长轴成 55° ~ 60° 角,在叶内呈点状有规律分布
性能不同	强韧性差	综合力学性能好

9.22 解 珠光体、贝氏体、马氏体转变异同点

表(9.3)　钢中贝氏体转变,珠光体转变和马氏体转变的特性比较

序号	对比内容	珠光体转变	贝氏体转变(以上贝氏体、下贝氏体为例)	马氏体转变
1	形成温度	高温区域(A_1 以下)	中温区域(B 以下)	低温区域(M_S 以下)
2	转变过程及领先相	成核与长大 Fe_3C 为领先相	成核与长大 α 相为领先相	成核与长大
3	转变时的共格性	无共格性	有切变共格性 产生表面浮凸	有切变共格性 产生表面浮凸
4	转变时点阵切变	无	有	有
5	转变时的扩散性	铁、碳原子均可扩散	碳原子扩散,铁原子不扩散	铁、碳原子均无扩散
6	转变时碳原子扩散的大约距离/nm	> 10	0 ~ 10	0
7	合金元素的分布	通过扩散重新分布	合金元素不扩散	合金元素不扩散
8	等温转变的完全性	可以完全转变	有的可以完全转变, 有的不可能完全转变	不可能完全转变
9	转变产物的组织	$\gamma \rightarrow \alpha + Fe_3C$ (呈层片状)	上贝氏体: $\gamma \rightarrow \alpha + Fe_3C$(非层片状) 下贝氏体: $\gamma \rightarrow \alpha + \varepsilon-$碳化物(非层片状)	最典型的两种 是板条状和片状
10	转变产物的硬度	低	中	高

9.23　解　一般下贝氏体的硬度和强度高于上贝氏体,下贝氏体塑、韧性也高于上贝氏体,下贝氏体具有良好的综合力学性能,韧性更好。

a)常采用贝氏体(下贝)等温淬火代替淬火+低温回火;

b)超高强度钢获得贝氏体(下)+马氏体的复合组织,达到最佳的强韧性。

9.24　解　淬火钢回火时的组织转变:马氏体中碳的偏聚(20 ~ 100 ℃);马氏体分解(100 ~ 250 ℃);残余奥氏体的转变(200 ~ 300 ℃);碳化物的转变(250 ~ 400 ℃);渗碳体聚集长大和 α 相回复与再结晶(400 ~ 600 ℃)。

9.25　解　低温回火　回火马氏体　150 ~ 250 ℃　高硬度、高耐磨性

中温回火　回火屈氏体　350 ~ 500 ℃　高弹性极限

高温回火　回火索氏体　500 ~ 650 ℃　强度和韧性的良好配合

9.26　解　有些钢在某一温度范围内回火时,其冲击韧性比在较低温度回火时还显著下降,这种脆化现象称为回火脆性。

回火脆性类型主要有两种,即低温回火脆性与高温回火脆性。低温回火脆性亦称第一类回火脆性,几乎所有工业用钢都存在程度不同的这类脆性,它与回火后的冷却速度无关。因此又称其为不可逆回火脆性(即快冷、缓冷均出现)。高温回火脆性亦称第二类回火脆性,其特点是只出现在一些特定成分的钢中,其回火脆性与否,与回火后冷却速度有关,即回火缓冷出现,快冷不出现,因此亦称可逆回火脆性。

抑制回火脆性的方法:对于第一类回火脆性由于其不可逆性,只能避免在脆化温度范围内回火;如果必须在该温度回火,可采用等温淬火;加 Si 使低温回火脆化温度移向高温等措施。

抑制高温回火脆性的方法:(a) 高温回火后快速冷却;(b) 降低钢中杂质元素的质量分数;(c) 钢中加入适量的 Mo,W。

9.27 解 钢的退火是把钢加热到适当温度,保温一定时间,然后缓慢冷却,以获得接近平衡组织的热处理工艺。退火的目的在于均匀化学成分、改善机械性能及工艺性能、消除或减少内应力并为零件机械加工或最终热处理做好组织准备。退火工艺种类颇多,按加热温度可分为相变重结晶退火(包括完全退火、不完全退火、等温退火、球化退火和扩散退火等) 和低温退火(包括再结晶退火、去应力退火和去氢退火等);按冷却方式可分为连续冷却退火和等温退火。各类退火的特点用途见相关教材。

9.28 解 20 钢正火:改善切削加工性能。

45 钢小轴:用正火代替调质处理作为最终热处理,可获得类似调质处理的良好的综合力学性能。

T12 钢锉刀:正火消除网状碳化物,为球化退火做准备。

9.29 解 淬透性:钢的淬透性是指钢在淬火时获得马氏体的能力。淬硬性:钢的淬硬性是指钢在淬火后所能达到的最高硬度。

影响淬透性的因素:淬透性取决于钢的淬火临界冷却速度的大小,即连续冷却“C”区线“鼻子尖”所对应的冷速,即取决于“C”曲线与纵轴的距离。而影响“C”曲线的形状与位置的因素主要是合金元素,除 Co,Al 外,所有合金元素加入均使“C”曲线右移,淬透性增加。淬透性不随工件形状、尺寸和介质冷却能力而变。

淬透层深度与钢的淬透性与工件尺寸和淬火介质的冷却能力等因素有关。

淬硬性主要取决于马氏体的碳质量分数。

9.30 解 淬火能显著提高钢的强度和硬度,与不同温度的回火相配合,可以得到强度、硬度和韧性的配合,满足不同的需求。淬火的方法有:

(1) 单液淬火,此法应用普遍,操作简单,易实现机械化,不足的地方是某些钢件水淬易变形开裂,油淬硬度不足。

(2) 双液淬火,此法难以控制。

(3) 分级淬火,淬火时工件内部温度均匀,组织转变几乎同时进行,因而减少了内应力,显著降低了变形开裂的倾向,但是只适于变形要求严格且尺寸又较小的工件。

(4) 等温淬火,经该法处理后的工件,强度、硬度高,塑性、韧性好。同时淬火应力小,变形小。多用于形状复杂、尺寸较小、精度要求较高的工件。

9.31 解 空冷后:$P + Fe_3C_{II}$,P,$P + F$;淬火回火后:$M_{回} + Fe_3C$,$M_{回}$,$M_{回} + F$。

9.32　解　高频表面淬火。高频表面淬火后，其表面硬度比正常淬火高 1 ~ 2 HRC，耐磨性好，并且由于高频表面淬火后热处理变形小，所以选用此工艺。

9.33　解　(1) 奥氏体，$w_C = 0.77\%$。

(2) $B_上[F(w_C = 0.021\,8\%) + Fe_3C(w_C = 6.69\%)]$。

(3) 过冷奥氏体($w_C = 0.77\%$)。

(4) $M + A'$(M、A' 中 $w_C = 0.77\%$)。

9.34　解　① 平衡相：由 Fe - C 相图知 45 钢在 727 ~ 800 ℃ 区间内长时间保温后平衡相为 $\alpha + \gamma$，T8 钢的平衡相为 γ。② 马氏体相变温度：45 钢比 T8 钢的 M_s，M_f 点要高。③ 相变速率：45 钢碳质量分数较低，在任何等温温度下，过冷度都较大，因而相变在较短时间内完成。

9.35　解　下式表示含 n 个原子的晶核形成时自由能的变化为

$$\Delta G = n\Delta G_B + \eta\, n^{2/3}\gamma + nE_3$$

设 S 为晶核表面面积，则

$$\Delta G = n\Delta G_B + S\gamma + nE_3$$

若洁净物质相对原子质量为 M，密度为 ρ，则每克原子结晶物质所占容积为 M/ρ，每个原子所占容积为 $M/\rho \cdot A$，A 为阿伏加德罗常数，令 $\rho_0 = \rho A/M$，则每个原子所占容积为 $1/\rho_0$，则含 n 个原子的晶核体积为 n/ρ_0，晶核为立方体，则其边长为 $(n/\rho_0)^{1/3}$，其表面面积为

$$S = 6n^{2/3}/\rho_0^{2/3}$$

$$\Delta G = n\Delta G_B + 6\left(\frac{1}{\rho_0}\right)^{2/3} n^{2/3}\gamma + nE$$

依题意

$$\eta = 6\left(\frac{1}{\rho_0}\right)^{2/3}$$

9.36　解　同上题，若晶核为圆球，半径为 r，则

$$\frac{4}{3}\pi r^3 = \frac{n}{\rho_0}$$

$$r = \left(\frac{3n}{4\pi\rho_0}\right)^{1/3}$$

$$S = 4\pi r^2 = 4\pi\left(\frac{3}{4\pi\rho_0}\right)^{2/3} n^{2/3} = (36\pi)^{1/3}\left(\frac{1}{\rho_0}\right)^{2/3} n^{2/3}$$

$$\eta = (36\pi)^{1/3}\left(\frac{1}{\rho_0}\right)^{2/3}$$

9.37　解　形核后自由能增值 ΔG 应为

$$\Delta G = -n(\Delta G_B - E_3) + \eta\, n^{2/3}\gamma$$

令

$$\mathrm{d}\Delta G/\mathrm{d}n = 0$$

$$-(\Delta G_B - E_3) + 2/3\eta\,\gamma \cdot n^{-1/3} = 0$$

$$n^* = \left[\frac{2\eta\gamma}{3(\Delta G_B - E_3)}\right]^3$$

$$\Delta G^* = -\left[\frac{2\gamma\eta}{3(\Delta G_B - E_3)}\right]^3 (\Delta G_B - E_3) + \eta\left[\frac{2\eta\gamma}{3(\Delta G_B - E_3)}\right]^2 \gamma = \frac{4}{27} \times \frac{\eta^3\gamma^3}{(\Delta G_B - E_3)^2}$$

将

$$\eta = 6\left(\frac{1}{\rho_0}\right)^{2/3}$$

代入式中得

$$\Delta G^* = \frac{16\gamma^3}{3(\Delta G_B - E_3)\rho_0^2}$$

9.38　解　(a) 细片状珠光体较好。

(b) 增大碳化物的分散度可加速珠光体到奥氏体的转变。

(c) 退火:760 ℃ 保温 1 h,炉冷。

正火:780 ℃ 保温 1 h,空冷。

球化退火:780 ℃ 保温 1 h,空冷;680 ~ 700 ℃ 保温 1 h,空冷。

9.39　解　高碳钢经奥氏体化后在550 ℃ 进行等温处理,可使珠光体的片间距达到很小。继之进行冷拔时,除珠光体中的铁素体位错密度增大产生加工硬化及亚晶粒细化以外,珠光体的片间距进一步减小,从而获得高强度。

9.40　解　有两种方法:

(1) 加热至 Ac_{cm} 以上空冷,得到伪共析组织,然后进行高温回火或球化退火。

(2) 加热至 Ac_{cm} 以上淬火,得到马氏体和残余奥氏体,然后再高温回火得到粒状珠光体。

9.41　解　① 共析碳钢珠光体为层片状,$F_{片}$(内部缺陷数目少) + $Fe_3C_{片}$。

② 马氏体400 ℃ 回火后,其组织为回火屈氏体 $F_{针} + Fe_3C_{粒}$,即 针状铁素体和细粒状渗碳体。

由此可见,① 二者铁素体形态及内部缺陷数目不同,珠光体中铁素体为层片状晶体缺陷(位错、孪晶) 数目少,而回火马氏体中为针状铁素体,由于淬火使晶体缺陷数目远高于珠光体。② 碳化物形态及分散度不同,珠光体的碳化物形态为层片状,其分散度小,而马氏体的碳化物为细粒状,且分散度大,因而马氏体回火组织的强度要比最强的珠光体还要高。

9.42　解　不能。等温转变曲线是描述过冷奥氏体的转变的。热轧共析钢加热到 650 ℃ 并未发生奥氏体化。

9.43　解　要预测冷却后的组织和硬度应当根据连续冷却转变曲线,因为正火是连续冷却。铁碳相图只能用来确定平衡冷却条件下的组织。利用等温转变曲线只能作出近似的估计。

9.44　解　(1) 碳的质量分数为0.4% 的钢:试样在要求的温度奥氏体化后在 A_1 以下,C 曲线的拐点以上等温,使先共析铁素体沿奥氏体晶界呈网状析出,然后冷却。在显微镜下观察时,沿奥氏体晶界析出的网状铁素体即代表原来的奥氏体晶界,据此即可测定要求温度下的奥氏体的晶粒度。

(2) 碳的质量分数为0.8% 的钢:奥氏体化后在靠近 C 曲线拐点处等温至发生部分

珠光体转变(例如10% 左右),然后淬火。由于这时珠光体是在奥氏体晶界上优先形核成长的,因此晶界上是黑色的珠光体,晶内是不易侵蚀的马氏体,在显微镜下可以方便地测定奥氏体的晶粒度,还可以采用奥氏体化后以适当冷却速度冷却(例如厚度为 10 mm 左右的试样采用油淬)的方法来得到这种组织。为了便于控制,可以用棒状试样奥氏体化后,将一端浸入水中,而其余部分在空气中冷却。这样,沿试棒长轴上可以得到一系列不同的冷却速度,从而在试棒上总可以找到珠光体沿奥氏体晶界析出而晶内是马氏体的部位。

(3) 碳的质量分数为 1.2% 的钢:先共析渗碳体沿奥氏体晶界析出。由于先共析渗碳体质量分数较少,且一般在缓冷时均呈网状析出,故在完全奥氏体化后炉冷到 650 ℃ 左右出炉空冷即可。

9.45 解 一般说是不合理的。因为淬油时将得到大量片状珠光体转变产物,回火后虽然硬度在要求范围内,但综合机械性能不如马氏体的回火产物。

9.46 解 高碳钢在淬火温度下短时间加热可以得到晶粒细小、成分不均匀的奥氏体,淬火后变为条状马氏体与细小片状马氏体的混合组织(常规处理时奥氏体晶粒稍大,淬火后主要是片状马氏体)。由于条状马氏体的质量分数增多以及马氏体的晶粒细化,因此具有较高的强韧性。600 ℃ 长时间预热是为了减小最后加热时表面与心部的温差。

9.47 解 $n = 2^{7-1} = 64$

$$d_{平均} = \sqrt{\frac{645}{100^2 \times 64}} = 0.032\ (\text{mm})$$

9.48 解 测量最小层间距。

9.49 解 测量最大颗粒直径。

9.50 解 喷丸处理和表面辊压处理能在工件表面造成一个很薄的加工硬化层,不但屈服极限较高,而且存在着很大的(400 ~ 500 MPa) 压应力,减弱了工件拉应力在表面的作用并推迟了表面裂纹的形成时间,因而显著提高材料的疲劳极限。

第10章　金属材料

(一) 工业用钢

10.1 解 略。

10.2 解 材料的力学性能与其化学成分、内部组织结构、夹杂物和表层组织结构以及应力状态等有关。钢中合金元素的强化作用主要有如下四种方式:固溶强化、晶界强化、第二相强化及位错强化。通过对这四种方式单独或综合加以运用,便可以有效地提高钢的强度。

10.3 解 影响钢的塑性因素主要有:(1) 溶质原子的影响;(2) 晶粒大小的影响;

(3) 第二相的影响;(4) 位错强化的影响等。

提高塑性的途径:(1) 向钢中加入少量合金元素钛、钒,使碳、氮固定并形成碳化物或氮化物时,可以改善钢的塑性。(2) 细化晶粒对提高塑性有利。(3) 在采用第二相强化时,可通过合金化与回火、球化处理等方法相结合,控制碳化物数量、尺寸、形状及分布;减少钢中夹杂物的数量,控制夹杂物的形态。(4) 在采用冷变形方式进行强化时,加入少量钛、钒、铌等微量元素以固定间隙原子,使之不向位错偏聚,可以使钢的塑性得到一定改善。

10.4　解　(1) 非碳化物形成元素:镍、硅、钴、铝、铜、硼、氮等;

(2) 弱碳化物形成元素:锰;

(3) 强碳化物形成元素:钛、锆、钒、铌。强碳化物较稳定,强碳化物具有高熔点、高硬度及较高脆性;

(4) 合金元素溶入渗碳体即为合金渗碳体,合金渗碳体比一般渗碳体稳定性更高,对钢的基体强化作用更显著。

10.5　解　使 C 曲线右移,淬火临界冷却速度降低,常用元素:Cr,Ni,Mn,Si,B。

10.6　解　非碳化物形成元素具有推迟马氏体分解的作用。因为它们能溶入 ε 碳化物中并使其稳定,减慢碳化物的聚集速度。与碳钢相比,马氏体分解终了温度可能推迟到 350 ~ 500 ℃,比碳钢向高温推移了 100 ~ 150 ℃。常用元素:Si,Co。

10.7　解　在保证低碳的条件下加入锰等合金元素,低的碳质量分数是为了保证钢的塑性、韧性及钢的可焊性,加入锰等合金元素是为了提高钢的强度。提高途径是固溶强化。

10.8　解　对不重要的零件,当综合力学性能要求不高时,可以选用中碳钢,经正火获得铁素体 + 珠光体。表面要求耐磨性好及高的接触疲劳抗力,整体又承受冲击载荷,心部要求较高韧性的零件,应选用渗碳钢,即低碳钢或低碳合金钢,采用渗碳、淬火和低温回火即可,表面为马氏体,具有高硬度、高耐磨性,心部为铁素体 + 珠光体,具有较高的韧性。综合力学性能要求较高的零件,应选用调质钢,即中碳钢或中碳合金钢,采用调质处理,获得回火索氏体。较高碳质量分数的碳素钢和合金钢可用来制造弹簧,应采用淬火和中温回火的热处理工艺,具有回火屈氏体组织。轴承应选用滚动轴承钢,经淬火和低温回火即可,获得回火马氏体,具有高硬度、高耐磨性。

10.9　解　汽车、拖拉机变速箱齿轮和后桥齿轮多半用渗碳钢来制造的原因:其工作条件苛刻,心部要求高韧性,表面要求高硬度。机床变速箱齿轮多用中碳(合金) 钢来制造的原因:其工作条件比汽车好得多,心部要求一定韧性,表面要求具有较高硬度。

10.10　解　化学成分:高碳的目的是为了和碳化物形成元素 Cr,W,Mo,V 等形成碳化物,并保证得到强硬的马氏体基体以提高钢的硬度和耐磨性。W,Mo,V 主要是提高钢的红硬性,因为这些元素形成的碳化物硬度高,产生“二次硬化” 效应,因而显著提高钢的红硬性、硬度和耐磨性。Cr 主要是提高钢的淬透性。其工艺突出的特点是淬火加热温度非常高,回火温度高、次数多,淬火加热时采用预热。

10.11　解　调质钢的主加元素(Si,Mn,Cr,Ni、B 等) 主要是提高钢的淬透性;辅加元素(W,Mo,V,Ti)主要是细化奥氏体晶粒,进而达到细化回火索氏体中铁素体的晶粒。热作模具钢常加入 Cr,Mn,Si,Mo,W,V 等合金元素,以提高钢的淬透性、回火稳定性、耐磨性,并可抑制第二类回火脆性,Cr,Si,W 提高抗疲劳性。两者的热处理工艺都是淬火 + 高温回火。

10.12 解 碳质量分数较高,且由于含有合金元素使之在正火状态下硬度过高,难以切削加工。最经济的改善切削加工性能的方法是退火。

10.13 解 退火:组织为片状珠光体和网状碳化物,具有此类组织的钢在淬火时,易产生变形与开裂;淬火:组织为马氏体和较多的残余奥氏体及少量的碳化物;性能:马氏体硬而脆,残余奥氏体硬度低,性能不均匀。高温回火:组织为粗大的回火索氏体和残余奥氏体;性能:韧性差。

10.14 解 球化退火是为了消除锻造应力,获得球状珠光体和碳化物,降低硬度以利于切削加工并为淬火做好组织准备,减少淬火时的变形与开裂;淬火及回火是为了获得回火马氏体,保证热处理后具有高硬度、高耐磨性。球化退火工艺:加热温度 790 ~ 810 ℃,等温温度 700 ~ 720 ℃;淬火工艺:加热温度 850 ~ 870 ℃(油淬);回火工艺:160 ~ 180 ℃。

10.15 解 整体正火、局部淬火 + 低温回火。

10.16 解 金相检验。

10.17 解 合金化原理:加入合金元素,在钢的表面形成稳定、致密而牢固的保护膜,使钢得到单相组织,提高固溶体的电极电位。因为 Cr 是使钢耐蚀的主要因素,它可以提高钢的电极电位,如果其质量分数较小(低于 13%),则电极电位不能明显提高,也不能形成单相组织,所以不能明显提高钢的耐蚀性。

10.18 解 水淬。

10.19 解 合金元素(Cr,Mo,W 等)可以提高再结晶温度,从而提高热强性;合金元素(Cr,Si,Al 等)在高温下生成致密的保护性氧化膜,阻止钢的氧化。

10.20 解 冷处理。量具在保存及使用过程中尺寸发生变化的原因是:由于淬火回火后存在的残余奥氏体量过多,而使其在保存及使用过程中由于应力松弛,残余奥氏体发生转变,从而引起尺寸变化。可采用淬火之后进行冷处理的方法减少残余奥氏体量来使其尺寸长期稳定。

10.21 解 碳钢主要是由 Fe 和 C 构成,按碳的质量分数进行分类,高碳钢:$w_C > 0.60\%$,中碳钢:$w_C = 0.25\% \sim 0.60\%$,低碳钢:$w_C \leq 0.25\%$;合金钢除 Fe 和 C 外,主要由 Si,Mn,Cr,Ni,Mo,V 等元素构成,按合金元素的总质量分数分类,高合金钢:$w_{Me} > 10\%$,中合金钢 $w_{Me} = 5\% \sim 10\%$,低合金钢:$w_{Me} < 5\%$。碳钢强度和耐磨性、韧性、耐蚀性等力学、物理、化学性能不如合金钢。

10.22 解 主要指磷硫的质量分数不同,普通钢:$w_P \leq 0.045\%$,$w_S \leq 0.05\%$;优质钢:$w_P \leq 0.035\%$,$w_S \leq 0.035\%$;高级优质钢:$w_P \leq 0.025\%$,$w_S \leq 0.025\%$。

10.23 解 见表 10.1。

表 10.1 工业用钢类别、热处理方法及组织

钢 号	类 别	含 义	热处理方法	使用状态下的组织
08F	普通碳素结构钢	$w_C = 0.08\%$ 沸腾钢	正火	$F + P_{少}$
16Mn	低合金结构钢	$w_C = 0.16\%, w_{Mn} = 1.4\%$	正火	F + P
20CrMnTi	渗碳钢	$w_C = 0.20\%, w_{Mn} = 1\%, w_{Si} = 0.3\%, w_{Cr} = 1.1\%, w_{Ti} = 0.09\%$	渗碳,淬火 + 低温回火	表面回火马氏体
40Cr	调质钢	$w_C = 0.4\%, w_{Cr} = 0.85\%$	淬火 + 高温回火	回火索氏体
38CrMoAlA	氮化专用钢(调质钢)	$w_C = 0.38\%, w_{Cr} = 1.00\%, w_{Mo} = 0.2\%, w_{Al} = 0.9\%, w_{Si} = 0.3\%, w_{Mn} = 0.45\%$	调质 + 氮化	表层、氮化组织、心部、回火索氏体
55Si2Mn	弹簧钢	$w_C = 0.55\%, w_{Si} = 1.75\%, w_{Mn} = 0.75\%$	淬火 + 中温回火	回火屈氏体
GCr15SiMn	滚动轴承钢	$w_{Cr} = 1.5\%, w_C = 1\%, w_{Si} = 0.5\%, w_{Mn} = 1.05\%$	淬火 + 低温回火	回火马氏体
T12A	碳素工具钢	$w_C = 1.2\%$ 高级优质钢	淬火 + 低温回火	回火马氏体 + 碳化物
9SiCr	低合金工具钢	$w_C = 0.9\%, w_{Si} = 1\%, w_{Cr} = 1.1\%, w_{Mn} = 0.45\%$	淬火 + 低温回火	回火马氏体 + 碳化物 + A′少
W6Mo5Cr4V2	高速钢	$w_C = 0.85\%, w_W = 6\%, w_{Mo} = 5\%, w_{Cr} = 4\%, w_V = 3\%$	淬火 + 高温回火(3 次)	回火马氏体 + 合金碳化物 + A′少
Cr12MoV	冷作模具钢	$w_C = 1.55\%, w_{Cr} = 12\%, w_{Mo} = 0.5\%, w_V = 0.25\%$	淬火 + 低温回火	回火马氏体 + 合金碳化物 + A′
5CrMnMo	热锻模具钢	$w_C = 0.5\%$, 0.75Cr, $w_{Mn} = 1.4\%, w_{Mo} = 0.25\%$	淬火 + 高温回火	回火索氏体
3Cr2W8V	热挤压模具钢	$w_C = 0.3\%, w_{Cr} = 2.5\%, w_W = 8\%, w_V = 0.3\%$	淬火 + 高温回火(2 ~ 3 次)	回火马氏体 + 粒状碳化物
1Cr18Ni9Ti	奥氏体不锈钢	$w_C = 0.1\%, w_{Cr} = 18\%, w_{Ni} = 9\%, w_V = 0.7\%$	1 100 ℃ 固溶处理	单一奥氏体组织
4Cr13	马氏体不锈钢	$w_C = 0.4\%, w_{Cr} = 13\%$	1 050 ℃(油) + 低温回火	回火马氏体
00Cr18Ni10	奥氏体不锈钢	$w_C \leqslant 0.03\%, w_{Cr} = 18\%, w_{Ni} = 10\%$	1 050 ℃ 水(回溶处理)	单一奥氏体组织
ZGMn13	高锰耐磨钢	$w_C = 1.15\%, w_{Mn} = 13\%$	1 100 ℃ 水韧处理	单一奥氏体组织在强大冲击、压应力作用下奥氏体转变为马氏体

10.24 解 镍、锰、钴、碳、氮、铜扩大γ区,硅、铬、钨、钼、磷、钒、钛、铝封闭γ区,铌、硼、锆缩小γ区。锰、镍、钴可以与γ - Fe形成无限固溶体。合金元素扩大γ区还是缩小γ

区，主要取决于它们的点阵类型、原子尺寸、电子结构和电化学等因素。其工程实际意义：例如为了保证钢具有良好的耐蚀性（如不锈钢），需要在室温下获得单一相组织，就是运用上述规律，通过控制合金元素种类和数量使钢在室温条件下获得单相奥氏体或铁素体等单一组织来实现。

10.25 解 合金元素在钢中的存在形式：(1) 溶于铁素体、奥氏体、马氏体，以溶质形式存在；(2) 形成强化相；(3) 游离态存在；(4) 与钢中的氧、氮、硫等杂质形成非金属夹杂物。

10.26 解 对加热转变的影响：合金元素（除镍、钴外）可减缓奥氏体化的过程，阻止奥氏体晶粒长大；意义：除锰钢外，合金钢在加热时不易过热，这样有利于在淬火后获得细马氏体，有利于适当提高加热温度，以增加钢的淬透性，同时也减少淬火时变形与开裂的倾向。

对冷却转变的影响：合金元素（钴、铝除外）加入使过冷奥氏体等温转变 C 曲线位置右移，强碳化物形成元素不仅使 C 曲线右移，而且使 C 曲线形状发生改变，即珠光体与贝氏体转变曲线相分离的现象。因此，合金元素加入的作用为：(1) 提高淬透性；(2) 碳化物形成元素还可以提高钢的耐磨性、回火稳定性、红硬性。

10.27 解 合金元素加入后，会对临界温度、E 点和 S 点产生影响，扩大奥氏体区的元素，一般使 A_3、A_1 温度降低，S 点、E 点向左下方移动；缩小奥氏体区的元素，一般使 A_3、A_1 温度升高，S 点、E 点向左上方移动。由于上述原因，所以合金钢热处理温度与碳钢不同，热处理后组织也有区别，例 4Cr13，由于 Cr 使 E 点左移，使其变为过共析钢的组织。

10.28 解 工程构件用钢碳的质量分数较低，多数为 0.1% ~ 0.2%，一般以少量的锰为主加元素；由于主要用于工程结构，强度要求不高，而焊接性要求较高，故碳的质量分数低，并在热轧正火状态下使用。渗碳钢碳的质量分数一般为 0.1% ~ 0.25%，以保证心部有较高的韧性，主加元素为铬（$w_{Cr} < 2\%$）、锰（$w_{Mn} < 2\%$）、镍（$w_{Ni} < 4\%$）、硼（$w_B < 0.004\%$），主要是提高钢的淬透性；由于渗碳件心部要求具有一定的韧性，故碳质量分数不能高，热处理为渗碳、淬火 + 低温回火。大多数调质钢碳的质量分数为 0.25% ~ 0.5%，因为合金元素起了强化作用，故碳质量分数可偏低，主加元素为锰（$w_{Mn} < 2\%$）、硅（$w_{Si} < 2\%$）、铬（$w_{Cr} < 2\%$）、镍（$w_{Ni} < 4.5\%$）、硼（$w_B < 0.004\%$）；由于调质件调质处理后应具有良好的综合力学性能，即不但强度高，而且韧性好，故采用中碳钢并调质处理。弹簧钢碳的质量分数一般为 0.6% ~ 0.9%，主加元素为锰（$w_{Mn} < 1.3\%$）、硅（$w_{Si} < 3\%$）、铬（$w_{Cr} < 1.0\%$）；由于弹簧件要求高的弹性极限及疲劳强度，故碳的质量分数不能过低，但太高了脆性增加（采用 $w_C \approx 0.6\% \sim 0.9\%$），热处理为淬火 + 中温回火。轴承钢碳的质量分数为 0.95% ~ 1.15%，主加元素为铬（$w_{Cr} < 1.65\%$）；由于轴承要求高硬度、高耐磨性，故采用高碳质量分数（$w_C = 0.95\% \sim 1.15\%$），热处理为淬火 + 低温回火。

10.29 解 成分变化特点：在采用 Mn 进行固溶强化的同时，调整了碳质量分数及增加了合金元素的种类。合金元素在热轧钢中的作用：固溶强化；在正火钢中的作用：除固溶强化外，还起着弥散强化的作用。

10.30 解 20Cr 属于低淬透性渗碳钢，适于制造受力不大的小型耐磨零件，渗碳温度为 900 ~ 920 ℃，淬火温度为 860 ~ 890 ℃（水淬或油淬），回火温度为 180 ℃。

20CrMnTi 属于中淬透性渗碳钢,用于制造尺寸较大、承受中等载荷的零件,渗碳温度为 930 ~ 950 ℃,淬火温度为870 ~ 890 ℃(油淬),回火温度为190 ℃,20Cr2Ni4W 属于高淬透性渗碳钢,用于制造重载荷、大截面、要求高耐磨性及良好韧性的零件,渗碳温度为 900 ~ 950 ℃,淬火温度为880 ℃,且在780 ℃时进行二次淬火,回火温度为190 ℃。之所以有差异,主要是受合金元素的种类及质量分数的影响。

10.31　解　依据是化学成分及高速钢过冷奥氏体转变曲线,退火不仅可降低硬度,利于切削加工,而且可获得碳化物均匀分布的粒状组织,为以后的淬火做好组织上的准备;淬火可获得马氏体 + 粒状碳化物 + 较多的残余奥氏体;三次回火获得回火马氏体 + 粒状碳化物。

10.32　解　高速钢虽然具有高硬度、高耐磨性和红硬性,但其韧性、热疲劳等性能不如 3Cr2W8V,所以压铸模不用高速钢。

10.33　解　有区别,其合金元素总量分别为低合金(5CrNiMo)、中合金(H11)、高合金(3Cr2W8V),5CrNiMo 做热锻模、H11 代替 3Cr2W8V 做中小型的机锻模及使用温度不是很高的热挤压模、3Cr2W8V 做热挤压模。它们使用上有区别的原因是由于含合金元素的种类及数量不同,致使其热强性、热疲劳性、抗高温氧化性均不相同,故应用不同。

10.34　解　① Cr12MoV 钢制作冷作模具,其热处理工艺为一次硬化法:980 ~ 1 030 ℃ 淬火, 200 ~ 270 ℃ 回火。② Cr12MoV 钢制作具有一定热硬性要求的冲压模时, 可采用二次硬化法, 即1 050 ~ 1 100 ℃ 淬火, 500 ~ 520 ℃ 多次回火, 硬度可提高至60 ~ 62 HRC。③ Cr12MoV 钢制作量具时可以采用 1 050 ~ 1 100 ℃ 淬火,550 ~ 600 ℃ 多次回火,然后渗氮或碳氮共渗,使其具有高的耐磨性、耐蚀性和尺寸稳定性。

原因:Cr12MoV 钢的一次硬化法可使钢具有高的硬度和耐磨性、较小的热处理变形,无特殊要求的大多数 Cr12MoV 钢制作的模具均采用此法;Cr12MoV 钢的二次硬化法适用于工作温度较高(400 ~ 500 ℃)或要求热硬度的场合;而淬火 + 高温回火(调质)后再渗氮或碳氮共渗的 Cr12MoV,由于其具有高耐磨性、耐蚀性和较高的尺寸稳定性,故常用于制作量具。

10.35　解　高速钢、Cr12、Cr12MoV 等都属于莱氏体钢。其最大特点是铸态组织中出现共晶莱氏体组织,硬度高、耐磨性高、具有红硬性。弱点是碳化物粗大,且分布不均匀,脆性大。由于它具有高硬度、高耐磨性、红硬性,因此发展此钢。通过反复锻造的方法将粗大碳化物打碎并使其分布均匀,并可减少脆性。

10.36　解　不锈钢根据钢的组织特点可以分为马氏体不锈钢、铁素体不锈钢、奥氏体不锈钢三种。马氏体不锈钢属铬不锈钢,随碳质量分数的增加,钢的强度、硬度、耐磨性提高,但耐蚀性下降,因碳与铬形成碳化铬,使其电位不能跃升,为了提高耐蚀性及机械性能,通常要进行淬火与回火。铁素体不锈钢也属于铬不锈钢,从室温加热到高温(960 ~ 1 100 ℃)组织无变化,抗大气与耐酸能力强,但在加热过程中若晶粒粗化后就不能用热处理方法来细化,只能用塑性变形与再结晶来改善。奥氏体不锈钢属于镍铬钢,此钢具有很好的耐蚀性与耐热性,但是在 450 ~ 850 ℃ 下,会出现晶间腐蚀,通常通过降低碳的质量分数,加入能形成稳定碳化物的元素(例如 Ti)及适当热处理来防止晶间腐蚀。

10.37　解　抗氧化钢中加入合金元素铬、硅、铝等,它们与氧亲和力大,故优先被氧化,形成一层致密的、高熔点的并牢固覆盖于钢的表面的氧化膜,从而将金属与外界氧化性气体隔绝,避免进一步氧化。合金元素加入量的不同,抗氧化的能力也不一样。

10.38 解 常用的热强钢按正火状态下组织不同,大致分为珠光体钢、马氏体钢、奥氏体钢三类。

10.39 解 ZGMn13 为耐磨钢,室温下为奥氏体组织,无论在铸态还是在锻造与热轧状态,均有碳化物沿奥氏体晶界析出,使钢的韧性和耐磨性降低,因此必须进行"水韧处理"。水韧处理后使其具有良好的韧性,在随后使用中,在强大压应力作用下发生马氏体转变,从而使其耐磨性增加,因此,此类钢用在承受强大压应力场合。Cr12 属冷模具钢,Cr 为主加元素,作用是显著提高淬透性和耐磨性,由于合金元素质量分数高,铸态下组织中存在共晶碳化物,因此要反复锻造来破碎碳化物,并改善其分布及脆性,锻造后进行球化退火,再进行淬火 + 低温回火,获得回火马氏体,使其具有高硬度、高耐磨性。

10.40 解 奥氏体不锈钢和耐磨钢淬火的目的是为了获得单一、成分均匀的奥氏体组织,防止出现第二相引起晶向腐蚀,因此奥氏体不锈钢淬火称固溶处理,而耐磨钢由于淬火后获得的单一奥氏体组织塑、韧性较高,亦称其淬火为水韧处理。耐磨钢的耐磨原理是单一奥氏体组织在工作中受到强大的冲击、压力作用,从而产生应力诱发马氏体并产生加工硬化,使钢的耐磨性大大增加。淬火工具钢是通过淬火 + 低温回火,获得高硬度高耐磨性的回火马氏体,使钢具有较高的耐磨性。耐磨钢用于制作承受强烈冲击、压力作用的工作零件,例推土机大铲、铁道道岔,淬火工具钢用于不承受强烈冲击压力作用,要求耐磨性高的场合。

10.41 解 9 Mn2V 钢在淬火低温回火处理后得到的主要是片状马氏体的回火组织。由于片状马氏体的亚结构为孪晶,且在形成时有微裂纹存在,故脆性较大。等温淬火得到的是贝氏体,其基体铁素体的亚结构是高密度的位错,且无微裂纹存在,故脆性大为减小。

10.42 解 钢的分类:按用途分为结构钢、工具钢、特殊性能钢。结构钢分为:工程结构用钢、机械零件用钢。工程结构用钢又分为:普通碳素结构用钢和普通低合金用钢。机械零件用钢分为:渗碳钢、调质钢、弹簧钢及滚动轴承钢。工具钢分为:刃具钢、模具钢、量具钢。刃具钢分为:碳素工具钢、低合金工具钢及高速钢。模具钢分为:冷作模具钢、热作模具钢。特殊性能钢分为:不锈钢、耐热钢和耐磨钢。

10.43 解 (1) 合金元素加入后并经适当热处理,可使钢的力学性能提高或得以改善。(2) 合金元素(除 Co 外) 加入后使钢的淬透性增加,因此获得同样组织时合金钢可选择较缓的冷却介质,故热处理变形小。(3) 合金工具钢由于含有一些合金元素,与钢中的碳形成合金碳化物,而这些合金碳化物的硬度高、熔点高,所以合金工具钢的耐磨性、热硬性比碳钢高。

10.44 解 不合理。因为 Q235 为普通质量的碳素结构钢,硫磷质量分数高,一般在热轧状态下使用。由于碳质量分数低,S,P 质量分数高,质量差、淬透性差,即使在调质状态下,其性能也不会提高太多。

10.45 解 预备热处理:淬火 + 高温回火,回火索氏体。最终热处理:轴颈表面淬火获得表面回火马氏体、心部回火索氏体。

10.46 解

钢号	成分特点	热处理	性 能	用 途
9SiCr	$w_C = 0.9\%, w_{Si}, w_{Cr} < 1.5\%$	淬火 + 低回	高强度高耐磨性	丝锥、扳牙、钻头
Cr12	$w_C = 2.15\%, w_{Cr} = 12\%$	淬火 + 低回	高强度高耐磨性	大尺寸冷作模具
5CrMnMo	$w_C = 0.5\%, w_{Cr} = 0.75\%$, $w_{Mn} = 0.9\%, w_{Mo} = 0.21\%$	淬火 + 高回	具有最佳综合力学性能	小型热锻模
W18Cr4V	$w_C = 0.75\%, w_W = 18\%$, $w_{Cr} = 4\%, w_V = 1.2\%$	淬火 + 高回	高强度高耐磨性	高速切削的模具

10.47 解 工艺路线:下料锻造 → 球化退火 → 切削加工 → 淬火 + 高温回火(三次) → 精加工 → 装配。

球化退火:消除锻造应力,使碳化物球化降低硬度改善切削加工性能,为淬火做好准备。淬火:为了获得马氏体,保持高硬度、高耐磨性。回火:调整性能,消除淬火应力,减少A′。

对高速钢热硬性影响最大的两个元素,W 及 V。在奥氏体中的溶解度,只有在1 000 ℃以上溶解度才有明显的增加,在1 270 ~ 1 280 ℃时,奥氏体中$w_W = 7\% \sim 8\%$,$w_{Cr} = 4\%, w_V = 1\%$。温度再高,奥氏体晶粒就会迅速长大变粗,淬火状态残余奥氏体也会迅速增加,从而降低高速钢硬度,增加脆性。这就是淬火温度一般定为1 270 ~ 1 280 ℃的主要原因。

在550 ~ 570 ℃回火时硬度最高,其原因有两点:(1) 此温度范围内,钨及钒的碳化物(W_2C,VC) 呈细小分散状从马氏体中沉淀析出(即弥散沉淀析出),难以聚集长大,从而提高了钢的硬度,这就是所谓"弥散硬化"。(2) 此温度范围内,一部分碳及合金元素也从残余奥氏体中析出,从而降低了残余奥氏体中碳及合金元素质量分数,提高了马氏体转变温度。当随后冷却时,就会有部分残余奥氏体转变为马氏体,即"二次淬火现象"使钢的硬度得到提高。

因为W18Cr4V钢在淬火状态约有20% ~ 25%的残余奥氏体,一次回火难以全部消除,经三次回火即可使残余奥氏体减至最低量(一次回火后约剩15%,二次回火后约剩3% ~ 5%,三次回火后约剩1% ~ 2%)。后一次回火还可以消除前一次回火由于奥氏体转变为马氏体所产生的内应力。回火组织为回火马氏体 + 少量残余奥氏体 + 碳化物组成。

10.48 解 高速钢中碳及合金元素的作用:(a) 高碳:一般碳的质量分数为0.7% ~ 1.5%,为了保证与合金元素形成合金碳化物,在淬火时得到马氏体基体加碳化物以提高钢的硬度和耐磨性。(b) 合金元素作用:W、V 提高钢的红硬性、Cr 提高淬透性、Mo 减轻第二类回火脆性,Co 延缓回火时碳化物的析出和聚集,即提高回火稳定性。

工艺特点:(a) 两次预热:减少热应力,减少变形与开裂。(b) 淬火温度高:为了使W、V 充分溶入奥氏体,淬火后回火时析出合金碳化物。保证红硬性。(c) 分级淬火:可以减少变形与开裂。(d) 560 ℃回火:硬度最高有二次硬化及二次淬火现象。(e) 三次回火：淬火后残余奥氏体高达20% 以上，通过三次回火使之减少到1% ~ 2% 左右。

10.49　解　提高钢的耐蚀性的途径：(a) 提高金属的电极电位。(b) 使金属易于纯化。(c) 获得单相组织，并具有均匀的化学成分，组织结构和金属的纯净度，其目的是避免形成微电池。

不锈钢的成分特点：(a) 低碳：大多数 $w_C = (0.1 \sim 0.2)\%$，C 与 Cr 亲和力较大，C 与 Cr 能形成一系列复杂化合物，降低钢的耐蚀性。(b) 不锈钢一般均含有较高的铬（马氏体、铁素体不锈钢铬的质量分数均大于13%，奥氏体不锈钢铬的质量分数大于18%）及较高的镍（奥氏体不锈钢镍的质量分数均大于8%）。(c) 含碳一般较低，奥氏体、铁素体不锈钢碳的质量分数均较低（$< 0.1\%$）。

Cr12MoV 不是不锈钢，是冷却模具钢。不锈钢的 $w_{Cr} \geqslant 13\%$。

措施：加工硬化。有的马氏体不锈钢（如4Cr13）可通过热处理（淬火 + 低温回火）强化。

10.50　解　不能。因为奥氏体不锈钢在淬火（固溶处理）后，由于没有相变，加之第二相微粒全部溶入奥氏体，所以淬火后，其硬度强度降至最低，因此不能通过热处理使其强化。生产中常用加工硬化方法使其强化。

10.51　解　略。

（二）铸铁

10.52　解　略。

10.53　解　碳钢与铸铁的主要区别是碳的质量分数及碳存在的形式不同，铸铁的碳质量分数大于2.11%，而碳钢的碳质量分数大于0.021 8%，小于2.11%。碳钢中的碳除一部分因溶于铁素体外，其他全部以 Fe_3C 形式存在，而铸铁中的碳少部分溶于铁素体，大部分碳以石墨（灰口铸铁）或 Fe_3C（白口铸铁）形式存在，组织结构不完全相同，因而造成性能不同（工艺性能及使用性能）。铸铁的抗拉强度低、抗压强度与同基体的钢相差不大、塑性及韧性差；碳钢强度较高，塑、韧性较高。

10.54　解　断口宏观分析与金相检查。

10.55　解　因为碳、硅均为促进石墨化元素，所以质量分数低有利于获得白口组织；Mn 虽为阻碍石墨化元素，但其质量分数低，不能消除 S 的作用，致使钢中硫阻碍石墨化的作用更明显，有利于获得白口铸铁。由于硫是阻碍石墨化元素，所以碳、硅、锰低，硫高时易形成白口。因表层及薄壁处过冷度大，冷速快，所以易获得白口。

10.56　解　成分：a) HT150：$w_C = (2.5 \sim 4)\%$，$w_{Si} = (1 \sim 2.5)\%$，$w_{Mn} = (0.5 \sim 1.3)\%$，$w_P \leqslant 0.3\%$，$w_S \leqslant 0.15\%$。b) 20 钢：$w_C = (0.17 \sim 0.24)\%$，$w_{Mn} = (0.35 \sim 0.65)\%$，$w_{Si} = (0.17 \sim 0.37)\%$，$w_P = \leqslant 0.035\%$，$w_S = \leqslant 0.035\%$。

成分差别：铸铁 C，Si，P，S 的质量分数较高。

组织：a) HT150：F + P + G（石墨）；b) 20 钢：F + P。

性能比较：抗拉强度和硬度两者相差不大，但抗拉强度 20 钢远远高于 HT150，HT150 的塑、韧性远低于 20 钢。HT150 减磨性、铸造性能、切削加工性能好于 20 钢。而 20 钢的焊接性能、锻造性能好于 HT150（HT150 不能锻造）。

10.57　解　F + G（石墨）；F + P + G（石墨）；P + G（石墨）。

10.58　解　① 机床床身:灰铸铁,(铸态)HT250,去应力退火。② 曲轴:球铁,QT800 - 2,调质处理。③ 液压泵壳体:可锻铸铁,KTZ650 - 02,石墨化退化。④ 犁铧:白口铸铁。⑤ 球磨机衬板:合金球铁(如中锰铸铁)。

10.59　解　略。

(三) 有色金属

10.60　解　名词解释　略。

10.61　解　(1) 不可以。因为铝合金在固态下加热冷却时只有溶解度变化,而没有同素异构转变。因此只能通过淬火 + 时效强化。(2) 不可以。因为 C,N 在铝中溶解度很小,特别是铝与氧亲和力很大,在表面生成非常致密的氧化膜,致使渗碳、氮化时活性原子不被表面吸收,即使活性原子被表面吸收,但由于表层致密的氧化膜影响,也不能使被表面吸收的原子向心部扩散。所以铝合金不能采用渗碳、氮化进行表面强化。

10.62　解　(1) 铝合金的合金化原则:常加元素:Cu,Mg,Zn,Si,Mn

(2) 合金元素的作用:

铜在铝中不仅可通过固溶强化和沉淀强化强烈提高铝合金的室温强度,而且可增加铝合金的耐热性,因此铜是高强度铝合金及耐热铝合金的主要合金元素。镁在铝中的固溶强化效果好,可提高铝的强度,同时还可以降低铝的密度。镁铝合金沉淀强化效果不大,但具有良好的抗蚀性,可作为抗腐蚀合金使用。镁不能单独作为高强铝合金的主要添加元素,必须与其他元素配合加入,才能发挥镁的作用。锰在铝中的固溶度较低,固溶强化能力有限。Al - Mn 系中的第二相 $MnAl_6$ 与铝的电化学性质相近,具有良好的抗蚀性,因而在防锈铝合金中常加入锰,其 w_{Mn} 一般不大于2%。硅同锰一样在铝中的固溶度较低,固溶强化效果有限,且沉淀强化效果不大,所以主要借助于过剩相强化。二元 Al - Si 系合金共晶点较低,易于铸造,是铸造用铝合金的基础合金系列,w_{Si} 一般选择 10% ~ 13%,硅和镁可在铝中形成 Mg_2Si 沉淀相,具有很好的强化效果,因此硅也可作为沉淀强化元素加入到镁铝合金中,其添加量通常 w_{Si} 不超过(1.0 ~ 1.2)%。锌在铝中的溶解度很大,具有很强的固溶强化能力,少量锌(w_{Zn} = (0.4 ~ 0.8)%)即能提高铝合金的强度及抗蚀性。在多元铝合金中,锌是形成沉淀强化相的元素,可显著提高合金的沉淀强化效果。

10.63　解　时效,系指淬火后得到的铝合金过饱和固溶体,在一定温度下随时间延长而分解,导致合金强度和硬度升高的现象。在室温下合金自发强化的过程称为自然时效,若在一定加热温度下进行的时效过程,则称为人工时效。选择人工时效还是自然时效的原则是:① 根据零件工作温度,来确定时效方法(自然或人工);② 根据零件要求的时效强化效果;③ 根据铝合金种类及工件批量大小,生产效率等。

10.64　解　固溶强化:固溶强化即通过加入合金元素与铝形成固溶体,使其强度提高。常用的合金元素有 Cu,Mg,Zn,Si 等。它们既与铝可形成有限固溶体,又有较大固溶度,故固溶强化效果好,同时成为铝合金的主加元素。

时效强化(沉淀强化):强化铝合金的热处理方法主要是固溶处理(淬火)加时效。欲获较强的沉淀硬化效果,需具备一定条件:即加入铝中的元素应有较高的极限溶解度,且该溶解度随温度降低而显著减小;淬火后形成过饱和固溶体,在时效过程中能析出均匀、弥散的共格或半共格的过渡区、过渡相,它们在基体中能形成较强烈的应变场。

过剩相(第二相)强化:合金中合金元素的质量分数超过极限溶解度时,会有部分未溶入基体(固溶体)的第二相存在,亦称过剩相。过剩相在铝合金中多为硬而脆的金属间化合物,同样阻碍位错运动,使合金强度、硬度升高,塑性、韧性下降。

细化组织强化:通过向合金中加入微量合金元素,或改变加工工艺及热处理工艺,使固溶体基体或过剩相细化,既能提高合金强度,又能改善其塑性和韧性。如变形铝合金主要通过变形和再结晶退火实现晶粒细化;铸造铝合金可通过改变铸造工艺和加入微量元素(如 $w_{Ti} = (0.1 \sim 0.3)\%$)来实现合金晶粒和过剩相的细化。

冷变形强化:对合金进行冷变形,能增加其内部的位错密度,阻碍位错运动,提高合金强度。这对不能热处理强化的铝合金提供了强化途径。

10.65 解 铜合金组织、性能及热处理特点

材料	组　织	性　能	热处理
黄铜	α(Cu - Zn 固溶体)或 $\alpha + \beta$	优良的耐蚀、导热性、冷(或热)压力加工性能好	去应力退火
青铜	α(Cu - Sn)或 $(\alpha + \delta)_{共析}$	优良的铸造性能,耐蚀性冷热压力加工性,减磨性有一定耐磨性,可做轴承合金	淬火 + 时效(铍青铜)
白铜	α(Cu - Ni 固溶体)	较好的强度,优良的塑性能进行冷热变形,耐蚀性好,电阻率高	去应力退火

10.66 解 钛合金分为 α 钛合金、$\alpha + \beta$ 钛合金、β 钛合金

类型	组　织	性能特点	应　用
α 钛合金	α 或 α + 微量金属间化合物(退火组织)	室温强度低于其他类型钛合金,但在高温(500 ~ 600 ℃)下蠕变强度居钛合金之首,耐腐蚀性,易于焊接,在 - 253 ℃ 超低温下,仍有很好的塑性及韧性	(500 ℃ 以下工作强度要求不高的零件)宇航中压力容器材料
$\alpha + \beta$ 钛合金	$\alpha + \beta$(退火组织)	强度较高,塑性好,400 ℃ 时组织稳定,蠕变强度较高,低温时有良好的塑性有抗海水、抗热应力腐蚀能力	400 ℃ 以下工作的零件,制造航空发动机叶片,火箭发动机
β 钛合金	β(淬火组织)	有较高的强度,优良的冲压性能,可通过淬火和时效进行强化。	在 350 ℃ 以下工作的零件,压气机叶片,飞机构件

10.67 解 因为锡基轴承合金的组织特征是在软基体上分布硬质点,若轴承合金的组织是软基体上分布的硬质点,则运转时软基体受磨损而凹陷,硬质点将突出于基体上,使轴和轴瓦的接触面积减小,而凹坑能储存润滑油,降低轴和轴瓦的摩擦系数,减小轴和轴瓦的磨损。另外,软基体能承受冲击和震动,使轴和轴瓦能很好地结合,并能起嵌藏外来小硬物的作用,保证轴颈不被擦伤,所以耐磨性能好。

它属于润滑膜下摩擦。从润滑原理上看,它是靠轴与轴瓦之间形成的润滑膜来降低

摩擦系数,从而减少轴与轴瓦之间的磨损。

锡基轴承合金:膨胀系数小,嵌藏性和减摩性好,具有优良的韧性、导热性和耐蚀性,适宜于作高速轴承。

铅基轴承合金:其强度、硬度、耐磨性、韧性比锡基合金低,价格低廉,多用于小型和低速运转的普通机械。

10.68 **解** ① 能够产生析出硬化的条件是该合金在加热、冷却过程中有固溶度变化,即高温时为单一固溶体,室温时为两相组织,如铝铜合金。② 析出硬化型合金不可以通过用适当温度的水淬冷方法予以软化,其原因是将其加热到高温后为单一固溶体组织,快冷后获得单一固溶体,此时硬度虽不高,但随后将产生析出硬化。因此析出硬化型合金只能通过时效方法来软化。

10.69 **解** 例如,灰口铸铁的孕育处理(铸造时往铁水中加入4% 左右的硅铁或硅钙合金进行孕育处理)、铝 - 硅合金的变质处理(浇注前往合金液中加入变质剂$\frac{2}{3}$NaF + $\frac{1}{3}$NaCl)。

第11章 高分子材料

11.1 略。

11.2 填空题

(1) 以高分子化合物为主要组分的材料;加聚;缩聚;塑料;橡胶;纤维;胶黏剂;涂料

(2) 共价健;分子键;大于;共价键

(3) 线型、支链型、体型、线型、体型

(4) 玻璃态、高弹态、黏流态;链节或侧基、链段、大分子链;塑料;橡胶;流动树脂

(5) 玻璃态、高弹态、皮革态、黏流态、塑料、橡胶、流动树脂

(6) 塑料、橡胶、纤维、胶黏剂、涂料;聚酰胺、塑料;丁苯橡胶、橡胶;涤纶、纤维;环氧胶、胶黏剂;酚醛树脂涂料、涂料

(7) 交联;裂解

(8) 聚甲醛;聚酰胺;聚碳酸酯;ABS;聚砜

(9) 玻璃化

(10) 老化

11.3 是非题

(1) 错误。例如,由缩聚反应生成的高聚物的成分与原单体成分不同。

(2) 正确

(3) 正确

(4) 错误。定义有误

(5) 正确

(6) 错误。与链的运动有关的性能随高聚物的结晶度增加而降低。

11.4 选择题

(1) D;C;B;A

(2) C

(3) A

(4) B;B

(5) C;B

(6) C;D

(7) D

(8) A

(9) C

11.5 简答题

(1) 高分子材料在长期储存和使用过程中,由于受氧、光、热、机械力、水蒸气及微生物等外因的作用,使性能逐减退化,直至丧失使用价值的现象称为老化。老化的根本原因是在外部因素的作用下,高聚物分子链产生了交联与裂解。目前采取的防老化措施有三种。

① 改变高聚物的结构。例如将聚氯乙烯氯化,可以改变其热稳定性。

② 添加防老剂。高聚物中加入水杨酸脂、二甲苯酮类有机物和炭黑可防止光氧化。

③ 表面处理。在高分子材料表面镀金属(如银、铜、镍)和喷涂耐老化涂料(如漆、石蜡)作为保护层,使材料与空气、光、水及其他引起老化的介质隔绝,以防止老化。

(2) 表 11.1 中列出 9 种常用工程塑料的种类、性能和应用。

表 11.1 常用工程塑料的种类、性能和应用

名称(代号)	密度/ $(g \cdot cm^{-3})$	抗拉强度 /MPa	缺口冲击韧度 $/(J \cdot cm^{-2})$	特点	应用举例
聚酰胺(尼龙)(PA)	1.14 ~ 1.16	55.9 ~ 81.4	0.38	坚韧、耐磨、耐疲劳、耐油、耐水、抗菌素、无毒、吸水性大	轴承、齿轮、凸轮、导板、轮胎帘布等
聚甲醛(POM)	1.43	58.8	0.75	良好的综合性能,强度、刚度、冲击、疲劳、蠕变等性能均较高,耐磨性好,吸水性小,尺寸稳定性好	轴承、衬垫、齿轮、叶轮、阀、管道、化工容器
聚砜(PSF)	1.24	84	0.69 ~ 0.79	优良的耐热、耐寒、抗蠕变及尺寸稳定性,耐酸、碱及高温蒸汽,良好的可电镀性	精密齿轮、凸轮、真空泵叶片、仪表壳、仪表盘、印刷电路板等

续表 11.1

名称(代号)	密度/($g \cdot cm^{-3}$)	抗拉强度/MPa	缺口冲击韧度/($J \cdot cm^{-2}$)	特　　点	应用举例
聚碳酸脂(PC)	1.2	58.5 ~ 68.6	6.3 ~ 7.4	突出的冲击韧性,良好的机械性能,尺寸稳定性好,无色透明、吸水性小、耐热性好、不耐碱、酮、芳香烃,有应力开裂倾向	齿轮、齿条、蜗轮、蜗杆、防弹玻璃、电容器等
共聚丙烯	1.02 ~ 1.08	34.3 ~ 61.8	0.6 ~ 5.2	较好的综合性能,耐冲击,尺寸稳定性好	
聚四氟乙烯(F-4)	2.11 ~ 2.19	15.7 ~ 30.9	1.6	优异的耐腐蚀、耐老化及电绝缘性,吸水性小,可在 -180 ℃ ~ +250 ℃ 长期使用,但加热后黏度大,不能注射成形	化工管道泵、内衬、电气设备隔离防护屏等
聚甲基丙烯酸甲脂(有机玻璃)(PM-MA)	1.19	60 ~ 70	1.2 ~ 1.3	透明度高,密度小,高强度,韧性好,耐紫外线和防大气老化,但硬度低,耐热性差,易溶于极性有机溶剂	光学镜片、飞机座舱盖、窗玻璃、汽车风挡、电视屏幕等
酚醛(PF)	1.24 ~ 2.0	35 ~ 140	0.06 ~ 2.17	机械性能变化范围宽,耐热性、耐磨性、耐腐蚀能好,良好的绝缘性	齿轮、耐酸泵、刹车片、仪表外壳、雷达罩等
还氧(EP)	1.1	69	0.44	比强度高,耐热性、耐腐蚀性、绝缘性能好,易于加工成形,但价格昂贵	模具、精密量具、电气和电子元件等

(3) 所谓交联反应,就是指高聚物在外部因素作用下,使高分子从线形结构转变为体形结构,从而引起强度、脆性增加,化学稳定性提高的过程。交联反应使高分子材料变硬、变脆甚至开裂。

(4) 物理改性:主要是利用加入填料来改变高聚物的物理机械性能。例如,石棉经处理后用作聚丙烯的填料,其拉伸强度可增加 60%,抗弯强度增加 100%。化学改性:通过共聚、嵌段、接枝、共混、复合等方法,使高聚物获得新的性能。例如,ABS 塑料就是采取三元共聚而得到优良综合性能的一种塑料。

(5) 优点:化学稳定性好,耐蚀性能好,比强度高,摩擦、磨损性能好,绝缘性好。

缺点:强度和弹性模量较低,硬度低,有冷流现象,耐热性差,膨胀系数大。

(6) 强度低,硬度低,弹性模量低,有冷流现象,耐热性差,膨胀系数大。

第12章　陶瓷材料

12.1　略。

12.2　填空题

(1) 玻璃、陶瓷、玻璃陶瓷;原料的制备、坯料的成形、制品的烧结

(2) 黏土、石英、长石;晶体相、玻璃相、气相

(3) 黏结分散的晶相、降低烧结温度、抑制晶粒长大填充气孔;玻璃化温度、黏流温度

(4) 氧化物、碳化物、氮化物、硼化物、硅化物;共价键、离子键

(5) 钨钴钛类合金;WC;TiC;Co;刀具刃部

12.3　是非题

(1) 正确

(2) 正确

(3) 错误。陶瓷材料的抗拉强度较低,抗压强度较高。

(4) 正确

(5) 正确

(6) 正确

12.4　选择正确答案

(1) D;B;B

(2) D;A;D;C

(3) C,E;B;A,D

(4) A,F,H;B,C,D,E,G

(5) C;A;B

12.5　简答题

(1) 普通陶瓷是以天然的硅酸盐矿物为原料(如黏土、长石、石英) 经过原料加工 — 成形 — 烧结而得到的无机多晶固体材料。因此,这类陶瓷又叫硅酸盐陶瓷。为了改善普通陶瓷的性能,人们发现天然原料中带来的杂质颇为不利,因此采用了纯度较高的人工合成原料,并沿用普通陶瓷的成形、烧结工艺而制得新的陶瓷品种。这类陶瓷称为特种陶瓷,例如氧化物陶瓷、压电陶瓷等。成分异同:(a) 传统陶瓷以黏土、长石、石英为原料。(b) 特种陶瓷:采用人工合成原料(无杂质或杂质较少的各种化合物,例如氧化物、氮化物、碳化物) 经传统工艺成形及烧结而成,其成分特点是比传统陶瓷杂质少,由于采用人工合成的粉粒,故成分可以调整。

(2) 应用与绝缘、耐磨、耐腐蚀、耐高温零件。主要性能特点:高硬度、高耐磨性、高弹性模量、较高抗压强度、优良的高温强度、绝缘性好,具有优良的抗高温氧化性及良好抗腐蚀能力。缺点是脆性大、冲击韧性低。陶瓷增韧问题的解决是其应用于机械行业的关键。

(3) 陶瓷材料之所以是脆性的,这里既有微观结构的因素,也有宏观组织的影响。从微观结构上看,陶瓷材料的结合键是离子键,离子晶体如果发生相对移动,将失去电平衡,使离子键遭到破坏,所以离子键结合的材料是脆性的。从宏观组织上看,陶瓷材料存在着大量气孔(5% ~10%),导致陶瓷受力时承载面积下降,特别气孔是应力集中的地方。综上所述,陶瓷材料是脆性的。由于拉伸时气孔的割裂及应力集中作用,所以陶瓷的抗拉强度低于理论强度。

(4) 反应烧结:是以各种化合物(例如Si,Si - SiN4粉等)陶瓷粉为原料,压制成形后在烧结时,经特殊化学处理得到陶瓷的过程。热压烧结:是以各种化合物的陶瓷粉为原料,加入少量添加剂,装入石墨模具中,在高温高压下烧结成形的方法。反应烧结的陶瓷气孔高达20% ~30%,故陶瓷强度不及热压烧结的陶瓷,但反应烧结的陶瓷往往在进行化学处理过程中可实施机械加工,因而反应陶瓷可用于制作形状复杂、尺寸精度高的耐热、耐磨、抗腐蚀的绝缘产品。热压烧结陶瓷由于受模具形状限制,只能加工形状简单的耐磨耐高温制品(例切削刀具)。但热压烧结陶瓷强度较高、致密、气孔率极低。

(5) 改善陶瓷脆性的途径有:

①降低陶瓷的微裂纹尺寸 $\sigma = \frac{K_{IC}}{\sqrt{a\pi}}$,$K_{IC}$ 是材料固有的性能。由上式可知,断裂强度 σ 与裂纹尺寸的平方根成反比(a 为裂纹尺寸之半),裂纹尺寸越大,断裂韧性越低。所以提高 K_{IC} 的方法是:获得细小晶粒,防止晶界应力过大产生裂纹,并可降低裂纹尺寸。此外降低气孔所占分数,降低气孔尺寸也可提高强度。

② 相变增韧:假设在不受外力作用时,其组织为正方相 ZrO_2 颗粒分布在立方相 ZrO_2 基体上。在外力作用下,裂纹尖端的正方相变为单斜相。发生这种转变时,一方面由于裂纹尖端储存的弹性能转化为相变时所消耗的功,使裂纹尖端的应力集中松弛下来,从而使裂纹停止扩展或扩展缓慢,另一方面,正方相转变为单斜相时将发生体积膨胀,使周围的基体受到压缩,这也会促使裂纹闭合或缓慢扩展,这两方面的因素都会使陶瓷的断裂韧性增加。部分稳定 ZrO_2 陶瓷的韧性可达 9 $MPa \cdot m^{-1/2}$,这个数值已很接近铸铁和淬火高碳钢了。

③ 纤维补强:利用强度及弹性模量均较高的纤维,使之均匀分布于陶瓷基体中。当这种复合材料受到外加负荷时,可将一部分传递到纤维上去,减轻了陶瓷本身的负担,其次陶体中的纤维可阻止裂纹的扩展,从而改善了陶瓷材料的脆性。

第13章　复合材料

13.1　略。

13.2　填空题

(1) 纤维素;木质素;钢基体;石墨

(2) 玻璃纤维;碳纤维;硼纤维;碳化硅纤维

(3) 高大、小,较高

(4) 树脂;玻璃纤维;WC;Co

13.3 是非题

(1) 错误。并不是任意材料都能相互复合,应满足一定的条件才行。

(2) 错误。结合强度的高低应视具体应用情况而定。

(3) 正确

(4) 正确

(5) 错误。玻璃钢是由树脂和玻璃纤维组成的。

13.4 选择正确答案

(1) B

(2) C;A

(3) B;C;A

13.5 简答题

(1) 按基体材料的类别可将复合材料分为两类:非金属基复合材料和金属基复合材料。按增强材料的种类可将复合材料分为三类:纤维增强复合材料、颗粒增强复合材料和叠层复合材料。

(2) 纤维增强复合材料的增强机制:纤维增强复合材料是由高强度、高弹性模量的连续(长)纤维或不连续(短)纤维与基体(树脂或金属、陶瓷等)复合而成。复合材料受力时,高强度、高模量的增强纤维承受大部分载荷,而基体主要作为媒介,传递和分散载荷。颗粒 增强复合材料的增强机制:

① 弥散强化的复合材料就是将一种或几种材料的颗粒($< 0.1\%\ \mu m$) 弥散、均匀分布在基体材料内所形成的材料。这类复合材料的增强机制是:在外力作用下,复合材料的基体将主要成受载荷,而弥散均匀分布的增强粒子将阻碍导致集体塑性变形的位错运动(例如金属基体的绕过机制)或分子链运动(高聚物基体时)。特别是增强粒子大都是氧化物等化合物,其熔点、硬度较高,化学稳定性好,所以粒子加入后,使高温下材料的强度下降幅度减少,即弥散强化复合材料的高温强度高于单一材料。强化效果与粒子直径及体积分数有关,质点尺寸越小,体积分数越高,强化效果越好。通常 $d = 0.01 \sim 0.1\ \mu m$,$\varphi_p = 1\% \sim 15\%$。

② 颗粒增强复合材料是用金属或高分子聚合物为粘接剂,把具有耐热性好、硬度高但不耐冲击的金属氧化物、碳化物、氮化物黏结在一起而形成的材料。这类材料的性能既具有陶瓷的高硬度及耐热的优点,又具有脆性小、耐冲击等方面的优点,显示了突出的复合效果。由于强化相的颗粒较大($d > 1\ \mu m$),它对位错的滑移(金属基)和分子链运动(聚合物基)已没有多大的阻碍作用,因此强化效果并不显著。颗粒增强复合材料主要不是为了提高强度,而是为了改善耐磨性或者综合的力学性能。

(3) 所谓复合材料就是指由两种或两种以上不同性质的材料,通过不同的工艺方法人工合成的多相材料。复合材料既保持组成材料各自的最佳特性,又具有组合后的新特性。如,玻璃纤维的断裂能只有 7.5×10^{-2}J,常用树脂为 2.26×10^{-2}J 左右,但由玻璃纤维与热固性树脂组成的复合材料,即热固性玻璃钢的断裂能高达 17.6J,其强度显著高于树脂,而脆性远低于玻璃纤维。可见“复合”已成为改善材料性能的重要手段。因此,复合材料越来越引起人们的重视,新型复合材料的研制和应用也越来越广泛。

(4) 玻璃纤维:密度为2.4 ~ 2.7 g/cm^3,与铝相近,抗拉强度比块状玻璃高几十倍,比块状高强度合金钢还高,弹性模量比其他人造纤维高5 ~ 8倍,伸长率比其他有机纤维低,耐热性较高,有良好的耐蚀性,对其他溶剂有良好的化学稳定性;制取方便,价格便宜。碳纤维:密度低,强度和模量高。它的高、低温性能好,它的化学稳定性高;热膨胀系数小,热导率高,导电性、自润滑性好。其缺点是脆性大,易氧化。硼纤维:硼纤维熔点高,具有高强度、高弹性模量,具有良好的抗氧化性和耐腐蚀性。其缺点是密度较大,直径较粗,生产工艺复杂,成本高,价格昂贵。芳纶纤维:它的最大特点是比强度和比模量高。密度小,韧性好,耐热性比玻璃纤维好,具有优良的抗疲劳性、耐腐蚀性、绝缘性和加工性,且价格便宜。碳化硅纤维:高熔点、高强度、高模量的陶瓷纤维,主要用于增强金属和陶瓷。突出特点是具有优良的高温强度。

(5) 由于对新材料的需求日益增长,人们希望在材料研制中尽可能地增加理论预见性、减少盲目性。客观上由于现代化物理化学等基础科学的深入发展,提供了许多新的原理与概念,更重要的是计算机信息处理技术的发展,以及各种材料制备及表征评价技术的进展,使材料研制及设计出现一些新的特点。

① 在材料的微观结构设计方面,将从显微构造层次(-1μm)向分子、原子层次(1 ~ 10 nm)及电子层次(0.1 ~ 1 nm)发展(研制微米、纳米材料)。

② 将有机、无机和金属三大类型材料在原子、分子水平上混合而构成所谓“杂化”(Hybrid)材料的构思设想,探索合成材料新途径。

③ 在新材料研制中,在数据库和知识库存的基础上,利用计算机进行新材料的性能预报,利用计算机模拟揭示新材料微观结构与性能的关系。

④ 深入研究各种条件下材料的生产过程,运用新思维,采用新技术,来开发新材料,进行半导体超晶格材料的设计,即所谓“能带工程”或“原子工程”就是一例。它通过调控材料中的电子结构,按新思维获取由组成不同的半导体超薄层交替生长的多层异质周期结构材料,从而极大地推动了半导体激光器的研制。

⑤ 选定重点目标,组织多学科力量联合设计某种新材料,如按航天防热材料的要求而提出的“功能梯度”材料(FGM)的设想和实践。

21世纪的材料科学必将在科学技术迅猛发展的基础上,朝着高功能化、超高性能化、复杂化(复合化和复杂化)、精细化、生态环境化和智能化的方向发展,从而为人类社会的物质文明作出更大的贡献。

第14章　功能材料

14.1　略。

14.2　填空题

（1）高弹性合金；恒弹性合金

（2）低膨胀材料；定膨胀材料；高膨胀材料

（3）精密电阻材料；膜电阻材料；电热材料

（4）导电性；抗磁性

（5）超弹性；形状记忆效应

14.3 是非题

（1）正确

（2）错误。膨胀材料是指具有特殊膨胀系数的材料。常用的膨胀材料有低膨胀材料、定膨胀系数材料和高膨胀材料三类。

（3）错误。永磁材料被外磁场磁化，去掉外磁场后其磁性仍长时保留。

（4）错误。交联密度很大的体型非晶态高聚物无弹性，如酚醛树脂。

14.4 选择填空题

（1）B

（2）C

（3）A

（4）D

14.5 简答题

（1）这类合金要求有高的弹性极限 σ_e 和低的弹性模量 E，即 σ_e/E 值高，从而使元件的弹性后效应小，工作稳定。同时要求有高的疲劳强度和好的加工性能。高弹性合金按成分可分为钢、铜合金、镍基和钴基合金。

（2）在某一温度范围内具有一定膨胀系数的材料称为定膨胀材料。这类材料应用于电真空工业中，用来与玻璃、陶瓷等相封接，要求与被封接材料的膨胀系数相匹配。

（3）在电路中起电阻功能的实体元件所用的材料称为电阻材料，其一般要求是具有高而稳定的电阻值、小的电阻温度系数以及足够的机械强度，同时要求对铜的热电势小，耐蚀性好，易于切削和焊接。

（4）一般金属的直流电阻率随温度的降低而减小，在接近绝对零度时，其电阻率就不再继续下降而趋于一个有限值。但某些导体的直流电阻率在某一低温下陡降为零，被称为零电阻现象或超导电现象。通常将具有这种超导电性质的物体称之为超导体。电阻突变为零的温度则称为超导体转变温度或临界温度 T_c。超导体不但可用于超导发电机，而且在超导电动机、超导输电、超导贮能、磁浮列车、磁流体发电、核聚变等应用领域富有成效。

（5）形状记忆合金的记忆机理：形状记忆合金材料加热淬火后，得到热弹性马氏体。该马氏体与母相之间的分界面共格性好，所以马氏体相在加热和冷却时，会连续地收缩与长大。当温度超过 As 点时马氏体塑转变为母相。若在马氏体状态下施加压力，马氏体晶格取向变化，产生变形。这种变形后的马氏体在加热后发生可塑转相变，转变为母相状态，使全部晶格都恢复原状，变形即可消失。

高聚物的形状记忆机理：高聚物的形状记忆机理是高聚物在高能射线作用下产生辐射交联反应。当温度超过熔点到达高弹态区域时，由于结晶体熔融，对它施加外力可以随意改变其外形。若此时降温冷却到结晶熔点以下时，由于它再次结晶，高分子链被“冻结”，它的形状被固定下来。一旦温度再次升到熔点以上（对聚氯乙烯类高分子则升高到玻璃化转变温度以上）时，它又恢复到原来的形状，显示出形状记忆效应。

硕士研究生入学考试模拟试题(Ⅰ)

一、判断题

1. B　2. A　3. A　4. B　5. B　6. B　7. B　8. A　9. A　10. B

二、单选题

11. B　12. B　13. D　14. B　15. C　16. C　17. B　18. C　19. A　20. A

三、结晶示意图,冷却曲线及反应式如图1所示。

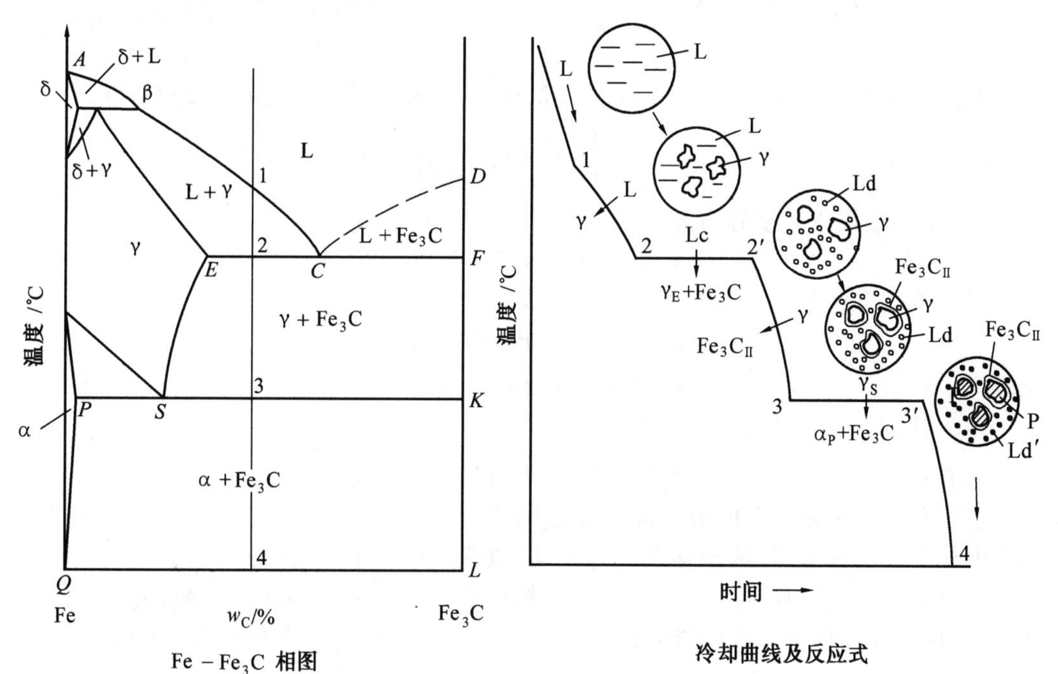

图1

室温下组织组成物的相对量为

$$Ld'\% = \frac{3-2.11}{4.3-2.11} \times 100\%$$

$$Fe_3C_{II}\% = \frac{2.11-0.77}{6.69-0.77} \times \frac{4.3-3.0}{4.3-2.11} \times 100\%$$

$$P\% = 1 - Ld'\% - Fe_3C_{II}\%$$

四、连结C和A_mB_n,将相图分成两个三元共晶相图。连AO,将其延长,交e_1E_1于P点。连结E_1P,将其延长,交AB于q点,如图2。结晶过程如图3所示,室温下的组织为

$$A + (A + A_mB_n) + (A + A_mB_n + C)$$

室温下组织组成物的相对量为

$$A\% = \frac{OP}{AP} \times 100\%$$

$$(A+A_mB_n+C)\%=\frac{Pq}{E_1q}\cdot\frac{AO}{AP}\times 100\%$$

$$(A+A_mB_n)\%=1-A\%-(A+A_mB_n+C)\%$$

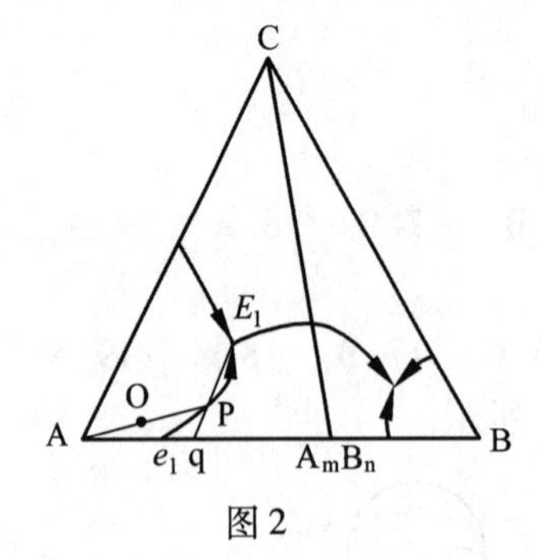

图 2

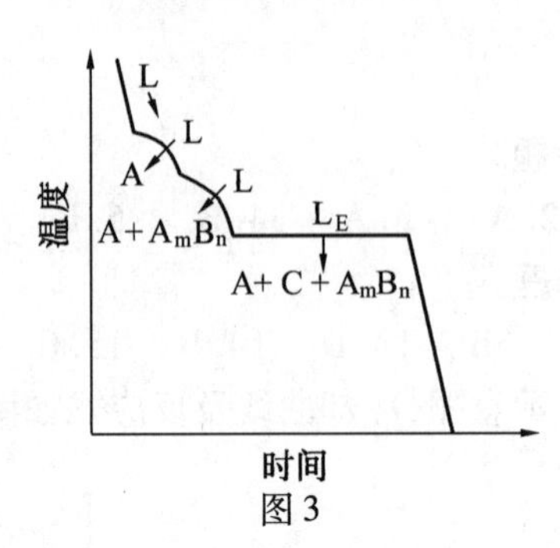

图 3

五、设渗层深度为 x，将 $C_0=0, C_s=1.2, D=1.5\times10^{-11}\ m^2/s$ 及 $t=36\ 000\ s$

代入公式 $$\frac{C_s-C_x}{C_s-C_0}=\mathrm{erf}\left(\frac{x}{2\sqrt{Dt}}\right)$$

(1) 解得表层碳浓度分布为

$$C_x=1.2[1-\mathrm{erf}(6.8\times10^2x)]$$

(2) 将 $C_x=0.2$ 代入上式，查误差函数表得

$$Z\approx6.8\times10^2x=0.978\ 4$$

层深： $$x=0.001\ 44\ m=1.44\ mm$$

六、当力轴位于[112]方向时，滑移系$(\bar{1}11)[101]$和$(1\ \bar{1}1)[011]$处在同等有利的位向。当外力在滑移方向上的分切应力超过临界分切应力时要产生双滑移，两滑移系同时开动，故应力－应变曲线无易滑移阶段，一开始便进入线性硬化阶段，其应力－应变曲线如图4所示。

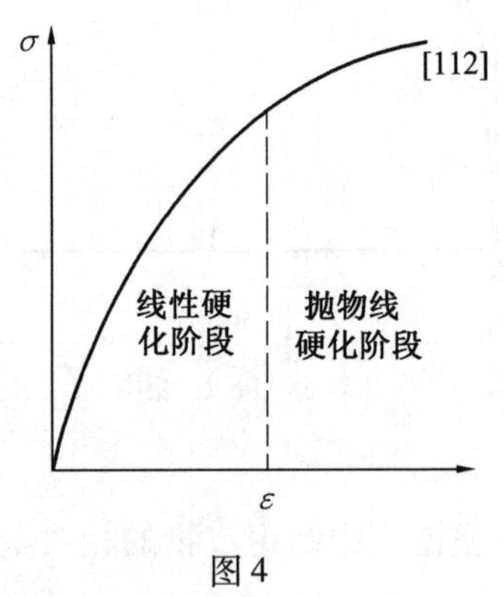

图 4

$(\bar{1}11)$ 滑移面上的 $\boldsymbol{b}=\frac{a}{2}[101]$ 的单位位错所受到的力为

$$F_d=\tau b$$

力轴为[112]时，力轴与滑移面滑移方向的夹角分别为 ϕ 与 λ，则

$$\cos\phi=\frac{[112]\cdot(\bar{1}11)}{\sqrt{1^2+1^2+2^2}\sqrt{1^2+1^2+1^2}}=\frac{2}{\sqrt3\sqrt6}=\frac{\sqrt2}{3}$$

$$\cos\lambda=\frac{3}{\sqrt6\sqrt2}=\frac{\sqrt3}{2}$$

将 $\sigma=10^6$ Pa 及 $\cos\phi, \cos\lambda$ 值代入下式

$$\tau=\sigma\cdot\cos\lambda\cos\phi=10^6\cdot\frac{\sqrt3}{2}\cdot\frac{\sqrt3}{2}\approx4.08\times10^5\ Pa$$

所以 $$F_d = 4.08 \times 10^5 \cdot \frac{\sqrt{2}}{2} \cdot 3.6 \times 10^{-10} \approx 1.04 \times 10^{-4}(\mathrm{N/m})$$

七、将冷轧试样在不同温度下等温再结晶，对于不同再结晶温度下可找出产生某一再结晶体积分数 x_V 所需要的时间 t。

由于冷变形金属再结晶的速度 $V_{再} \propto \frac{1}{t} = A' \mathrm{e}^{-Q_R/RT}$ 两边取对数为

$$\ln \frac{1}{t} = \ln A' - Q_R/RT$$

$\ln \frac{1}{t}$ 与 $\frac{1}{T}$ 呈线性关系，可由实验数据做出该直线，由直线的斜率可求出再结晶激活能 Q_R。

硕士研究生入学考试模拟试题(Ⅱ)

一、选择题

1.B 2.B 3.A 4.C 5.B 6.C 7.C 8.B 9.A 10.B

11.A 12.A 13.C 14.D 15.B 16.B 17.A 18.C 19.A 20.B

二、综合题

1.解 (a) 各晶面及晶向如图1所示；(b) 当fcc结构的晶体沿[001]轴拉伸时，其等效滑移系共有8个，分别是

$(1\,1\,1)[0\,\bar{1}1]$，$(1\,1\,1)[\bar{1}0\,1]$，$(\bar{1}1\,1)[0\,\bar{1}1]$，

$(\bar{1}1\,1)[1\,0\,1]$，$(\bar{1}\bar{1}1)[0\,1\,1]$，$(\bar{1}\bar{1}1)[1\,0\,1]$，

$(1\,\bar{1}1)[\bar{1}0\,1]$，$(1\,\bar{1}1)[0\,1\,1]$

当fcc结构的晶体沿[111]方向拉伸时，其等效滑移系有6个，分别是

$(1\,\bar{1}1)[0\,1\,1]$，$(1\,\bar{1}1)[1\,1\,0]$，$(1\,1\,\bar{1})[0\,1\,1]$，

$(1\,1\,\bar{1})[1\,0\,1]$，$(\bar{1}1\,1)[1\,0\,1]$，$(\bar{1}1\,1)[1\,1\,0]$

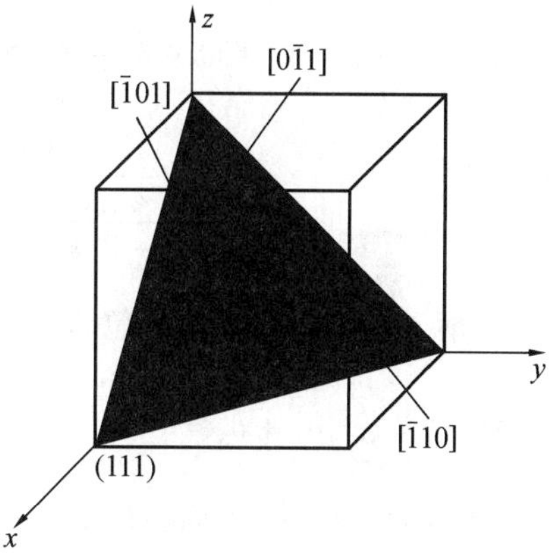

图1

2.解 自由能 - 成分曲线如图2所示。

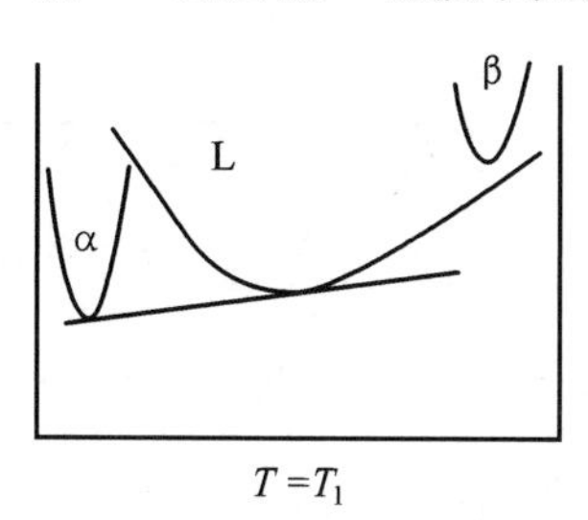

$T = T_1$ $T = T_2$ $T = T_3$

图2

3. 解　扩散系数

$$D = D_0 \exp\left(-\frac{Q}{RT}\right)$$

故 $$D = 0.23 \times \exp\left(-\frac{133\ 984}{8.314 \times (273 + 920)}\right) = 3.12 \times 10^{-7}(\mathrm{cm^2/s})$$

根据渗碳方程 $$\mathrm{erf}\left(\frac{x}{2\sqrt{Dt}}\right) = \frac{C_s - C_{(x,t)}}{C_s - C_0} = \frac{1.2 - 0.45}{1.2 - 0.1} = 0.682$$

故 $$\frac{x}{2\sqrt{Dt}} = 0.71$$

故 $$t = \frac{\left(\frac{x}{2 \times 0.71}\right)^2}{D} = \frac{\left(\frac{0.2}{2 \times 0.71}\right)^2}{D} = 63\ 600\ (\mathrm{s}) = 17.7\ (\mathrm{h})$$

即所需的渗碳时间为 17.7 小时。

4. 解　(a) $$\frac{w_{Al_2O_3}}{w_{ZrO_2}} = \frac{100 - 42.6}{42.6} = 1.35$$

$$w_{Al_2O_3} = 57.4\%$$

$$w_{ZrO_2} = 42.6\%$$

$$w_{Zr} = \frac{91}{91 + 2 \times 16} \times 42.6\% = 31.5\%$$

$$w_O = 1 - 30.4\% - 31.5\% = 38.1\%$$

(c) $$\frac{\frac{42.6\%}{91 + 2 \times 16}}{\frac{42.6}{91 + 2 \times 16} + \frac{57.4}{2 \times 27 + 3 \times 16}} = 38.1\%$$

5. 解　(1)(111) 面上的位错反应为$\frac{a}{2}[1\ 0\ \bar{1}](\boldsymbol{b}_1) \to \frac{a}{6}[2\ \bar{1}\ \bar{1}](\boldsymbol{b}_2) + \frac{a}{6}[1\ 1\ \bar{2}](\boldsymbol{b}_3)$,能量条件:$b_1^2 = \frac{a^2}{2}, b_2^2 + b_3^2 = \frac{a^2}{3}, b_1^2 > b_2^2 + b_3^2$,分解可行。

(2) 同理,$(1\ 1\ \bar{1})$ 面上可能的位错反应为

$$\frac{a}{2}[011](\boldsymbol{b}_4) \to \frac{a}{6}[\bar{1}2\ 1](\boldsymbol{b}_5) + \frac{a}{6}[112](\boldsymbol{b}_6)$$

当$\boldsymbol{b}_2$ 和$\boldsymbol{b}_5$ 相遇发生反应时,$\boldsymbol{b}_2 + \boldsymbol{b}_5 \to \frac{a}{6}[110]$,为压杆位错。

6. 解　参考图 3,O 点成分的合金的结晶过程为

$L \to B_I C_K$

$L \to A_m B_n + B_I C_K$

$L + B_I C_K \to A_m B_n + C$

$A_m B_n + C \to A + B_I C_K$

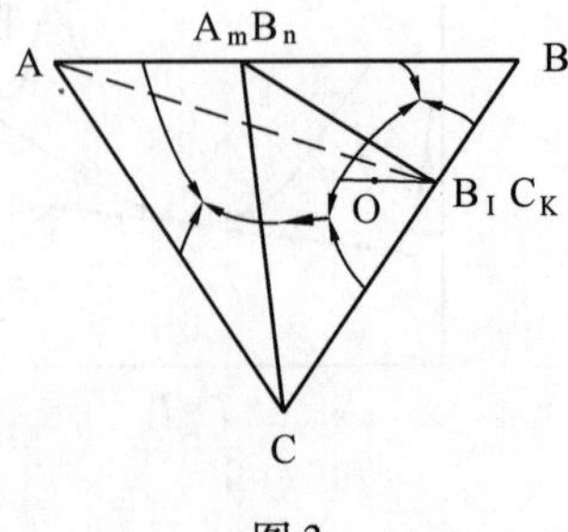

图 3

燕山大学 2005 年硕士研究生入学考试试题

一、解释下列基本概念及术语

超结构：有序固溶体的点阵常数与无序固溶体不同，在 X 射线衍射图上会产生附加的衍射线条，称超结构线，故有序固溶体也称超结构或超点阵。

对称倾侧晶界：由一系列柏氏矢量互相平行的同号刃位错垂直排列而成，晶界两边对称，两晶粒位相差很小，是一种最简单的小角度晶界。

上坡扩散：原子由低浓度处向高浓度处进行的扩散叫上坡扩散，上坡扩散的驱动力为化学位梯度。

枝晶偏析：不平衡结晶时，先结晶的固溶体含高熔点组元多，后结晶的固溶体含低熔点组元多，构成晶粒内部化学成分不均匀叫晶内偏析，由于固溶体常以树枝状方式长大，故也叫枝晶偏析。

孪生：冷塑变的重要形式之一，发生在晶体内部的均匀切变，总是沿一定晶面和一定晶向发生，变形后已变形部分与未变形部分呈镜面对称的位向关系，故该种塑变方式叫孪生。

动态回复：高层错能金属材料热变形时，由于扩展位错宽度小，易束集，易交滑移，故热变形时，同时进行高温回复，故叫动态回复，是高层错能金属材料热变形的主要或唯一的软化机制。

超塑性：金属材料在特定条件下拉伸可获得特别大的延伸率，有时甚至可达到 1 000%，这种性能叫超塑性。超塑性变形时，应变速率敏感性指数 m 很大，$m \approx 0.5$，而一般金属材料仅为 0.01 ~ 0.04。

变质处理：在金属或合金浇铸之前，向液态金属中加入某些能促进非均匀形核或能阻碍晶核长大的固相物质，使铸件晶粒细化叫变质处理。

二、简答题

1. 解　(a) 简单立方，B 原子数与 A 原子数之比为 1；(b) 体心立方；(c) 体心立方，B 原子数与 A 原子数之比为 6 : 2 = 3。

2. 解　如图 1 所示，$\boldsymbol{AB}$ 晶向为 $[\bar{1}\bar{1}2]$；$\boldsymbol{AC}$ 晶向为 $[\bar{1}01]$；$\boldsymbol{AC} \times \boldsymbol{AB}$ 可求出图示晶面的晶面指数

$$\begin{vmatrix} \boldsymbol{i} & \boldsymbol{j} & \boldsymbol{k} \\ \bar{1} & 0 & 1 \\ \bar{1} & \bar{1} & 2 \end{vmatrix} = -\boldsymbol{j} + \boldsymbol{k} + \boldsymbol{i} + 2\boldsymbol{j} = \boldsymbol{i} + \boldsymbol{j} + \boldsymbol{k}$$

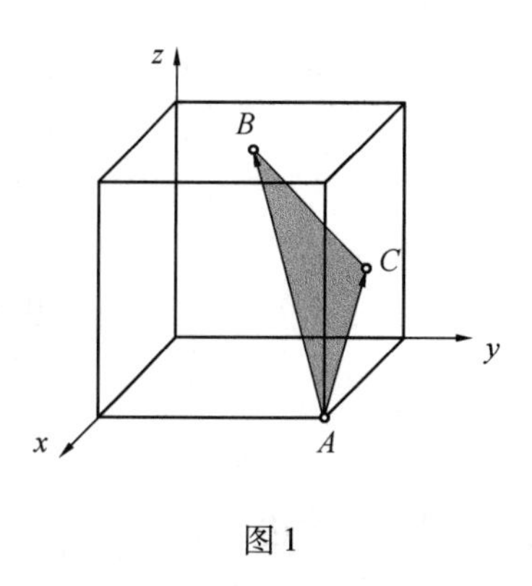

图 1

故 ABC 所决定的晶面指数为：(111)，与(111)垂直的晶向为[111]。

3. 解 $$\sum \boldsymbol{b}_{前} = \sum \boldsymbol{b}_{后} = \frac{1}{2}[111]$$

故该位错反应满足几何条件,即

$$\sum b_{前}^2 = \frac{3}{4} > \sum b_{后}^2 = \frac{1+1}{64} + \frac{1+1+4}{16} + \frac{1+1}{64} = \frac{7}{16}$$

故也满足能量条件,所以该位错反应可以自发进行。

4. 解 液态合金的凝固过程中,由实际温度分布与成分变化两个因素所共同决定的过冷叫成分过冷。成分过冷区较大时,合金以树枝晶方式长大;成分过冷区较小时,合金以胞状晶方式长大;无成分过冷区时,合金以平面状方式长大。

5. 解 孪生使一部分晶体发生了均匀切变,滑移只集中在滑移面上进行;孪生使一部分晶体位向发生了改变,滑移不改变晶体位向;孪生要素与滑移系通常不同;孪生的临界切应力比滑移大得多,孪生的应力 - 应变曲线呈锯齿状,而滑移的应力 - 应变曲线呈光滑状;孪生变形速率远高于滑移。孪生对塑变的直接贡献不如滑移大,但由于孪生改变了晶体位向,可使处于硬位向的滑移系转到软位向而参与滑移,这对滑移系少的密排六方金属显得尤为重要。

6. 解 再结晶结束后,继续加热或保温可能发生晶粒不连续长大,大多数晶粒的长大受到抑制,少数晶粒迅猛长大叫异常长大,也叫二次再结晶。其发生的条件为再结晶织构、第二相粒子或表面热蚀沟的存在。

三、解 结晶过程及冷却曲线、转变反应式和示意图如图 2 所示。

室温组织组成物的相对量为

$$\alpha\% = \frac{0.77 - 0.45}{0.77 - 0.0218} \times 100\%$$

$$P\% = 1 - \alpha\%$$

室温下两相相对量为

$$\alpha\% = \frac{6.69 - 0.45}{6.69 - 0.0057} \times 100\%$$

$$Fe_3C\% = 1 - \alpha\%$$

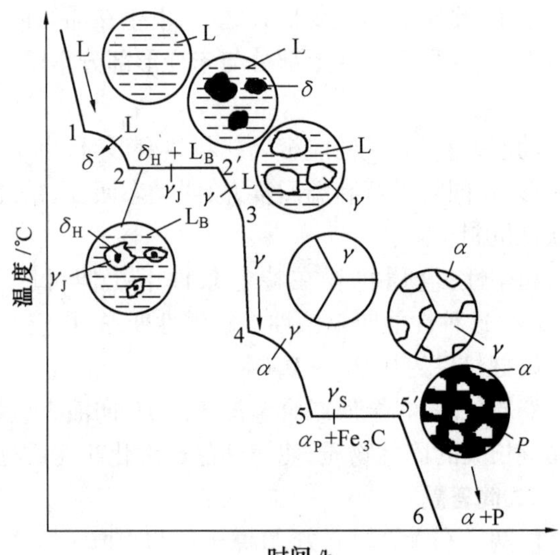

图 2

四、解

$$\Delta G = a^3 \Delta G_V + 6a^2 \sigma$$

$$\frac{d\Delta G}{da} = 3a^2 \Delta G_V + 12a\sigma = 0$$

解得

$$a^* = -\frac{4\sigma}{\Delta G_V}$$

将其代入 ΔG 表达式中,则

$$\Delta G^* = a^2\left(-\frac{4\sigma}{\Delta G_V}\right)\Delta G_V + 6a^2\sigma = -6a^2\frac{4\sigma}{6} + 6a^2\sigma = -\frac{2}{3}A^*\sigma + A^*\sigma = \frac{1}{3}A^*\sigma$$

五、解　立方系(001)标准极图如图3所示。当力轴位于 P 点时，初始滑移系为 $(1\bar{1}1)[011]$，共轭滑移系为 $(\bar{1}11)[101]$。滑移开始时，初始滑移系首先开动，使力轴向 $[011]$ 方向靠拢，λ 角减小，到达001与111极点连线时，两滑移系同等有利，但由于共轭滑移系开动要与初始滑移系产生的滑移带交割，使滑移阻力增大，故初始滑移系将继续开动，直到共轭三角形中的 P' 点时，初始滑移系才停止。然后共轭滑移系开始启动，同样产生超越现象，直达112极点。此时两滑移系所处位向完全相同，两滑移系同时开动，转动互相抵消，力轴位向不再变化。力轴位于011极点时，有4个等效始滑移系：$(\bar{1}11)[101]$；$(\bar{1}11)[110]$；$(111)[\bar{1}10]$；$(111)[\bar{1}01]$。一开始便是多系滑移。

力轴位于 P 点和位于 $[011]$ 时的应力－应变曲线的示意图如图4所示。力轴位于 P 点时的应力－应变曲线有明显的三阶段。Ⅰ阶段为易滑移阶段，对应于单滑移；Ⅱ阶段为线性硬化阶段，对应于双滑移；Ⅲ阶段为抛物线硬化阶段，此时应力较高，位错可借交滑移越过障碍，故加工硬化率有所下降。力轴位于 $[011]$ 方向时，一开始就是多系滑移，故无易滑移阶段，加工硬化也更明显。

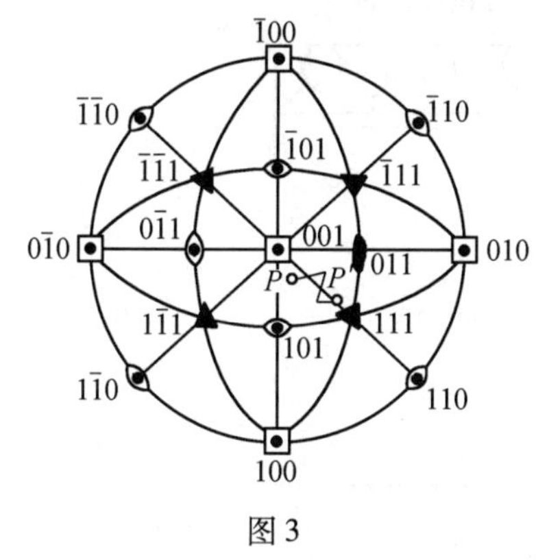

图3

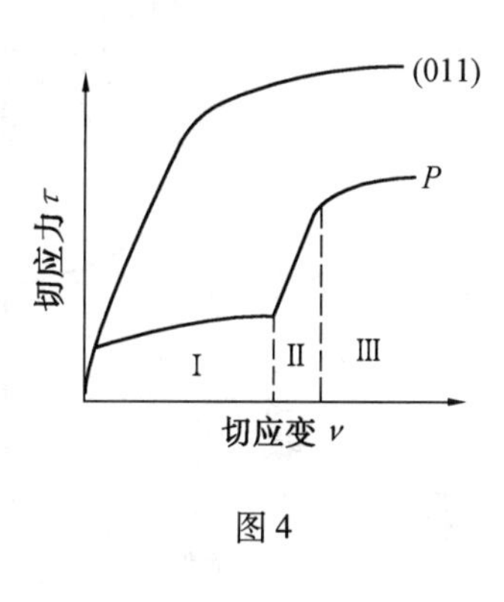

图4

六、解　三相平衡转变为

$$L \rightarrow Al_3Fe + \alpha;\quad L \rightarrow Al_3Fe + Al_{12}Fe_3Si;$$
$$L \rightarrow Al_{12}Fe_3Si + \alpha;\quad L \rightarrow Al_{12}Fe_3Si + Al_9Fe_2Si_2;$$
$$L \rightarrow Al_9Fe_2Si_2 + \alpha;\quad L \rightarrow Al_9Fe_2Si_2 + Si;$$
$$L \rightarrow \alpha + Si$$

四相平衡转变为

$$L + Al_3Fe \rightarrow \alpha + Al_{12}Fe_3Si;\quad L + Al_{12}Fe_3Si \rightarrow \alpha + Al_9Fe_2Si_2;$$
$$L \rightarrow \alpha + Si + Al_9Fe_2Si_2$$

O 合金结晶过程为

$$L \rightarrow \alpha;\quad L \rightarrow Al_9Fe_2Si_2 + \alpha;\quad L \rightarrow \alpha + Al_9Fe_2Si_2 + Si$$

室温下该合金的组织组成为

先共晶 α + 两相共晶($Al_9Fe_2Si_2 + \alpha$) + 三相共晶($\alpha + Al_9Fe_2Si_2 + Si$)

七、解　压下量8%时，其形核机制为弓出形核机制。由于变形量小，变形不均匀，相邻晶粒的位错密度相差很大，残存的原始晶界中的一小段会向位错密度高的一侧突然弓出,扫掠过的小区域储存能全部释放,该区域可成为再结晶核心。

压下量60%时,其形核机制为亚晶蚕食机制。该材料层错能γ很低,扩展位错宽度d很大,扩展位错不易束集,不易交滑移,位错密度很高。在位错密度很大的小区域,通过位错的攀移和重新分布,形成位错密度很低的亚晶。此亚晶可向周围的高位错密度区域生长。亚晶界的位错密度不断增大,亚晶与周围形变基体的取向差逐渐变大,最后形成可动性大的大角度晶界。大角度晶界一旦形成,可突然弓出,迁移,蚕食途中所遇位错,留下无畸变晶体形成再结晶核心。

再结晶退火后,压下量8%时,处在临界变形度附近,变形量小,储存能少,再结晶驱动力小,虽可发生再结晶,但形核率低,故晶粒十分粗大。压下量60%时,储存能多,再结晶驱动力大,形核率高,故再结晶后晶粒细小。

八、解　纯铁试样渗碳属二元系的反应扩散,无两相混合区,渗碳温度下表层为γ是新相层,里边为铁素体α。碳浓度分布曲线在$\alpha-\gamma$相界面上有突变如图5(a)所示。

渗碳后缓冷试样组织示意图如图5(b)。由表面到心部依次为

$$Fe_3C_{II}+P,P,P+\alpha,\alpha+Fe_3C_{III},\alpha$$

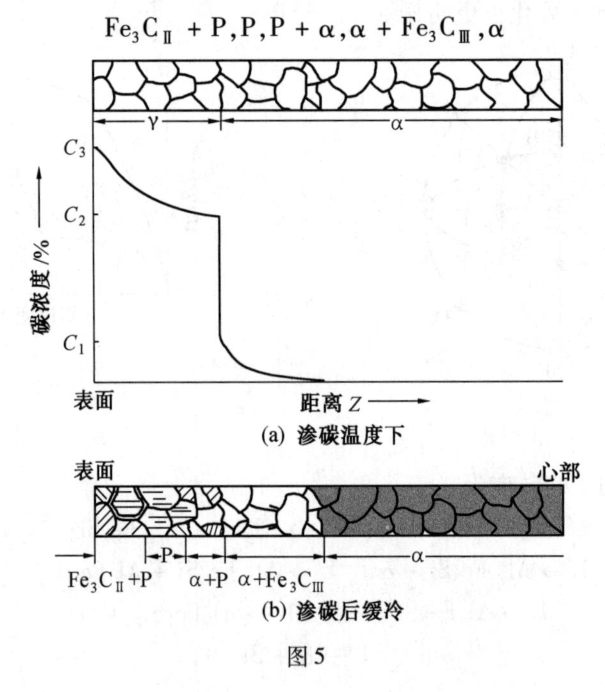

(a) 渗碳温度下

(b) 渗碳后缓冷

图5

附　录

1. 元素周期表

金属　过渡元素

非金属　惰性气体

族 周期	IA	IIA	IIIB	IVB	VB	VIB	VIIB	VIII			IB	IIB	IIIA	IVA	VA	VIA	VIIA	0	电子层	0族电子数
1	1H 氢 1.008																	2He 氦 4.003	K	2
2	3Li 锂 6.941	4Be 铍 9.012											5B 硼 10.81	6C 碳 12.01	7N 氮 14.01	8O 氧 16.00	9F 氟 19.00	10Ne 氖 20.18	K, L	2, 8
3	11Na 钠 22.99	12Mg 镁 24..31											13Al 铝 26.98	14Si 硅 28.09	15P 磷 30.97	16S 硫 32.06	17Cl 氯 35.45	18Ar 氩 39.95	K, L, M	2, 8, 8
4	19K 钾 39.10	20Ca 钙 40.08	21Sc 钪 44.96	22Ti 钛 47.90	23V 钒 50.94	24Cr 铬 52.00	25Mn 锰 54.94	26Fe 铁 55.85	27Co 钴 58.93	28Ni 镍 58.70	29Cu 铜 63.55	30Zn 锌 65.38	31Ga 镓 69.72	32Ge 锗 72.59	33As 砷 74.92	34Se 硒 78.96	35Br 溴 79.90	36Kr 氪 83.80	K, L M, N	2,8,18, 8
5	37Rb 铷 85.47	38Sr 锶 87.62	39Y 钇 88.91	40Zr 锆 91.22	41Nb 铌 92.91	42Mo 钼 95.94	43Tc 锝 [97]	44Ru 钌 101.1	45Rh 铑 102.9	46Pd 钯 106.4	47Ag 银 107.9	48Cd 镉 112.4	49In 铟 114.8	50Sn 锡 118.7	51Sb 锑 121.8	52Te 碲 127.6	53I 碘 126.9	54Xe 氙 131.3	K, L M, N, O	2,8,18, 18, 8
6	55Cs 铯 132.9	56Ba 钡 137.3	57-71 La-Lu	72Hf 铪 178.5	73Ta 钽 180.9	74W 钨 183.9	75Re 铼 186.2	76Os 锇 190.2	77Ir 铱 192.2	78Pt 铂 195.1	79Au 金 197.0	80Hg 汞 200.6	81Tl 铊 204.4	82Pb 铅 207.2	83Bi 铋 209.0	84Po 钋 [209]	85At 砹 [210]	86Rn 氡 [222]	K, L, M, N, O, P	2, 8,18, 32,18,8
7	87Fr 钫 [223]	88Ra 镭 226.0	89-103 Ac-Lr	104 Rf *	105 Db *	106 Sg *	107 Bh *	108 Hs *	109 Mt *	110 Uun *	111 Uuu *	112 Uub *								

镧系	57La 镧 138.9	58Ce 铈 140.1	59Pr 镨 140.9	60Nd 钕 144.2	61Pm 钷 [147]	62Sm 钐 150.4	63Eu 铕 152.0	64Gd 钆 157.3	65Tb 铽 158.9	66Dy 镝 162.5	67Ho 钬 164.9	68Er 铒 167.3	69Tm 铥 168.9	70Yb 镱 173.0	71Lu 镥 175.0
锕系	89Ac 锕 227.0	90Th 钍 232.0	91Pa 镤 231.0	92U 铀 238.0	93Np 镎 237.0	94Pu 钚 [244]	95Am 镅* [243]	96Cm 锔* 247	97Bk 锫* [247]	98Cf 锎* [251]	99Es 锿* [254]	100Fm 镄* [257]	101Md 钔* [258]	102No 锘* [259]	103Lr 铹* [260]

注：
1. 原子量录自 1997 年国际原子量表。
2. 原子量加[ ]的为放射性元素的半衰期最长的同位素的质量数。
3. 元素名称注*的是人造元素。

2. 元素的晶体结构

★：复杂
⬢：六方密堆积
⊡：体心立方
△：三方
□：立方
◈：面心立方
▭：四方
⬡：六方

晶体结构
……a（0.1nm）
……c（0.1nm）

族 / 周期	ⅠA	ⅡA	ⅢB	ⅣB	ⅤB	ⅥB	ⅦB	Ⅷ			ⅠB	ⅡB	ⅢA	ⅣA	ⅤA	ⅥA	ⅦA	0
1	H⬢ 3.75 6.12																	He⬢ 3.57 5.83
2	Li⊡ 3.491	Be⬢ 3.27 3.59											B△	C diamond 3.567	N□ 5.66 (N_2)	O★ (O_2)	F	Ne◈ 4.46
3	Na⊡ 4.225	Mg⬢ 3.21 5.21											Al◈ 4.05	Si diamond 5.430	P★	S★	Cl★ (Cl_2)	Ar◈ 5.31
4	K⊡ 5.225	Ca◈ 5.58	Sc⬢ 3.31 5.27	Ti⬢ 2.95 4.68	V⊡ 3.03	Cr⊡ 2.88	Mn□ ★	Fe⊡ 2.87	Co⬢ 2.51 4.07	Ni◈ 3.52	Cu◈ 3.61	Zn⬢ 2.66 4.95	Ga★	Ge diamond 5.658	As△	Se⬡ chains	Br★ (Br_2)	Kr◈ 5.64
5	Rb⊡ 5.585	Sr◈ 6.08	Y⬢ 3.56 5.73	Zr⬢ 3.23 5.15	Nb⊡ 3.30	Mo⊡ 3.15	Tc⬢ 2.74 4.40	Ru⬢ 2.71 4.28	Rh◈ 3.80	Pd◈ 3.89	Ag◈ 4.09	Cd⬢ 2.98 5.62	In▭ 3.25 4.95	Sn(α) diamond 6.49	Sb△	Te⬡ chains	I★ (I_2)	Xe◈ 6.13
6	Cs⊡ 6.045	Ba⊡ 5.02	La-Lu	Hf⬢ 3.19 5.05	Ta⊡ 3.30	W⊡ 3.16	Re⬢ 2.72 4.46	Os⬢ 2.74 4.32	Ir◈ 2.84	Pt◈ 3.92	Au◈ 4.08	Hg△	Tl⬢ 3.46 5.52	Pb◈ 4.95	Bi△	Po sc 3.34	At	Rn◈
7	Fr⊡	Ra□	Ac-Lr	Rf *	Db *	Sg *	Bh *	Hs *	Mt *	Uun *	Uuu *	Uub *						

注：1.元素的多型变态未详细标出。
2.复杂晶体结构未标出晶格常数。

镧 系	La⬢ ABAC 3.77	Ce◈ 5.16	Pr⬡ ABAC 3.67	Nd⬡ 3.66	Pm⬢	Sm★	Eu⊡ 4.58	Gd⬢ 3.63 5.78	Tb⬢ 3.60 5.70	Dy⬢ 3.59 5.56	Ho⬢ 3.58 5.62	Er⬢ 3.56 5.59	Tm⬢ 3.54 5.56	Yb◈ 5.48	Lu⬢ 3.50 5.55
锕 系	Ac◈ 5.31	Th◈ 5.08	Pa▭ 3.92 3.24	U★	Np★	Pu★	Am⬡ ABAC 3.64	Cm	Bk	Cf	Es	Fm	Md	No	Lr

3. 离子半径(0.1 nm)

族 周期	ⅠA	ⅡA	ⅢB	ⅣB	ⅤB	ⅥB	ⅦB	Ⅷ			ⅠB	ⅡB	ⅢA	ⅣA	ⅤA	ⅥA	ⅦA	0
1	**H** 1^{-}1.36 1^{+}0.00																	**He** 1^{+}0.93
2	**Li** 1^{+}0.68	**Be** 2^{+}0.31											**B** 1^{+}0.35 3^{+} (0.20)	**C** 4^{-} (2.60) 4^{+}0.2 4^{+}(0.15)	**N** 3^{-}1.71 5^{+}0.11	**O** 2^{-}1.40 1^{-}1.76	**F** 1^{-}1.36 7^{+}0.07	**Ne** 1^{+}1.12
3	**Na** 1^{+}0.00	**Mg** 2^{+}0.65											**Al** 3^{+}0.50	**Si** 4^{-}2.71 4^{+}0.41	**P** 3^{-}2.12 5^{+}0.34	**S** 2^{-}1.84 6^{+}(0.29)	**Cl** 1^{-}1.81 7^{+}(0.26)	**Ar** 1^{+}1.64
4	**K** 1^{+}1.33	**Ca** 2^{+}0.99	**Sc** 3^{+}0.81	**Ti** 2^{+}0.78 3^{+}0.77 4^{+}0.68	**V** 2^{+}0.72 3^{+}0.74 4^{+}0.61 5^{+}0.59	**Cr** 2^{+}0.83 3^{+}0.64 6^{+}0.52	**Mn** 2^{+}0.80 3^{+}0.70 4^{+}0.52 7^{+}(0.46)	**Fe** 2^{+}0.76 3^{+}0.64	**Co** 2^{+}0.74 3^{+}0.63	**Ni** 2^{+}0.72 3^{+}0.62	**Cu** 1^{+}0.96 2^{+}0.72	**Zn** 1^{+}0.88 2^{+}0.74	**Ga** 1^{+}0.81 3^{+}0.62	**Ge** 2^{+}0.70 4^{+}0.53	**As** 3^{-}2.22 3^{+}0.69 5^{+}(0.47)	**Se** 2^{-}1.98 4^{+}0.69 6^{+}0.42	**Br** 1^{-}1.95 7^{+}(0.39)	**Kr** 1^{+}1.69
5	**Rb** 1^{+}1.48	**Sr** 2^{+}1.13	**Y** 3^{+}0.83	**Zr** 4^{+}0.79	**Nb** 4^{+}0.74 5^{+}0.70	**Mo** 4^{+}0.66 6^{+}0.62	**Tc** 2^{+}0.95 7^{+}0.58	**Ru** 3^{+}0.77 4^{+}0.62 8^{+}0.54	**Rh** 3^{+}0.75 4^{+}0.67	**Pd** 2^{+}0.86 4^{+}0.64	**Ag** 1^{+}1.26 2^{+}0.97	**Cd** 1^{+}1.14 2^{+}0.97	**In** 1^{+}1.32 3^{+}0.81	**Sn** 2^{+}1.02 4^{+}0.71	**Sb** 3^{-}2.08 3^{+}0.90 5^{+}0.62	**Te** 2^{-}2.21 4^{+}0.89 6^{+}(0.56)	**I** 1^{-}2.16 7^{+}(0.50)	**Xe** 1^{+}1.90
6	**Cs** 1^{+}1.69	**Ba** 2^{+}1.35	**La-Lu**	**Hf** 4^{+}0.78	**Ta** 5^{+}(0.70)	**W** 4^{+}0.68 6^{+}0.65	**Re** 4^{+}0.72 7^{+}0.60	**Os** 4^{+}0.65 8^{+}0.53	**Ir** 3^{+}0.73 4^{+}0.64	**Pt** 2^{+}0.85 4^{+}0.70	**Au** 1^{+}(1.37) 3^{+}0.91	**Hg** 1^{+}1.27 2^{+}1.10	**Tl** 1^{+}1.44 3^{+}0.95	**Pb** 2^{+}1.20 4^{+}0.84	**Bi** 3^{-}2.13 3^{+}0.96 5^{+}(0.74)	**Po** 4^{+}0.65 6^{+}0.56	**At** 1^{-}2.27 7^{+}0.51	**Rn**
7	**Fr** 1^{+}1.76	**Ra** 2^{+}1.40	**Ac-Lr**	**Rf**	**Db**	**Sg**	**B h**	**Hs**	**Mt**	**Uun**	**Uuu**	**Uub**						

镧系	**La** 3^{+}1.06 4^{+}0.90	**Ce** 3^{+}1.03 4^{+}0.90	**Pr** 3^{+}1.01 4^{+}0.90	**Nd** 3^{+}1.06	**Pm** 3^{+}(0.98)	**Sm** 2^{+}1.11 3^{+}0.96	**Eu** 2^{+}1.12 3^{+}0.95	**Gd** 3^{+}0.94	**Tb** 3^{+}92 4^{+}0.84	**Dy** 3^{+}0.91	**Ho** 3^{+}0.89	**Er** 3^{+}0.88	**Tm** 2^{+}0.94 3^{+}0.87	**Yb** 2^{+}1.13 3^{+}0.86	**Lu** 3^{+}0.85
锕系	**Ac** 3^{+}1.11	**Th** 3^{+}1.08 4^{+}0.99	**Pa** 3^{+}1.05 4^{+}0.96	**U** 3^{+}1.04 4^{+}0.93 6^{+}0.83	**Np** 3^{+}1.08 4^{+}0.99	**Pu** 3^{+}1.00 4^{+}0.90	**Am** 3^{+}0.99 4^{+}0.89	**Cm** 3^{+}0.99 4^{+}0.88	**Bk** 3^{-}0.98 4^{+}0.87	**Cf** 2^{+}1.17 3^{+}0.98	**Es** 2^{+}1.16 3^{+}0.98	**Fm** 2^{+}1.15 3^{+}0.97	**Md** 2^{+}1.14 3^{+}0.96	**No** 2^{+}1.13 3^{+}0.95	**Lr** 2^{+}1.12 3^{+}0.94

4. 原子半径(0.1 nm)

周期 \ 族	ⅠA																	0
1	H 0.46	ⅡA											ⅢA	ⅣA	ⅤA	ⅥA	ⅦA	He 1.22
2	Li 1.55	Be 1.13											B 0.91	C 0.77	N 0.71	O	F	Ne 1.60
3	Na 1.89	Mg 1.60	ⅢB	ⅣB	ⅤB	ⅥB	ⅦB	Ⅷ			ⅠB	ⅡB	Al 1.43	Si 1.34	P 1.3	S	Cl	Ar 1.92
4	K 2.36	Ca 1.97	Sc 1.64	Ti 1.46	V 1.34	Cr 1.27	Mn 1.30	Fe 1.26	Co 1.25	Ni 1.24	Cu 1.28	Zn 1.39	Ga 1.39	Ge 1.39	As 1.48	Se 1.6	Br	Kr 1.98
5	Rb 2.48	Sr 2.15	Y 1.81	Zr 1.60	Nb 1.45	Mo 1.39	Tc 1.36	Ru 1.34	Rh 1.34	Pd 1.27	Ag 1.44	Cd 1.56	In 1.66	Sn 1.58	Sb 1.61	Te 1.7	I	Xe 2.18
6	Cs 2.68	Ba 2.21	La-Lu	Hf 1.59	Ta 1.46	W 1.40	Re 1.37	Os 1.35	Ir 1.35	Pt 1.38	Au 1.44	Hg 1.60	Tl 1.71	Pb 1.75	Bi 1.82	Po	At	Rn
7	Fr 2.80	Ra 2.35	Ac-Lr	Rf	Db	Sg	Bh	Hs	Mt	Uun	Uuu	Uub						

镧系	La 1.87	Ce 1.83	Pr 1.82	Nd 1.52	Pm	Sm 1.81	Eu 2.02	Gd 1.79	Tb 1.77	Dy 1.77	Ho 1.76	Er 1.75	Tm 1.74	Yb 1.93	Lu 1.74
锕系	Ac 2.03	Th 1.80	Pa 1.62	U 1.53	Np 1.50	Pu 1.62	Am	Cm	Bk	Cf	Es	Fm	Md	No	Lr

5. 常用物理常量表

物　理　量	符　　号	数　　值
阿伏加德罗数	N_A	6.023×10^{23} mol^{-1}
波耳兹曼常数	k	1.381×10^{-23} J/K
		8.62×10^{-5} eV
气体常数	R	8.314 J/mol · K
		1.98 cal/℃ · mol
普朗克常数	h	6.626×10^{-34} J · s
真空光速	c	3×10^{8} m/s
电子电荷	e	1.602×10^{-19} C
原子质量常数	m_u	1.661×10^{-27} kg
电子质量	m_e	9.109×10^{-31} kg
质子质量	m_p	1.673×10^{-27} kg
中子质量	m_n	1.675×10^{-27} kg

6. 部分常用单位换算

长度:1 米(m) = 10^2厘米(cm) = 10^3毫米(mm) = 10^6微米(μm) = 10^9纳米(nm) = 10^{10}埃(Å)

1 码(yd) = 3 英尺(ft) = 0.914 米(m)

1 英尺(ft) = 12 英寸(in) = 30.48 厘米(cm)

1 英寸(in) = 2.54 厘米(cm)

质量:1 公斤(kg) = 10^3克(g) = 10^6毫克(mg)

1 磅(lb) = 16 盎司(oz) = 0.454 公斤(kg)

1 盎司(oz) = 16 打兰(dr) = 28.35 克(g)

1 打兰(dr) = 1.771 克(g)

力: 1 牛顿(N) = 10^5达因(dyn) = 0.102 公斤力(kgf)

1 公斤力(kgf) = 9.807 牛顿(N)

应力:1 帕(Pa) = 1 牛顿/米^2(N/m^2)

1 公斤(力)/毫米^2[kgf/mm^2] = 9.807×10^6帕(Pa) = 9.807 兆帕(MPa)

压力:1 标准大气压(atm) = 101.325 千帕(kPa) = 760 托(Torr) = 760 毫米汞柱(mmHg)

1 托(Torr) = 133.322 帕(Pa)

1 巴(bar) = 10^5帕(Pa)

功、能、热量:1 焦耳(J) = 1 牛顿 · 米(N · m) = 0.102 公斤力 · 米(kgf · m) =
10^7尔格(erg) = 0.239 卡(cal)

1 卡(cal) = 4.187 焦耳(J)

1 尔格(erg) = 10^{-7}焦耳(J)

1 电子伏特(eV) = 1.603×10^{-19}焦耳(J)

参考文献

[1] 胡赓祥,钱苗根. 金属学[M]. 上海:上海科学技术出版社,1980.
[2] 卢光熙,侯增寿. 金属学教程[M]. 上海:上海科学技术出版社,1988.
[3] 刘国勋. 金属学原理[M]. 北京:冶金工业出版社,1980.
[4] 费毫文 J D. 物理冶金基础[M]. 卢光熙,赵子伟,译. 上海:上海科学技术出版社,1980.
[5] 康大滔. 物理冶金学原理习题集[M]. 北京:机械工业出版社,1981.
[6] 陈秀琴,刘和. 金属学原理习题集[M]. 上海:上海科学技术出版社,1988.
[7] 蔡珣,戎咏华. 材料科学基础辅导与习题[M]. 上海:上海科学技术出版社,2003.
[8] 崔忠圻. 金属学及热处理[M]. 哈尔滨:哈尔滨工业大学出版社,1998.
[9] 王键安. 金属学及热处理[M]. 北京:机械工业出版社,1980.
[10] 刘云旭. 金属热处理原理[M]. 北京:机械工业出版社,1981.
[11] 朱章校. 工程材料[M]. 北京:清华大学出版社,2001.
[12] 王晓敏. 工程材料学[M]. 哈尔滨:哈尔滨工业大学出版社,1998.
[13] 周风云. 工程材料学及应用[M]. 武汉:华中理工大学出版社,1999.
[14] 崔崑. 钢铁材料及有色金属材料[M]. 北京:机械工业出版社,1981.
[15] 徐祖耀,李兴鹏. 材料科学导论[M]. 上海:上海科学技术出版社,1986.
[16] 范雄. X 射线金属学[M]. 北京:机械工业出版社,1980.
[17] 钱临照. 晶体缺陷和金属强度[M](上册). 北京:科学出版社,1998.
[18] 冯端. 丘第荣. 金属物理[M](第一卷),北京:科学出版社,1998.
[19] 哈宽富. 金属力学性质的微观理论[M]. 北京:科学出版社,1983.
[20] 杨德庄. 位错与金属强化机制[M]. 哈尔滨:哈尔滨工业大学出版社,1991.
[21] 赖祖涵. 金属的晶体缺陷与力学性质[M]. 北京:冶金工业出版社,1988.
[22] 侯增寿,陶岚琴. 实用三元相图[M]. 上海:上海科学技术出版社,1986.